高等学校规划教材
国家精品课程教材

计算机导论

董卫军　邢为民　索　琦　编著

耿国华　主审

电子工业出版社
Publishing House of Electronics Industry
北京 · BEIJING

内 容 简 介

本书是国家精品课程"计算机基础"的主教材。全书共分 10 章，从基础理论、实践应用两个层面展开，基础理论部分包括计算机硬件组成、计算机中的信息表示、计算机软件、通信技术基础、网络技术、网络安全 6 章；实践应用部分包括 Windows 操作系统、文字处理、电子表格、演示文稿 4 章。

本书配有电子课件，任课教师可以登录华信教育资源网（www.hxedu.com.cn）免费注册下载。

本书可作为高等学校"计算机基础"课程的教材，也可作为全国计算机应用技术证书考试的培训教材或计算机爱好者的自学教材。

图书在版编目（CIP）数据

计算机导论 / 董卫军，邢为民，索琦编著. —北京：电子工业出版社，2011.6
高等学校规划教材
ISBN 978-7-121-13419-7

I . ①计⋯ II . ①董⋯②邢⋯③索⋯ III . ①电子计算机－高等学校－教材 IV . ①TP3

中国版本图书馆 CIP 数据核字（2011）第 078818 号

策划编辑：索蓉霞
责任编辑：索蓉霞   文字编辑：张 京
印   刷：三河市鑫金马印装有限公司
装   订：
出版发行：电子工业出版社
          北京市海淀区万寿路 173 信箱   邮编：100036
开   本：787×1092 1/16 印张：14.5 字数：372 千字
印   次：2011 年 6 月第 1 次印刷
定   价：29.00 元

前　言

新时期社会发展对大学生计算机应用能力的要求不断提高，自 20 世纪 90 年代以来，我国高等学校相继在非计算机专业的授课计划中加入了"计算机应用基础"课程，经过 20 多年的探索，各校都有了一套相对稳定的教学体系和教学模式。但是，随着时代的发展和计算机的普及，大学生进入大学之前对计算机的掌握程度有了很大的变化，经济发达地区与贫困地区的学生在入学前对计算机的掌握程度也形成了很大差异。这些不断变化的情况要求对目前的计算机基础教学进行改革，本教材正是在这样的背景下编写的。

本书是国家精品课程"计算机基础"的主教材，教材以教育部计算机基础教育教学指导委员会**最新的高等学校计算机基础教育基本要求为指导**，结合教学实践和教学改革，采用**"理论+提升+实践"**的内容组织模式，从培养动手能力入手，以理解计算机理论为基础，以知识扩展为提升，以常用软件为实践，做到既照顾到理论基础，又强调实践应用，适应计算机技术的新发展，满足社会对大学生计算机应用水平的要求。

全书共分为 10 章，**从基础理论、实践应用两个层面展开。**

基础理论篇包括计算机硬件组成、计算机中的信息表示、计算机软件、通信技术基础、网络技术、网络安全 6 章，涵盖了计算机基础知识的核心内容。每章都由基本模块和扩展模块组成，基本模块强调对基础知识的理解和掌握，扩展模块则通过内容的深化进一步加深学生对计算机技术的理解。

实践应用篇包括操作系统、文字处理、电子表格、演示文稿 4 章，强调实践，培养动手能力，满足实际的应用需求。

本教材突出技术性、应用性与示范性，优先注重内容在应用上的层次性，适当兼顾整体在理论上的系统性，在有限的时间内使教学者传授更多的知识，使学习者学以致用。本书可作为高等学校"计算机基础"课程的教材，也可作为全国计算机应用技术证书考试的培训教材或计算机爱好者的自学教材。

为方便教学，本书还配有电子课件，任课教师可以登录**华信教育资源网**（www.hxedu.com.cn）**免费注册下载。**

本书由多年从事计算机教学的一线教师编写，其中，董卫军编写第 1～2 章和第 5～6 章，邢为民编写第 8～10 章，索琦编写第 3～4 章和第 7 章。本书由董卫军统稿，由西北大学耿国华教授主审。在成书之际，感谢教学团队成员的帮助，感谢西北大学教务处多年来的支持。由于水平有限，书中难免有不妥之处，恳请指正。

编　者

于西安·西北大学

目 录

实践应用篇

基础理论篇

第 1 章　计算机硬件组成

　　计算机是一种能够按照事先存储的程序，自动、高速地进行大量数值计算和信息处理的现代化智能电子设备。计算机由硬件和软件组成，两者不可分割，人们把没有安装任何软件的计算机称为裸机。随着科技的发展，计算机技术又有了新的发展，出现了诸如生物计算机、光子计算机、量子计算机等新型计算机。

1.1　计算机的产生与发展

1.1.1　计算机的产生

　　在人类发展的历史长河中，人们一直在研究一种高效的计算工具来满足实际的计算需求。远在商代，中国人就创造了十进制计数方法。到了周代，发明了当时最先进的计算工具——算筹。算筹由竹制、木制或骨制的不同颜色的小棍组成，计算一个数学问题时，通常编出一套歌诀形式的算法，一边计算，一边不断地重新布棍。珠算盘是中国人的又一独创，也是计算工具发展史上的一项重大发明，珠算盘最初大约出现于汉朝，成熟于元代。珠算盘不仅对古代中国经济的发展起着有益的作用，而且远传日本、朝鲜、东南亚等国家和地区，至今仍在使用。随着近现代文明和西方科技的发展，人们对计算工具的研究进入了一个新的阶段。

1. 阿塔纳索夫-贝利计算机

　　1847 年，计算机先驱、英国数学家 Charles Babbages 开始设计机械式差分机，总体设计耗时 2 年，这台机器可以完成 31 位精度的运算并将结果打印到纸上，因此被普遍认为是世界上第一台机械式计算机。20 个世纪 30 年代，保加利亚裔的阿塔纳索夫在美国爱荷华州立大学物理系任副教授，面对求解线性偏微分方程组的繁杂计算，从 1935 年开始探索运用数字电子技术进行计算工作。经过反复研究试验，他和他的研究生助手克利福德·贝利终于在 1939 年造出一台完整的样机，证明了他们的概念正确并且可以实现。人们把这台样机称为阿塔纳索夫-贝利计算机（Atanasoff-Berry Computer，ABC）。

　　阿塔纳索夫-贝利计算机是电子与电器的结合，电路系统装有 300 个电子真空管，用于执行数字计算与逻辑运算，机器使用电容器进行数值存储，数据输入采用打孔读卡方法，还采用了二进制计数方法。可以看出，阿塔纳索夫-贝利计算机已经包含了现代计算机中 4 个最重要的基本概念，从这个角度来说，它是一台真正意义上的现代电子计算机。客观地说，阿塔纳索夫-贝利计算机正好处于模拟计算与数字计算的过渡阶段。而"埃尼亚克"（ENIAC）的研制成功标志着计算机正式进入数字时代。

通常，说到世界公认的第一台电子数字计算机时，大多数人都认为是 1946 年面世的"埃尼亚克"（ENIAC）。事实上，在 1973 年，根据美国法院的裁定，最早的电子数字计算机应该是美国爱荷华州立大学的阿塔纳索夫于 1939 年制造的阿塔纳索夫-贝利计算机。之所以会有这样的误会，是因为"埃尼亚克"研究小组中的一个叫莫克利的人于 1941 年剽窃了阿塔纳索夫的研究成果，并在 1946 年申请了专利，美国法院于 1973 年裁定其专利无效。

2. 阿塔纳索夫-贝利计算机的特点

阿塔纳索夫-贝利计算机的产生具有划时代的意义，与以前的计算机相比，阿塔纳索夫-贝利计算机具有以下特点：

（1）采用电能与电子元件——当时为电子真空管；

（2）采用二进制计数，而非通常的十进制计数；

（3）采用电容器作为存储器，可再生而且避免错误；

（4）进行直接的逻辑运算，而非通过算术运算模拟。

1.1.2 计算机的发展

现代计算机问世之前，计算机的发展经历了机械式计算机、机电式计算机和萌芽期的电子计算机三个阶段。1946 年 2 月，美国宾夕法尼亚大学研制的大型电子数字积分计算机埃尼亚克最初专门用于火炮弹道计算，后经多次改进成为能进行各种科学计算的通用计算机。埃尼亚克完全采用电子线路执行算术运算、逻辑运算和信息存储，运算速度比继电器计算机快1000 倍。但其程序仍然是外加式的，存储容量小，尚未完全具备现代计算机的主要特征。

新的重大突破是由科学家冯·诺依曼领导的设计小组完成的，他们在 1945 年发表了一个全新的存储程序式通用电子计算机方案——电子离散变量自动计算机（EDVAC）。1949 年，英国剑桥大学数学实验室率先研制成功基于该方案的现代计算机——电子离散时序自动计算机（EDSAC）。至此，电子计算机发展的萌芽时期遂告结束，开始进入现代计算机的发展时期。

计算机器件从电子管到晶体管，再从分立元件到集成电路乃至微处理器，促使计算机的发展出现了三次飞跃。计算机发展基本阶段特点比较如表 1.1 所示。

表 1.1 计算机发展基本阶段特点比较

年 代 器 件	第一代 （1946—1957 年）	第二代 （1958—1964 年）	第三代 （1965—1969 年）	第四代 （1970 至今）
电子器件	电子管	晶体管	中小规模集成电路	大规模和超大规模集成电路
主存储器	阴极射线管或汞延迟线	磁芯	磁芯、半导体存储器	半导体存储器
外部辅助存储器	纸带、卡片	磁带、磁鼓	磁带、磁鼓、磁盘	磁带、磁盘、光盘
处理方式	机器语言汇编语言	监控程序连续处理作业高级语言编译	多道程序、实时处理	实时、分时处理网络操作系统
运算速度	5000～30000 次/秒	几十万至上百万次/秒	一百万至几百万次/秒	几百万至上千亿次/秒

1. 电子管计算机

在电子管计算机时期（1946—1959 年），计算机主要用于科学计算，主存储器是决定计算机技术面貌的主要因素。当时，主存储器有汞延迟线存储器、阴极射线管静电存储器、磁鼓和磁芯存储器等类型，通常按此对计算机进行分类。

2．晶体管计算机

到了晶体管计算机时期（1959—1964 年），主存储器均采用磁芯存储器，磁鼓和磁盘开始作为主要的辅助存储器。不仅科学计算用计算机继续发展，而且中、小型计算机，特别是廉价的小型数据处理用计算机开始大量生产。

3．集成电路计算机

1964 年以后，在集成电路计算机发展的同时，计算机也进入了产品系列化的发展时期。半导体存储器逐步取代了磁芯存储器的主存储器地位，磁盘成了不可缺少的辅助存储器，并且开始普遍采用虚拟存储技术。随着各种半导体只读存储器和可改写只读存储器的迅速发展，以及微程序技术的发展和应用，计算机系统中开始出现固件子系统。

4．大规模集成电路计算机

20 世纪 70 年代以后，计算机用集成电路的集成度迅速从中小规模发展到大规模、超大规模的水平，微处理器和微型计算机应运而生，各类计算机的性能迅速提高。进入集成电路计算机发展时期以后，在计算机中形成了相当规模的软件子系统，高级语言的种类进一步增加，操作系统日趋完善，具备批量处理、分时处理、实时处理等多种功能。数据库管理系统、通信处理程序、网络软件等也不断增添到软件子系统中。

5．新一代计算机

在现代计算机中，外围设备的价值一般已超过计算机硬件子系统的一半以上，其技术水平在很大程度上决定了计算机的技术面貌。新一代计算机把信息采集存储处理、通信和人工智能结合在一起。它不仅能进行一般信息处理，而且能面向知识处理，具有形式化推理、联想、学习和解释的能力，能够帮助人类开拓未知的领域、获得新的知识。

1.1.3　计算机的特点

现代计算机具有以下主要特点。

1．自动执行

计算机在程序控制下能够自动、连续地高速运算。一旦输入编制好的程序，启动计算机后，就能自动地执行下去，直至完成任务，整个过程无须人工干预。

2．运算速度快

计算机能以极快的速度进行计算。现在普通的微型计算机每秒可执行几十亿条指令，而巨型机则达到每秒几千万亿次。随着计算机技术的发展，计算机的运算速度还在提高。

3．运算精度高

电子计算机具有以往计算机无法比拟的计算精度，目前已达到小数点后上亿位的精度。

4．具有记忆和逻辑判断能力

计算机借助逻辑运算，可以进行逻辑判断，并根据判断结果自动确定下一步该做什么。计算机的存储系统由内存和外存组成，具有存储大量信息的能力，现代计算机的内存容量已达几千兆字节，而外存容量也很惊人。

5．可靠性高

随着微电子技术和计算机技术的发展，现代电子计算机连续无故障运行时间可达到几十万小时以上，具有极高的可靠性。另外，只要执行不同的程序，计算机就可以解决不同的问题，应用于不同的领域，因而具有很强的稳定性和通用性。

1.1.4 计算机应用领域

计算机应用已深入到科学、技术、社会的各个领域，按其应用问题信息处理的形态不同，大体上可以分为以下六个方面。

1. 科学计算

早期的计算机主要用于科学计算。目前，科学计算仍是计算机应用的一个重要领域，如高能物理、工程设计、地震预测、气象预报、航天技术等。同时，由于计算机具有很高的运算速度和精度及逻辑判断能力，因此又出现了计算力学、计算物理、计算化学、生物控制论等新学科。

2. 过程控制

过程控制广泛地应用于工业生产领域，利用计算机对工业生产过程中的某些信号自动进行检测，并把检测到的数据存入计算机，再根据需要对这些数据进行处理。特别是仪器仪表，引进计算机技术后所构成的智能化仪器仪表，将工业自动化推向了一个更高的水平。

3. 数据处理

信息管理是目前计算机应用最广泛的一个领域。通过利用计算机加工、管理和操作各种数据资料，提高了管理效率。近年来，国内许多机构纷纷建设自己的管理信息系统（MIS），生产企业也开始采用制造资源规划软件（MRP），商业流通领域则逐步使用电子信息交换系统（EDI）。

4. 计算机辅助系统

计算机辅助技术包括 CAD、CAM 和 CAI 等。

（1）计算机辅助设计

计算机辅助设计（Computer Aided Design，CAD）是利用计算机及其图形设备帮助辅助设计人员进行工程或产品设计，以实现最佳设计效果的一种技术。它已广泛应用于飞机、汽车、机械、电子、建筑和轻工等领域。例如，利用 CAD 技术进行体系结构模拟、逻辑模拟、插件划分、自动布线等，从而大大提高了设计工作的自动化程度。

（2）计算机辅助制造

计算机辅助制造（Computer Aided Manufacturing，CAM）是利用计算机系统进行生产设备的管理、控制和操作的过程。例如，在产品的制造过程中，用计算机控制机器的运行，处理生产过程中所需的数据，控制和处理材料的流动及对产品进行检测等。使用 CAM 技术可以提高产品质量，降低成本，缩短生产周期，提高生产率和改善劳动条件。如果将 CAD 和 CAM 技术集成，则可实现设计生产自动化，这种技术被称为计算机集成制造系统（CIMS），它是无人化工厂的基础。

（3）计算机辅助教学

计算机辅助教学（Computer Aided Instruction，CAI）是在计算机辅助下进行的各种教学活动。它能引导学生循序渐进地学习，使学生轻松自如地从课件中学到所需要的知识。

5. 人工智能

人工智能（Artificial Intelligence, AI）就是用计算机模拟人类的智能活动，如感知、判断、理解、学习、问题求解和图像识别等。人工智能的研究成果有些已开始走向实用阶段。例如，能模拟高水平医学专家进行疾病诊疗的专家系统、具有一定思维能力的智能机器人等。

6. 网络应用

计算机网络是计算机技术与现代通信技术相结合的产物。计算机网络的建立不仅解决了一个单位、一个地区、一个国家中计算机与计算机之间的数据通信、资源共享，也大大促进了国家间的文字、图像、视频和声音等各类数据的传输与处理。

1.2 冯·诺依曼体系结构

20 世纪 30 年代中期，美籍匈牙利裔科学家冯·诺依曼提出，抛弃十进制，采用二进制作为数字计算机的数制基础。同时，他还提出应预先编制计算程序，然后由计算机来按照人们事前编制的计算顺序进行数值计算。1945 年，冯·诺依曼提出了在数字计算机内部的存储器中存放程序的概念，这是所有现代电子计算机共同遵守的基本规则，被称为"冯·诺依曼体系结构"，按照这一结构建造的计算机就是存储程序计算机，又称为通用计算机。

1.2.1 工作原理

冯·诺依曼提出的现代计算机的基本工作原理如下：
① 计算机由运算器、存储器、控制器和输入设备、输出设备五大部件组成；
② 指令和数据都用二进制代码表示；
③ 指令和数据都以同等地位存放于存储器内，并可按地址寻访；
④ 指令在存储器内顺序存放，指令由操作码和地址码组成，操作码用来表示操作的性质，地址码用来表示操作数在存储器中的位置；
⑤ 机器以运算器为核心，输入/输出设备与存储器的数据传送要通过运算器。

从 EDSAC 到当前最先进的计算机，采用的都是冯·诺依曼体系结构。冯·诺依曼计算机广泛应用于数据的处理和控制方面。

1.2.2 基本组成

典型的冯·诺依曼计算机是以运算器为中心的，如图 1.1 所示。其中输入/输出设备与存储器之间的数据传送都要通过运算器。

现代的计算机组成已转化为以存储器为中心，如图1.2 所示。

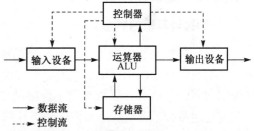

图 1.1　典型的冯·诺依曼计算机组成

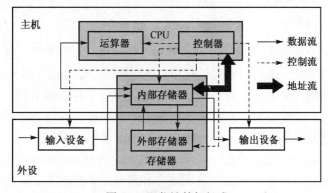

图 1.2　现代计算机组成

图 1.2 中各部件的功能是：

① 运算器用来完成算术运算和逻辑运算，并将运算的中间结果暂存在运算器内；

② 存储器用来存放数据和程序；

③ 控制器用来控制、指挥程序和数据的输入、运行及处理运算结果；

④ 输入设备用来将人们熟悉的信息形式转换为机器能识别的信息形式，如键盘、鼠标等；

⑤ 输出设备可将机器运算结果转换为人们熟悉的信息形式，如打印机、显示器等。

计算机的五大部件在控制器的统一指挥下，有条不紊地自动工作。由于运算器和控制器在逻辑关系和电路结构上联系十分紧密，尤其是在大规模集成电路出现后，这两大部件往往制作在同一芯片上，因此，通常将它们合起来，统称为中央处理器（Central Processing Unit，CPU）。存储器分为主存储器和辅助存储器。主存可直接与 CPU 交换信息，CPU 与内存合起来称为主机。把输入设备与输出设备统称为 I/O 设备，I/O 设备和外存统称为外部设备，简称为外设。因此，现代计算机可认为由两大部分组成：主机和外设。

1.3　计算机的分类

20 世纪中期以来，计算机一直处于高速发展时期，计算机已从仅包含硬件发展到包含硬件、软件和固件三类子系统的计算机系统。计算机种类也不断分化，计算机的分类有多种方法。按其内部逻辑结构进行分类，可分为单处理机与多处理机（并行机），16 位机、32 位机或 64 位计算机等。根据计算机的演变过程来分，通常把计算机分为 5 大类：超级计算机、大型机、中小型机、工作站、微型机。

1.3.1　超级计算机

1. 超级计算机的概念

超级计算机又称巨型机，通常是指由成百上千甚至更多的处理器（机）组成的、能计算求解大型复杂问题的计算机。它采用大规模并行处理的体系结构，运算速度快、存储容量大、处理能力强，是所有计算机类型中价格最高、功能最强、速度最快的一类计算机，其浮点运算速度已达每秒千万亿次。目前，超级计算机主要用于战略武器设计、空间技术、石油勘探、航空航天、长期天气预报及社会模拟等领域。世界上只有少数国家能生产超级计算机，它是一个国家科技发展水平和综合国力的重要标志。

2. 超级计算机的特点

新一代的超级计算机采用涡轮式设计，每个刀片就是一个服务器，能实现协同工作，并可根据应用需要随时增减。通过先进的架构和设计实现了存储和运算的分离，确保用户数据、资料在软件系统更新或 CPU 升级时不受任何影响，保障了存储信息的安全，真正实现了保持长时、高效、可靠的运算并易于升级和维护的优势。目前（截至 2010 年 10 月），由中国国防科学技术大学研制、国家超级计算天津中心安装部署的中国"天河一号"二期系统（天河-1A）以峰值速度 4700 万亿次每秒、持续速度 2566 万亿次每秒浮点运算的优异性能位居世界第一，美国橡树岭国家实验室的"美洲虎"超级计算机排名第二，中国曙光公司研制的"星云"高性能计算机位居第三。

1.3.2　大型机

1．大型机的概念

大型机一般用在尖端科研领域，主机非常庞大，许多中央处理器协同工作，有超大的内存和海量存储器，并且使用专用的操作系统和应用软件。目前，大型主机在 MIPS（每秒百万指令数）已经不及高性能微型计算机，但是它的 I/O 能力、非数值计算能力、稳定性、安全性是微型计算机所不可比拟的。

2．大型计算机和超级计算机的区别

大型计算机和超级计算机的区别主要有：

① 大型计算机使用专用指令系统和操作系统，超级计算机使用通用处理器及 UNIX 或类 UNIX 操作系统（如 Linux）；

② 大型计算机主要用于非数值计算（数据处理）领域，超级计算机长于数值计算（科学计算）；

③ 大型计算机主要用于商业领域，如银行和电信，而超级计算机主要用于尖端科学领域，特别是国防领域；

④ 大型计算机大量使用冗余等技术，以确保其安全性及稳定性，所以内部结构通常有两套，而超级计算机使用大量处理器，通常由多个机柜组成；

⑤ 为了确保兼容性，大型计算机的部分技术较为保守。

1.3.3　中小型机

1．中小型机的概念

中小型机是指采用 8～32 个处理器，性能和价格介于 PC 服务器和大型计算机之间的一种高性能 64 位计算机。

2．中小型机的特点

中小型机具有区别于 PC 及其服务器的特有体系结构，还有各制造厂商自己的专利技术，有的还采用小型机专用处理器，此外，中小型机使用的操作系统一般是基于 UNIX 的，使用中小型机的用户一般是看中了 UNIX 操作系统的安全性、可靠性和专用服务器的高速运算能力。从某种意义上讲，中小型机就是低价格、小规模的大型计算机，它们比大型机价格低，却几乎有同样的处理能力。

1.3.4　工作站

工作站（Workstation）是一种以个人计算机和分布式网络计算为基础，主要面向专业应用领域，具备强大数据运算与图形、图像处理能力，为满足工程设计、动画制作、科学研究、软件开发、金融管理、信息服务、模拟仿真等专业领域而设计开发的高性能计算机。

1．基本配置

工作站具备强大的数据处理能力，具有便于人机交换信息的用户接口。工作站在编程、计算、文件书写、存档、通信等各方面给专业工作者以综合的帮助。常见的工作站有计算机辅助设计（CAD）工作站、办公自动化（OA）工作站、图像处理工作站等。不同任务的工作站有不同的硬件和软件配置。

一个小型 CAD 工作站的典型硬件配置为：高档微型计算机、带有功能键的 CRT 终端、光笔、平面绘图仪、数字化仪、打印机等。软件配置为：操作系统、编译程序、相应的数据库和数据库管理系统、二维和三维的绘图软件，以及成套的计算、分析软件包。

OA 工作站的主要硬件配置为：微型计算机、办公用终端设备（如电传打字机、交互式终端、传真机、激光打印机、智能复印机等）、通信设施（如局部区域网、程控交换机、公用数据网、综合业务数字网等）。软件配置为：操作系统、编译程序、各种服务程序、通信软件、数据库管理系统、电子邮件、文字处理软件、表格处理软件、各种编辑软件及专门业务活动的软件包，并配备相应的数据库。

图像处理工作站的主要硬件配置为：计算机、图像数字化设备（包括电子的、光学的或机电的扫描设备及数字化仪）、图像输出设备、交互式图像终端。软件配置除了一般的系统软件外，还要有成套的图像处理软件包。

2. 分类

工作站根据软、硬件平台的不同，一般分为基于 RISC（精简指令系统）架构的 UNIX 系统工作站和基于 Windows、Intel 的 PC 工作站。

UNIX 工作站是一种高性能的专业工作站，具有强大的处理器（以前多采用 RISC 芯片）和优化的内存、I/O、图形子系统。其使用专有处理器（Alpha、MIPS、Power 等）、内存及图形等硬件系统，专有 UNIX 操作系统，针对特定硬件平台的应用软件。

PC 工作站基于高性能的 x86 处理器之上，使用稳定的 Linux、Mac OS、Windows NT 及 Windows 2000、Windows XP 等操作系统，采用符合专业图形标准（OpenGL）的图形系统，再加上高性能的存储、I/O、网络等子系统，来满足专业软件运行的要求。

另外，根据体积和便携性，工作站还可分为台式工作站和移动工作站。

台式工作站类似于普通台式计算机，体积较大，没有便携性可言，但性能强劲，适合专业用户使用。移动工作站其实就是一台高性能的笔记本电脑，但其硬件配置和整体性能又比普通笔记本电脑高一个档次。

1.3.5 微型机

微型计算机简称微型机、PC，是由大规模集成电路组成的、体积较小的电子计算机。它以微处理器为基础，配以内存储器及输入/输出接口电路和相应的辅助电路。如果把微型计算机集成在一个芯片上，即构成单片微型计算机（简称单片机）。

1. PC 的产生

1981 年 IBM 公司正式推出了全球第一台个人计算机——IBM PC，该机采用主频 4.77MHz 的 Intel 8088 微处理器，运行微软公司开发的 MS-DOS 操作系统。IBM PC 的产生具有划时代的意义，它首创了个人计算机的概念，并为 PC 制定了全球通用的工业标准。它所用的处理器芯片来自 Intel 公司，DOS 磁盘操作系统来自微软公司。为了促使 PC 产业的发展，IBM 对所有厂商开放 PC 工业标准，从而使得这一产业迅速发展成为 20 世纪 80 年代的主导性产业，并造就了一大批 IBM PC 兼容机制造厂商。

2. PC 的发展

从第一台 PC 产生到现在，PC 得到了长足的发展，其使用范围已经渗透到了人们的生活的各个领域。

（1）第一代 PC

20 世纪 80 年代初推出 IBM PC，使用 Intel 8088 CPU，时钟频率 4.77 MHz，内部总线 16 位，外部总线 8 位，地址总线 20 位，寻址空间 1 MB。

（2）第二代 PC

1984 年推出 PC/AT，使用 80286 CPU，时钟频率 6～12 MHz，数据总线 16 位，采用工业标准体系结构总线，地址总线 24 位，寻址空间 16 MB。

（3）第三代 PC

1986 年推出 386 机，使用 80386 CPU，采用扩展工业标准体系结构 EISA 总线。1987 年 IBM 推出 PS/2 微机，采用微通道体系结构 MCA 总线。时钟频率 16～25 MHz，数据总线和地址总线均为 32 位，寻址空间 4 GB。

（4）第四代 PC

1989 年推出 80486 机，使用 80486 CPU。CPU 内部包含 8 KB～16 KB 高速缓存，时钟频率 33～120 MHz，采用视频电子标准协会 VESA 总线和外围组件互连 PCI 总线，数据总线和地址总线均为 32 位，寻址空间 4GB。

（5）第五代 PC

1993 年以来，陆续推出了奔腾（Pentium）系列微机，内部总线 32 位，外部总线 64 位。早期 Pentium、Pentium Pro 地址总线为 32 位，寻址空间 4 GB。从 Pentium2 开始，地址总线 36 位，寻址能力 64 GB。CPU 工作频率最低 75 MHz、最高 3.8 GHz。

1.4　微型计算机的基本硬件组成

一个完整的计算机系统由硬件系统及软件系统两大部分构成。其中，计算机硬件是计算机系统中由电子、机械和光电元件组成的各种计算机部件和设备的总称，是计算机完成各项工作的物质基础。而计算机软件是指计算机所需的各种程序及有关资料，它是计算机的灵魂。计算机系统基本组成如图1.3所示。

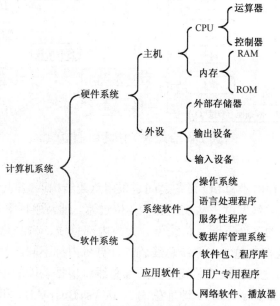

图 1.3　计算机系统基本组成

1.4.1 硬件的基本概念

硬件是计算机硬件的简称，是相对于计算机软件而言的。硬件是对计算机系统中所有实体部件和设备的统称。硬件具有原子特性，是计算机存在的物质基础。

1. 硬件的功能部件

在逻辑上，一个完整的计算机硬件系统由运算器、控制器、存储器、输入设备和输出设备这五部分组成。其中，运算器和控制器被安置在同一块芯片上，组成了处理器，这块芯片就被称为 CPU（中央处理器），它是计算机的核心部件；存储器又分为内存储器（简称内存或主存）和外存储器（简称外存或辅存）；输入设备和输出设备统称为 I/O 设备。从一般意义上讲，CPU 和内存储器构成了主机，而外存储器和 I/O 设备构成了外部设备，简称为外设。人们平时见到的计算机硬件通常包括主机箱、电源、主板、CPU、内存、硬盘、软驱、光驱、显卡、声卡、网卡、风扇，显示器、鼠标、键盘等，如图1.4所示。

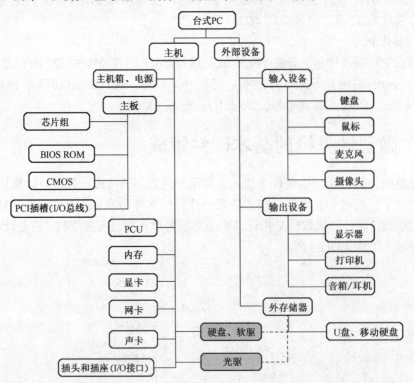

图 1.4 台式 PC 的基本物理组成

2. 系统总线

在 PC 中，CPU、存储器和 I/O 设备之间是采用总线结构连接的，总线是 PC 中数据传输或交换的通道，目前的总线宽度正从 32 位向 64 位过渡。通常用频率来衡量总线传输的速度，单位为 Hz。根据连接的部件不同，总线可分为：内部总线、系统总线和外部总线。内部总线就是同一部件内部连接的总线；系统总线就是计算机内部不同部件之间连接的总线；有时也会把主机和外部设备之间连接的总线称为外部总线。根据功能的不同，系统总线又可以分为三种：数据总线（Data Bus，DB）、地址总线（Address Bus，AB）和控制总线（Control Bus，CB），如图1.5所示。

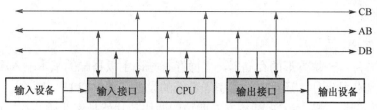

图 1.5　微型计算机总线结构图

数据总线是负责传送数据信息的总线，这种传输是双向的，也就是说，它既允许数据读入 CPU 又支持从 CPU 读出数据；而地址总线则用来识别内存位置或 I/O 设备的端口，是将 CPU 连接到内存及 I/O 设备的线路组，通过它来传输数据地址；控制总线传递控制信号，实现对数据线和地址线的访问控制。

目前常用的总线标准有：PCI 总线、ISA 总线、EISA 总线、VESA 总线等，而在 PC 中采用的大多是 PCI 总线。PCI 总线标准是英特尔公司于 1991 年推出的局部总线的标准，PCI 总线不依附于某个具体处理器，从结构上看，PCI 是在 CPU 和原来的系统总线之间插入的一级总线，由一个桥接电路实现对这一层的管理，并实现上下之间的接口以协调数据的传送。管理器提供了信号缓冲，使之能支持 10 种外设，并能在高时钟频率下保持高性能。PCI 总线也支持总线主控技术，允许智能设备在需要时取得总线控制权，以加速数据传送。

1.4.2　主机箱

主机箱为 PC 的各种部件提供安装支架（前面板上提供了硬盘、光驱的安装支架，后面板主要提供电源的安装支架）。主机箱内部构造如图1.6所示。

1.4.3　主板

1．基本概念

(a) 立式主机箱内部

(b) 卧式主机箱内部

图 1.6　主机箱内部构造

主板又叫主机板、系统板或母板。它安装在机箱内，是微机最基本的也是最重要的部件之一。主板一般为矩形电路板，上面安装了组成计算机的主要电路系统，一般有BIOS 芯片、I/O 控制芯片、键盘和面板控制开关接口、指示灯插接件、扩充插槽、主板及插卡的直流电源供电接插件等元件，如图1.7所示。

在电路板下面，是错落有致的电路布线。在电路板上面，则为棱角分明的各个部件：插槽、芯片、电阻、电容等。当主机加电时，电流会在瞬间通过 CPU、南北桥芯片、内存插槽、AGP 插槽、PCI 插槽、IDE 接口及主板边缘的串口、并口、PS/2 接口。随后，主板会根据 BIOS（基本输入/输出系统）来识别硬件，并进入操作系统，发挥支撑系统平台工作的作用。

图 1.7　华硕 P5Q 主板

主板采用开放式结构，上面大都有 6～8 个扩展插槽，供 PC 外围设备的控制卡插接。通过更换这些插卡，可以对微机的相应子系统进行局部升级，使厂家和用户在配置机型方面有更大的灵活性。

2. 主板的构成

（1）芯片部分

① BIOS 芯片：一块方形的存储器，里面存有与该主板搭配的基本输入/输出系统程序。能够让主板识别各种硬件，还可以设置引导系统的设备，调整CPU 外频等。

② 南北桥芯片：横跨 AGP 插槽左右两边的两块芯片就是南北桥芯片。南桥多位于 PCI 插槽的上面，南桥芯片负责硬盘等存储设备和 PCI 之间的数据流通；而 CPU 插槽旁边被散热片盖住的就是北桥芯片，北桥芯片主要负责处理 CPU、内存、显卡三者之间的"交通"，由于发热量较大，因而需要散热片散热。南桥芯片和北桥芯片合称芯片组。

③ RAID 控制芯片：相当于一块 RAID 卡的作用，可支持多个硬盘组成各种 RAID 模式。目前，主板上集成的 RAID 控制芯片主要有两种：HPT372 RAID 控制芯片和 Promise RAID 控制芯片。

（2）扩展槽部分

所谓的插拔部分，是指这部分的配件可以用"插"来安装、用"拔"来拆卸。

① 内存插槽：内存插槽一般位于 CPU 插座下方。图 1.7 中的是 DDR SDRAM 插槽，这种插槽的线数为 184 线。

② AGP插槽：位于北桥芯片和 PCI 插槽之间。AGP 插槽有 1×、2×、4×和 8×之分。在 PCI Express 出现之前，AGP 显卡较为流行，其传输速率最高可达到 2133 MBps。

③ PCI Express 插槽：随着 3D 性能要求的不断提高，AGP 已越来越不能满足视频处理带宽的要求，目前主流主板上显卡接口多转向 PCI Express。PCI Express 插槽有 1×、2×、4×、8×和 16×之分。

④ PCI插槽：PCI 插槽多为乳白色，是主板的必备插槽，可以插 Modem、声卡、股票接收卡、网卡、多功能卡等设备。

（3）对外接口部分

① 硬盘接口：硬盘接口可分为 IDE 接口和SATA 接口。在型号老些的主板上，多集成两个 IDE 口，通常 IDE 接口都位于 PCI 插槽下方。而在新型主板上，IDE 接口大多缩减，甚至没有，代之以 SATA 接口。

② COM 接口：目前大多数主板都提供了两个 COM 接口，分别为 COM1 和 COM2，作用是连接串行鼠标和外置 Modem 等设备。

③ PS/2 接口：PS/2 接口的功能比较单一，仅能用于连接键盘和鼠标。在一般情况下，鼠标的接口为绿色、键盘的接口为紫色。PS/2 接口已经逐步被 USB 接口所取代。

④ USB 接口：USB 接口是现在最为流行的接口，最大可以支持 127 个外设，并且可以独立供电，其应用非常广泛。USB 接口支持热拔插，真正做到了即插即用。一个 USB 接口可同时支持高速和低速 USB 外设的访问，USB1.1 标准高速外设的数据传输速率为 12 Mbps，低速外设的数据传输速率为 1.5 Mbps。此外，USB 2.0 标准最高数据传输速率可达 480 Mbps。USB 3.0已经开始出现在最新主板中。

⑤ SATA 接口：SATA 的全称是 Serial Advanced Technology Attachment（串行高级技术附件，一种基于行业标准的串行硬件驱动器接口），是由 Intel、IBM、Dell、APT、Maxtor 和 Seagate 公司共同提出的硬盘接口规范。SATA 规范将硬盘的外部数据传输速率理论值提高到 150 MBps，而随着未来后续版本的发展，SATA 接口的速率还可扩展到 2x 和 4x（300 MBps

和 600 MBps）。从其发展计划来看，未来的 SATA 也将通过提升时钟频率来提高接口的数据
传输速率，让硬盘也能够超频。

3．选购主板的原则

主板对计算机的性能影响很重大，所以，选择主板应从以下几个方面考虑：
① 工作稳定，兼容性好；
② 功能完善，扩充力强；
③ 使用方便，可以在 BIOS 中对尽量多的参数进行调整；
④ 厂商有更新及时、内容丰富的网站，维修方便快捷；
⑤ 价格相对便宜，即性价比高。

1.4.4　中央处理器

计算机硬件是计算机进行工作的物质基础，而硬件系统中最重要的组成部分是中央处理器，
中央处理器简称 CPU，它是计算机系统的核心，AMD 公司生产的 CPU 的外观如图1.8所示。

1．基本结构

CPU 的内部结构可以分为运算部件、寄存器部件和控制部件三大部分，三个部分相互协
调。8086 CPU 的内部结构示意图如图1.9所示。

图 1.8　AMD 公司生产的 CPU 的外观

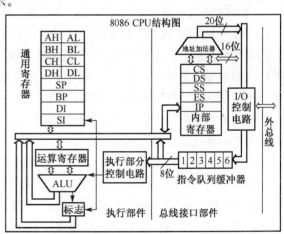

图 1.9　8086 CPU 的内部结构示意图

（1）运算逻辑部件

运算逻辑部件可以执行定点或浮点的算术运算操作、移位操作及逻辑操作，也可执行地
址的运算和转换。

（2）寄存器部件

寄存器部件包括通用寄存器、专用寄存器和控制寄存器。有时，中央处理器中还有一些
缓存，用来暂时存放一些数据指令，缓存越大，说明 CPU 的运算速度越快，目前市场上的
中高端中央处理器都有 2 MB 左右的二级缓存。

（3）控制部件

控制部件主要负责对指令译码，并且发出为完成每条指令所要执行的各个操作的控制信
号。其结构有两种：一种是以微存储为核心的微程序控制方式；另一种是以逻辑硬布线结构
为主的控制方式。

2. 工作原理

CPU 的工作可分为三个阶段：取指令、分析指令、执行指令。CPU 通过周而复始地完成取指令、分析指令、执行指令这一过程，实现了自动控制过程。

第一阶段：取指令。首先，根据 PC 所指出的指令地址，CPU 从存储器或高速缓冲存储器中取出指令，并送到控制器的指令寄存器中。

第二阶段：分析指令。对所取的指令进行分析，即根据指令中的操作码进行译码，确定计算机应进行什么操作。译码信号被送往操作控制部件，与时序电位、测试条件配合，产生执行本条指令相应的控制电位序列。

第三阶段：执行指令。根据指令分析结果，由操作控制部件发出完成操作所需要的一系列控制电位，指挥计算机有关部件完成操作，同时为取下一条指令做好准备。

为了使三个阶段按时发生，各组成部分还需要一个时钟发生器。时钟发生器用来调节 CPU 的每一个动作，它发出调整 CPU 步伐的脉冲，时钟发生器每秒钟发出的脉冲越多，CPU 的运行速度就越快。

3. 性能参数

CPU 品质的高低直接决定了一个计算机系统的档次，而 CPU 的主要性能参数可以反映出 CPU 的大致性能。

（1）CPU 的制造工艺

CPU 性能的参数中常有制造工艺一项，其中有 0.35 μm 或 0.25 μm 等。一般来说，制造工艺中的数据越小，表明 CPU 生产技术越先进。目前，生产 CPU 主要使用 CMOS（互补金属氧化物半导体的缩写）技术，采用光刀加工各种电路和元器件，现在光刻的精度一般用微米（μm）表示，精度越高表示制造工艺越先进。到 2000 年，大部分 CPU 厂商都采用 0.18 μm 工艺，2001 年之后，许多厂商都将转向 0.13 μm 的铜制造工艺，制造工艺的提高，意味着 CPU 体积更小，集成度更高，耗电更少。

（2）字长

CPU 在单位时间内能一次处理的二进制数的位数叫字长。人们通常所说的 32 位机就是指微机中 CPU 可以同时处理 32 位的二进制数据。字长与计算机的功能和用途有很大关系，字长直接反映了一台计算机的计算精度。其他指标相同时，字长越大，计算机处理数据的速度就越快。早期的微机字长一般是 8 位和 16 位，386 机及更高的处理器大多是 32 位。目前市面上的计算机的处理器大部分已达到 64 位。

（3）CPU 主频与外频

CPU 的主频，即 CPU 内核工作的时钟频率。通常所说的 CPU 是多少兆赫兹的，指的就是 CPU 的主频。CPU 的主频表示 CPU 内数字脉冲信号振荡的速度。主频和实际的运算速度存在一定的关系，但目前还没有一个确定的公式能够定量两者的数值关系，因为 CPU 的运算速度除了和主频有关外，还和 CPU 的其他性能指标有关。所以，在一定情况下，很可能会出现主频较高而实际运算速度较低的现象。

外频也叫 CPU 外部频率或基频，它更多地影响了 PCI 及其他总线的频率。在 Pentium 时代，CPU 的外频一般是 60/66 MHz，从 Pentium2 350 开始，CPU 的外频提高到 100 MHz。CPU 的主频与外频有一定的比例（倍频）关系，一般为：主频=外频×倍频。

（4）前端总线频率

前端总线频率的速度指的是 CPU 和北桥芯片间总线的速度，实质性地表示了 CPU 和外界数据传输的速度。例如，Intel 公司的 Pentium2 350 使用 100 MHz 的外频，所以其数据交换峰值带宽为 800 MBps（(100×64)/8)。由此可见，前端总线速率将影响计算机运行时 CPU 与内存之间的数据交换速度，实际也就影响了计算机整体运行速度。前端总线频率不等于外频，随着计算机技术的发展，人们发现前端总线频率需要高于外频，因此采用了类似 QDR（Quad Date Rate，4 倍数据倍率）技术，使得前端总线的频率成为外频的 2 倍、4 倍甚至更高。

（5）缓存

缓存大小也是 CPU 的重要指标之一，缓存的结构和大小对 CPU 速度的影响非常大，CPU 内缓存的运行频率极高，一般是和处理器同频运作的，工作效率远远大于系统内存和硬盘。实际工作时，CPU 往往需要重复读取同样的数据块，而增大缓存容量可以大幅度提升 CPU 内部读取数据的命中率，而不用再到内存或硬盘上寻找，以此提高系统性能。但是考虑到 CPU 芯片面积和成本的因素，缓存都很小。

1.4.5　内存

内存是计算机中重要的部件之一，是 CPU 信息的来源，其作用是用于暂时存放 CPU 中的运算数据，以及与硬盘等外部存储器交换的数据。计算机中存储器的体系结构如图 1.10 所示。

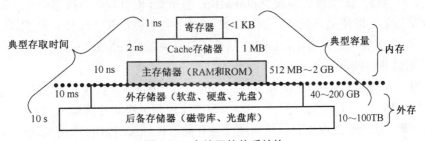

图 1.10　存储器的体系结构

内存、外存和 CPU 之间的信息传递关系如图 1.11 所示。只要计算机在运行，CPU 就会把需要运算的数据调到内存中，然后进行运算，当运算完成后，CPU 再将结果传送出来，内存的运行决定了计算机的稳定运行。

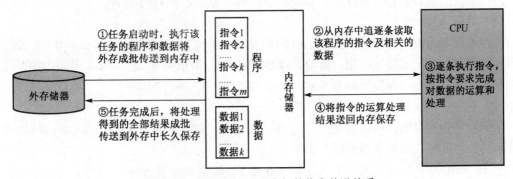

图 1.11　存储器和 CPU 之间的信息传递关系

1. 基本组成

传统意义上的内存主要包括只读存储器（ROM）和随机存储器（RAM）两部分。

（1）只读存储器（ROM）

在制造 ROM（Read Only Memory）的时候，信息（数据或程序）被存入并永久保存。这些信息只能读出，一般不能写入。即使机器停电，这些数据也不会丢失。ROM 一般用于存放计算机的基本程序和数据，如 BIOS 就是最基本的 ROM。

（2）随机存储器（RAM）

随机存储器（Random Access Memory，RAM）既可以从中读取数据，又可以写入数据。当机器电源关闭时，存于其中的数据就会丢失。内存条就是将 RAM 集成块集中在一起的一小块电路板，它插在计算机中的内存插槽上。目前市场上常见的内存条有 1 GB、2 GB、4 GB 等容量。内存条如图 1.12 所示，一般由内存芯片、电路板、金手指等部分组成。

图 1.12　金士顿 DDR3 1333 2 GB 内存条

随着 CPU 性能的不断提高，JEDEC 组织很早就开始酝酿 DDR2 标准，DDR2 能够在 100MHz 频率的基础上提供每插脚最少 400 MBps 的带宽，而且其接口将运行于 1.8 V 电压上，进一步降低发热量，以便提高频率。DDR3 比 DDR2 有更低的工作电压，从 DDR2 的 1.8 V 降到 1.5 V，性能更好，更为省电，DDR3 目前能够达到最高 2000 MHz 的速度。

（3）高速缓冲存储器（Cache）

Cache 的引入是为了解决 CPU 和内存之间的速度不匹配问题。Cache 属于广义内存的一部分，它位于 CPU 与内存之间，是一个读/写速度比内存更快的存储器。当 CPU 向内存中写入或读出数据时，这个数据也被存储进高速缓冲存储器中。当 CPU 再次需要这些数据时，CPU 就从高速缓冲存储器读取数据，而不是访问较慢的内存，当然，如果需要的数据在 Cache 中没有，CPU 会再去读取内存中的数据。

2．性能参数

内存的性能参数包括存取速度、存储容量、内存延迟、内存带宽等。

（1）存取速度

内存的存取速度用存取一次数据的时间来表示，单位为 ns（纳秒），$1 \text{ ns} = 10^{-9} \text{ s}$。值越小表明存取时间越短，速度就越快。目前，DDR 内存的存取时间一般为 6 ns，而更快的存储器多用在显卡的显存上，存取时间有 5 ns、4 ns、3.6 ns、3.3 ns、2.8 ns 等。

（2）存储容量

存储容量是指存储器可以容纳的二进制信息量。目前常见的为 1 GB、2 GB、4 GB 等。衡量存储器容量时，经常会遇到以下单位。

① 位（bit）：一位就代表一个二进制数 0 或 1。法定单位符号为 b。

② 字节（Byte）：每 8 位（bit）为 1 字节（Byte）。一个英文字母就占用 1 字节，也就是 8 位，一个汉字占用 2 字节。字节法定单位符号为 B。

③ 千字节（KB）：1 KB=1024 B。

④ 兆字节（MB）：1 MB=1024 KB=1024×1024 B=1 048 576 B。

另外，需要注意的是，存储产品生产商会直接以 1 GB=1000 MB、1 MB=1000 KB、1 KB=1000 B 的计算方式统计产品的容量，这就是为何所购买的存储设备容量达不到标称容量的主要原因（如标注为 320 GB 的硬盘其实际容量只有 300 GB 左右）。

⑤ 吉字节（GB）：1 GB=1024 MB。

随着存储信息量的增大，需要有更大的单位表示存储容量，比吉字节（GB）更高的还有：太字节（TB，terabyte）、PB（petabyte）、EB（exabyte）、ZB（zettabyte）和 YB（yottabyte）等，其中，1PB=1024TB，1EB=1024PB，1ZB=1024EB，1YB=1024ZB。

（3）内存延迟

简单地说，内存延迟就是内存接到 CPU 的指令后的反应速度。一般参数值有 2 和 3 两种。数字越小，代表反应所需的时间越短。其产生的根本原因在于处理器主频和内存芯片速率之间的不匹配。

（4）内存带宽

内存带宽是影响 CPU 和内存数据交换的关键因素，其值越大，表示交换能力越强。内存带宽 $B = F \times D/8$，F 表于存储器时钟频率、D 表示存储器数据总线位数。如常见 100 MHz 的 SDRAM 内存的带宽=100 MHz×64 b/8 = 800 MBps。常见 133 MHz 的 SDRAM 内存的带宽 133 MHz×64 b/8 = 1064 MBps。

1.4.6　声卡

声卡也叫音频卡，是多媒体计算机最基本的组成部分，其功能是实现声音的模拟/数字信号相互转换。

1. 基本功能

声卡的基本功能是把来自话筒、磁带、光盘的原始声音信号加以转换，输出到耳机、扬声器、扩音机、录音机等声响设备，或通过音乐设备数字接口（MIDI）使乐器发出美妙的声音。随着主板整合程度的提高及 CPU 性能的日益强大，板载声卡几乎成为主板的标准配置。

2. 性能参数

衡量声卡的性能可以从多个方面入手，以下几个参数对声卡性能影响较大。

（1）复音数量

复音数量代表了声卡能够同时发出多少种声音。复音数越大，音色就越好，播放 MIDI 时可以听到的声部就越多、越细腻。如果一首 MIDI 乐曲中的复音数超过了声卡的复音数，将丢失某些声部，但一般不会丢失主旋律。目前声卡的硬件复音数都不超过 64 位。

（2）采样精度

采样精度是指将声音从模拟信号转化为数字信号的二进制位数，即进行 A/D、D/A 转换的精度。目前有 8 位、12 位和 16 位三种，将来还有 24 位的 DVD 音频采样标准。采样精度的大小影响声音的质量，位数越多，声音的质量越高，但需要的存储空间也越大。

（3）采样频率

采样频率是指每秒采集声音样本的数量。标准的采样频率有三种：11.025 kHz（语音）、22.05 kHz（音乐）和 44.1 kHz（高保真），有些高档声卡能提供 5～48 kHz 的连续采样频率。采样频率越高，记录声音的波形就越准确，保真度就越高，但采样产生的数据量也越大，要求的存储空间也越大。

1.4.7 外存储器

外储存器也称辅助储存器，简称外存，用于信息的永久存放。当要用到外存中的程序和数据时，才将它们中调入程序。所以外存只同内存交换信息，而不能被计算机的其他部件所访问。常见的外存有：磁表面储存器（软磁盘、硬磁盘）、光表面储存器（光盘，包括 CD-ROM、DVD 等）、半导体储存器（U 盘）等。

1. 磁盘

磁盘存储器的信息存储依赖磁性原理，根据结构的不同，一般有两类：软盘和硬盘。

（1）软盘

软盘从早期的 8 英寸软盘、5.25 英寸软盘到 3.5 英寸软盘，主要用于数据交换和小容量数据备份。其中，3.5 英寸 1.44 MB 软盘占据计算机的标准配置地位近 20 年之久，之后出现过 24 MB、100 MB、200 MB 的高密度过渡性软盘和软驱产品。然而，由于 USB 接口和闪存出现，软盘迅速被淘汰。

（2）硬盘

硬盘是容量大、性价比高的一种存储设备，其面密度已经达到每平方英寸 100 GB 以上。硬盘内部结构如图1.13所示。硬盘实物结构如图1.14所示。

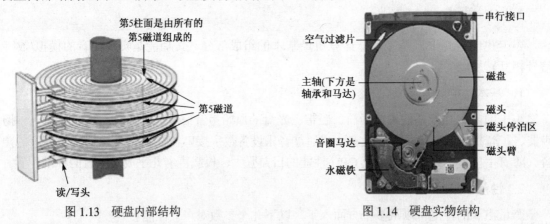

图 1.13　硬盘内部结构　　　　图 1.14　硬盘实物结构

硬盘不仅用于各种计算机和服务器中，在磁盘阵列和各种网络存储系统中，它也是基本的存储单元。硬盘一般被固定在主机箱内，其存储格式与软盘类似，但容量更大，速度更快。关于硬盘，有以下几个概念需要了解。

① 磁头：磁头是硬盘中最昂贵的部件，也是硬盘技术中最重要和最关键的一环，用于数据的读/写。

② 磁道：当磁盘旋转时，磁头若保持在一个位置上，则每个磁头都会在磁盘表面划出一个圆形轨迹，这些圆形轨迹就叫做磁道。

③ 扇区：磁盘上的每个磁道被等分为若干弧段，这些弧段便是磁盘的扇区，每个扇区的容量大小为 512 B。数据的存储一般以扇区为单位。

④ 柱面：硬盘通常由重叠的一组盘片构成，每个盘面都被划分为数目相等的磁道，并从外缘的 0 开始编号，具有相同编号的磁道形成一个圆柱，称为磁盘的柱面。

对于硬盘，在衡量其性能时，主要有以下几个性能指标。

① 容量。硬盘的容量是以 MB 和 GB 为单位的，硬盘的常见容量有 160 GB、200 GB、

250 GB、300 GB、320 GB、500 GB、640 GB、750 GB、1000 GB、1.5TB、2TB、3TB 等，随着硬盘技术的发展，还将推出更大容量的硬盘。

② 转速。转速指硬盘盘片在一分钟内所能完成的最大旋转圈数，转速是硬盘性能的重要参数之一，在很大程度上直接影响到硬盘的速度，单位为 rpm。rpm 值越大，内部数据传输速率就越快，访问时间就越短，硬盘的整体性能也就越好。普通家用硬盘的转速一般有 5 400rpm、7 200rpm 两种。笔记本硬盘的转速一般以 4 200rpm、5 400rpm 为主。服务器硬盘性能最高，转速一般有 10 000rpm，性能高的可达 15 000rpm。

③ 平均访问时间。平均访问时间指磁头找到指定数据的平均时间，通常是平均寻道时间和平均等待时间之和。平均寻道时间指硬盘在盘面上移动读/写磁头至指定磁道寻找相应目标数据所用的时间，它描述硬盘读取数据的能力，单位为毫秒。平均等待时间指当磁头移动到数据所在磁道后，等待所要数据块转动到磁头下的时间。它是盘片旋转周期的 1/2。平均访问时间既反映了硬盘内部数据传输速率，又是评价硬盘读/写数据所用时间的最佳标准。平均访问时间越短越好，一般在 11～18 ms。

④ 数据传输速率。硬盘数据传输速率描述硬盘工作时数据的传输速度，是硬盘工作性能的具体表现，它随具体的工作情况而变化，所以厂商在标示硬盘参数时，更多地采用外部数据传输速率和内部数据传输速率。外部数据传输速率也称为突发数据传输或接口数据传输速率，是指硬盘缓存和计算机系统之间的数据传输速率。平常硬盘所采用的 ATA100、ATA133 等接口，就是以硬盘的理论最大外部数据传输率来表示的。ATA100 中的 100 就代表这块硬盘的外部数据传输速率理论最大值是 100 MBps；而 SATA 接口的硬盘外部理论数据最大传输速率可达 150 MBps。

内部数据传输速率是指硬盘磁头与缓存之间的数据传输速率，简单地说，就是硬盘将数据从盘片上读取出来，然后存储在缓存内的速度。内部数据传输速率可以明确表现出硬盘的读/写速度，它的高低是评价一个硬盘整体性能的决定性因素，它是衡量硬盘性能的真正标准。目前主流的家用硬盘内部数据传输速率基本是 60 MBps 左右，而且在连续工作时，这个数据会减小。

2. 光盘和光驱

（1）光盘

光盘（Compact Disc, CD）是近代发展起来的不同于磁性载体的光学存储介质，其基本思想是通过聚焦的氢离子激光束实现信息的存储和读取，又称激光光盘。光盘实物图如图1.15所示。

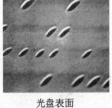

光盘外观　　　　光盘表面

图 1.15　光盘实物图

根据是否可写，光盘可分为不可擦写光盘（如 CD-ROM、DVD-ROM 等）和可擦写光盘（如 CD-RW、DVD-RAM 等）。根据光盘结构不同，可分为 CD、DVD、蓝光光盘等几种类型。CD 光盘的最大容量大约为 700 MB，DVD 盘片单面容量为 4.7 GB，双面容量为 8.5 GB，其中 HD DVD 单面单层容量为 15 GB、双层容量为 30 GB；蓝光（BD）的容量则比较大，单面单层容量为 25 GB、双面容量为 50 GB。

常见的 CD 光盘非常薄，只有约 1.2 mm 厚，主要分为五层，包括基板、记录层、反射层、保护层、印刷层，其结构示意图如图1.16所示。

图 1.16 光盘结构示意图

① 基板。基板是各功能性结构的载体，其材料是聚碳酸酯，韧性极好、使用温度范围大。CD 光盘的基板厚度为 1.2 mm、直径为 120 mm，中间有孔，呈圆形，它是光盘的外形体现。光盘之所以能够随意取放，主要取决于基板的硬度。

② 记录层。记录层是刻录信号的地方，其主要的工作原理是：在基板上涂抹专用的有机染料，以供激光记录信息。由于烧录前后的反射率不同，经由激光读取不同长度的信号时，通过反射率的变化形成 0 与 1 信号，借以读取信息。例如，一次性记录的 CD-R 光盘在进行烧录时，激光会对涂在基板上的有机染料进行烧录，直接烧录成一个接一个的"坑"，这样有"坑"和没有"坑"的状态就形成了"0"和"1"的信号，这一连串的 01 信息，就组成了二进制代码，表示特定的数据。由于"坑"是不能恢复的，这就意味着此光盘不能重复擦写。

③ 反射层。反射层是光盘的第三层，它是反射光驱激光光束的区域，利用反射的激光光束读取光盘片中的资料。其材料为纯度是 99.99% 的银金属。光线到达此层，就会反射回去。

④ 保护层。第四层为保护层，用来保护光盘中的反射层和记录层，防止信号被破坏。材料为光固化丙烯酸类物质。

⑤ 印刷层。印刷层是印刷盘片的客户标志、容量等相关信息的地方，也就是光盘的背面。印刷层可以标明信息，还可以起到一定的保护光盘的作用。

（2）光驱

光驱是用来读/写光盘内容的设备，随着多媒体应用越来越广泛，光驱已经成为台式机的标准配置。光驱结构示意图如图 1.17 所示。

激光头是光驱的心脏，也是最精密的部分。它主要负责数据的读取工作。激光头主要包括：激光发生器（又称激光二极管）、半反光棱镜、物镜、透镜及光电二极管这几部分。当激光头读取盘片上的数据时，从激光

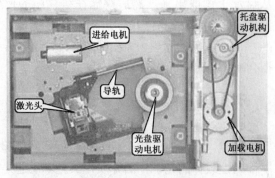

图 1.17 光驱结构示意图

发生器发出的激光透过半反射棱镜汇聚在物镜上，物镜将激光聚焦成为纳米级的激光束并打到光盘上。此时，光盘上的反射层就会将照射过来的光线反射回去，透过物镜再照射到半反射棱镜上。

此时，由于棱镜是半反射结构，不会让光束完全穿透它并回到激光发生器上，而是经过反射，穿过透镜，到达光电二极管上。由于光盘表面是以突起不平的点来记录数据的，所以反射回来的光线就会射向不同的方向。人们将射向不同方向的信号定义为 0 或 1，发光二极管接收到的是那些以 0、1 排列的数据，并最终将它们解析成为需要的数据。在激光头读取数据的整个过程中，寻迹和聚焦直接影响光驱的纠错能力及稳定性。寻迹就是保持激光头能够始终正确地对准记录数据的轨道。

目前，光驱有以下几种类型。

① CD-ROM 光驱：只能读取 CD-ROM 的驱动器。

② DVD 光驱：可以读取 DVD 碟片的光驱，除了兼容 DVD-ROM、DVD-VIDEO、DVD-R、CD-ROM 等常见的格式外，对于 CD-R/RW、CD-I、VIDEO-CD、CD-G 等都能很好地支持。

③ COMBO 光驱：COMBO 光驱（康宝光驱）是一种集 CD 刻录、CD-ROM 和 DVD-ROM 为一体的多功能光存储产品。

④ 刻录光驱：包括 CD-R、CD-RW 和 DVD 刻录机等，其中，DVD 刻录机又分 DVD+R、DVD-R、DVD+RW、DVD-RW（W 代表可反复擦写）和DVD-RAM。刻录机的外观和普通光驱相似，只是其前置面板上通常都清楚地标识着写入、复写和读取三种速度。

光驱有两个重要的性能指标。

① 光驱的读盘速度。

光驱的速度都是标称的最快速度，是指光驱在读取盘片最外圈时的最快速度，而读内圈时的速度要低于标称值。目前，CD-ROM 光驱所能达到的最大 CD 读取速度是 56倍速（CD 单倍传输速度为 150 Kbps）；DVD-ROM 光驱大部分为 48 倍速（DVD 单倍速传输速度为 1350 Kbps）；康宝产品基本都达到了 52 倍速。

② 光驱的容错能力。

相对于读盘速度而言，光驱的容错性更为重要。为了提高光驱的读盘能力，采取了多种技术措施，其中人工智能纠错（AIEC）是比较成熟的技术。AIEC 通过对上万张光盘的采样测试，记录下适合的读盘策略，并保存在光驱的 BIOS 芯片中，以方便光驱针对偏心盘、低反射盘、划伤盘自动进行读盘策略的选择。

3. U 盘

U 盘全称为 USB 闪存盘，可以通过 USB 接口与计算机连接，实现即插即用。U 盘的最大优点是：便于携带、存储容量大、价格低、性能可靠。一般 U 盘的容量有 4 GB、8 GB、16 GB、32 GB 等。U 盘组成简单，一般由外壳、机芯、闪存、包装几部分组成，如图 1.18 所示。其中机芯和闪存是其核心组成部分。U 盘的使用寿命用可擦写次数表示，一般采用 MLC 颗粒的 U 盘可擦写 1 万次以上，采用 SLC 颗粒的 U 盘使用寿命更是长达 10 万次。

图 1.18　U 盘内部结构

使用在 U 盘时，有以下几点需要注意。

① 不要在指示灯快速闪烁时拔出，因为这时 U 盘正在读取或写入数据，中途拔出可能会造成硬件、数据的损坏。

② 不要在备份文档完毕后立即关闭相关的程序，因为程序可能还没完全结束，这时拔出 U 盘，很容易影响备份。所以文件备份到 U 盘中后，应过一些时间再关闭相关程序，以防意外。

③ 在系统提示无法停止时也不要轻易拔出 U 盘，这样也会造成数据遗失。

④ 不要长时间将 U 盘插在 USB 接口上，这样容易引起接口老化，对 U 盘也是一种损耗。

1.4.8　输入设备

输入设备将要加工处理的外部信息转换成计算机能够识别和处理的内部表示形式（即二进制代码）并输送到计算机中去。在微型计算机系统中，最常用的输入设备是键盘、鼠标和扫描仪。

1．键盘

目前微型机所配置的标准键盘有 101（或 104）个按键，104 键盘的布局如图1.19所示，它包括数字键、字母键、符号键、控制键和功能键等。

功能键区　编辑控制区　数字键盘区　字母键盘区　方向控制区

图 1.19　计算机键盘布局

标准键盘的布局分三个区域，即主键盘区、数字键盘区和功能键区。主键盘区共有 62 个键，包括数字和符号键（22 个）、字母键（26 个）、控制键（14 个）。数字键盘区共有 30 个键，包括光标移动键（4 个）、光标控制键（4 个）、算术运算符键（4 个）、数字键（10 个）、编辑键（4 个）、数字锁定键、打印屏幕键等。功能键共有 12 个，包括按键 F1～F12。在功能键中，前 6 个键的功能是由系统锁定的，后面 6 个键的功能可根据软件的需要由用户自己定义。副键盘区的设置可对文字录入、文本编辑和光标的移动进行控制，为用户的操作提供了极大的方便。键盘常用键的功能如表 1.2 所示。

表 1.2　常用键的功能表

键　位	功　能
Backspace 退格键	每按一次此键，将删除光标左边的一个字符。主要用于清除当前行输错的字符
Shift 换档键	也叫换档键，要输入大写字母或"双符"键上部的符号时按此键
Ctrl 控制键	Ctrl 键常用符号"^"表示。此键与其他键组合使用，可以完成相应的功能
Tab 制表定位键	每按一次，光标将向右移动一个制表位（一般为 8 个字符）
Enter 回车键	按此键后，光标移至下一行行首
Space 空格键	每按一次空格键即输入一个空格字符
Alt 交替换档键	它可与其他键组合成特殊功能键或复合控制键
Print Screen 打印屏幕键	用于把屏幕当前显示的内容全部打印出来

2．鼠标

鼠标按其工作原理及其内部结构的不同可以分为机械鼠标、光机鼠标、光电鼠标和光学鼠标。其内部结构示意图如图1.20所示。

(a) 光机鼠标　　　(b) 光电鼠标　　　(c) 光学鼠标

图 1.20　鼠标内部结构示意图

（1）机械鼠标

机械鼠标主要由滚球、辊柱和光栅信号传感器组成。当拖动鼠标时，带动滚球转动，滚球又带动辊柱转动，装在辊柱端部的光栅信号传感器产生的光电脉冲信号反映出鼠标器在垂直和水平方向的位移变化，再通过计算机程序的处理和转换来控制屏幕上光标箭头的移动。

（2）光机鼠标

光机鼠标器是一种光电和机械相结合的鼠标，目前市场上最常见。它在机械鼠标的基础上，将磨损最厉害的接触式电刷和译码轮改为非接触式的 LED 对射光路元件。当小球滚动时，X、Y 方向的滚轴带动码盘旋转。在码盘两侧安装有两组发光二极管和光敏三极管，LED 发出的光束有时照射到光敏三极管上，有时则被阻断，从而产生两组相位相差 90°的脉冲序列。脉冲的个数代表鼠标的位移量，而相位表示鼠标运动的方向。由于采用了非接触部件，降低了磨损率，从而大大提高了鼠标的寿命并使鼠标的精度有所增加。光机鼠标的外形与机械鼠标没有区别，不打开鼠标的外壳很难分辨。

（3）光电鼠标

光电鼠标器通过检测鼠标器的位移，将位移信号转换为电脉冲信号，再通过程序的处理和转换来控制屏幕上光标箭头的移动。光电鼠标用光电传感器代替了滚球，这类传感器需要与特制的、带有条纹或点状图案的垫板配合使用。

（4）光学鼠标

光学鼠标是微软公司设计的一款高级鼠标。在鼠标底部的小洞里有一个小型感光头，面对感光头的是一个发射红外线的发光管，发光管每秒向外发射 1500 次，然后感光头就将这 1500 次的反射回馈给鼠标的定位系统，以此来实现准确的定位。所以，这种鼠标可在任何地方无限制地移动。

3. 扫描仪

扫描仪是一种光、机、电一体化的高科技产品，它是将各种形式的图像信息输入计算机的重要工具，是继键盘和鼠标之后的第三代计算机输入设备。扫描仪可分为三大类型：滚筒式扫描仪、平面扫描仪和专用扫描仪（包括笔式扫描仪、便携式扫描仪、胶片扫描仪、底片扫描仪、名片扫描仪等），如图1.21所示。

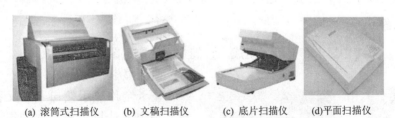

(a) 滚筒式扫描仪　(b) 文稿扫描仪　(c) 底片扫描仪　(d)平面扫描仪

图 1.21　常见的扫描仪

滚筒式扫描仪广泛应用于专业印刷排版领域，一般使用光电倍增管，因此它的密度范围较大，而且能够分辨出图像更细微的层次变化。平面扫描仪又称平台式扫描仪、台式扫描仪，是目前办公用扫描仪的主流产品，扫描幅面一般为 A4 或 A3。平面扫描仪使用的是光电耦合器件，故其扫描的密度范围较小。

（1）工作原理

扫描仪的工作原理如下：扫描仪工作时发出的强光照射在稿件上，没有被吸收的光线将被反射到光学感应器上。光学感应器接收到这些信号后，将这些信号传送到数模（D/A）转换器中，数模转换器再将其转换成计算机能读取的信号，然后通过驱动程序转换成显示器上能看到的正确图像。待扫描的稿件通常可分为：反射稿和透射稿。前者泛指一般的不透明文件，如报刊、杂志等，后者包括幻灯片（正片）或底片（负片）。如果经常需要扫描透射稿，就必须选择具有光罩（光板）功能的扫描仪。

（2）技术指标

① 分辨率。分辨率是扫描仪最主要的技术指标，它决定了扫描仪所记录图像的清晰度，通常用每英寸长度上扫描图像所含像素的个数来表示，单位为 PPI（Pixels Per Inch)。目前大多数扫描的分辨率在 300～2400PPI。PPI 数值越大，扫描的分辨率越高。扫描分辨率一般有两种：光学分辨率和插值分辨率。光学分辨率就是扫描仪的实际分辨率，它是决定图像清晰度和锐利度的关键性能指标。插值分辨率则是通过软件运算的方式来提高分辨率，即用插值的方法将采样点周围遗失的信息填充进去，因此也称为软件增强的分辨率。

② 灰度级。灰度级表示图像的亮度层次范围。级数越多，扫描仪图像亮度范围越大、层次越丰富，目前多数扫描仪的灰度为 256 级。

③ 色彩数。色彩数表示彩色扫描仪所能产生颜色的范围，通常用表示每个像素点颜色的数据位数表示。例如，常说的真彩色图像指的是每个像素点的颜色用 24 位二进制数表示（由三个 8 位的彩色通道组成)，红绿蓝通道结合可以产生 $2^{24} \approx 16.67M$ 种颜色组合，即 16.7M 色，色彩数越多，扫描图像越鲜艳、真实。

④ 扫描速度。扫描速度是指扫描仪从预览开始到图像扫描完成光头移动的时间。扫描速度有多种表示方法，因为扫描速度与分辨率、内存容量、软盘存取速度及显示时间、图像大小有关，通常用指定分辨率和图像尺寸下的扫描时间来表示。

⑤ 扫描幅面。扫描幅面表示扫描图稿的尺寸，常见的有 A4、A3、A0 幅面等。

1.4.9 输出设备

输出设备将计算机内部以二进制代码形式表示的信息转换为用户所需要并能识别的形式（如十进制数字、文字、符号、图形、图像、声音）或其他系统能接受的信息形式，并将其输出。在微型机系统中，主要的输出设备有显示器、打印机等。

1. 显示器

PC 的显示系统由显卡和显示器组成，它们共同决定了图像的输出质量。

（1）显卡

显卡全称显示接口卡，又称为显示适配器，是个人计算机最基本的组成部分之一。显卡将计算机系统所需要的显示信息进行转换驱动，并向显示器提供行扫描信号，控制显示器的正确显示。显卡一般可分两类：集成显卡和独立显卡，如图1.22所示。

(a) 集成显卡

(b) 独立显卡

图 1.22　显卡

① 集成显卡。集成显卡将显示芯片、显存及其相关电路都集成在主板上，与主板融为一体。集成显卡的显示芯片有单独的，但大部分都集成在主板的北桥芯片中。一些主板集成的显卡也在主板上安装了单独显存，但其容量

较小，所以，集成显卡的显示效果与处理性能相对较弱。集成显卡的优点是功耗低、发热量小，不用花费额外的资金购买显卡。不足之处在于不能升级。

② 独立显卡。独立显卡是指将显示芯片、显存及其相关电路单独制作在一块电路板上，作为一块独立的板卡存在，它需占用主板的扩展插槽。独立显卡的优点是单独安装，一般不占用系统内存，能够得到更好的显示效果和性能，容易进行显卡的硬件升级。不足之处在于系统功耗有所加大，发热量也较大，需要额外购买显卡。

显卡的重要技术参数如下。

① 核心频率。显卡的核心频率是指显示核心的工作频率，在一定程度上可以反映出显示核心的性能，在同样级别的芯片中，核心频率高的则性能要强一些。提高核心频率是显卡超频的方法之一。

② 显存。显存全称是显卡内存，其主要功能是存储显示芯片所处理的各种数据。如何有效地提高显存的效能是提高整个显卡效能的关键。显存容量是选择显卡的关键参数之一，其在一定程度上也会影响显卡的性能。显存位宽是显存在一个时钟周期内所能传送数据的位数，位数越大则瞬间所能传输的数据量越大，这是显存的重要参数之一。目前市场上的显存位宽有 64 位、128 位和 256 位三种，人们习惯上说的 64 位显卡、128 位显卡和 256 位显卡就是指其相应的显存位宽。

（2）显示器

显示器类型很多，按显示原理可以分为阴极射线管显示器（CRT）和液晶显示器（LCD），如图1.23所示。现在，阴极射线管显示器已逐步淘汰，LCD 显示器已成为主流产品。

从液晶显示器的结构来看，LCD 显示屏是由不同部分组成的，属于分层结构，如图1.24所示。一些高档的数字 LCD 显示器采用以数字方式传输数据、显示图像，这样就不会产生由显卡造成的色彩偏差或损失。并且完全没有辐射，即使长时间观看 LCD 显示器屏幕也不会对眼睛造成很大伤害。

(a) CRT 显示器　　(b) LCD 显示器

图 1.23　显示器

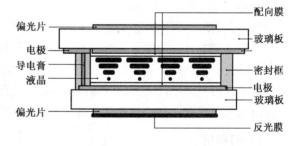

图 1.24　液晶显示器结构示意图

LCD 由两块玻璃板构成，厚约 1 mm，其间由包含液晶材料的 5 μm 均匀间隔隔开。因为液晶材料本身并不发光，所以在显示屏两边都设有作为光源的灯管，而在液晶显示屏背面有一块背光板（或称匀光片）和反光膜。背光板是由荧光物质组成的，可以发射光线，其作用主要是提供均匀的背景光源。

背光板发出的光线穿过第一层偏振过滤层之后进入包含成千上万液晶液滴的液晶层。液晶层中的液滴都被包含在细小的单元格结构中，一个或多个单元格构成屏幕上的一个像素。玻璃板与液晶材料之间是透明的电极，电极分为行和列，在行与列的交叉点上，通过改变电压而改变液晶的旋光状态。液晶材料的作用类似于一个个小的光阀。在液晶材料周边是控制电路部分和驱动电路部分。当 LCD 中的电极产生电场时，液晶分子就会扭曲，从而将穿越其中的光线进行有规则的折射，然后经过第二层过滤层的过滤在屏幕上显示出来。

液晶显示器的主要技术参数有如下几个。

① 屏幕尺寸。屏幕尺寸指液晶显示器屏幕对角线的长度，单位为英寸。和电视机一样，大的液晶显示器观看效果好一些，更利于在远一点的距离观看或在宽敞的环境中观看。但受液晶板制造工艺的影响，尺寸过大的液晶屏幕成本会急剧上升，现在的主流产品屏幕尺寸在 20 英寸左右。

② 点距。点距一般是指显示屏相邻两个像素点之间的距离，点距决定画质的细腻度。点距的计算方式可以通过以面板尺寸除以解析度得到。由于液晶显示器在尺寸固定时，像素数量也是固定的，因此在尺寸与分辨率都相同的情况下，大多数液晶显示器的像素间距基本相同。例如，分辨率为 1024×768 的 15 英寸液晶显示器，其像素间距均为 0.297 mm，而 17 英寸的像素间距均为 0.264 mm。所以，对于同尺寸的液晶显示器，其价格一般与点距没有关系。

③ 色彩数。色彩数就是显示器所能显示的最多颜色数。目前液晶显示器常见的颜色种类有两种：一种是 24 位色，也叫 24 位真彩，这 24 位真彩由红绿蓝三原色（每种颜色 8 位色彩）组成，所以这种液晶板也叫 8 位液晶板，颜色一般称为 16.7M 色；另一种液晶显示器三原色每种只有 6 位，也叫 6 位液晶板，通过"抖动"技术，快速切换局部相近颜色，利用人眼的残留效应获得缺失色彩，颜色一般称为 16.2M 色。两者实际视觉效果差别不算太大，目前高端液晶显示器中 16.7M 色占主流。

④ 对比度。液晶显示器的对比度实际上就是亮度的比值，对比度是最黑与最白亮度单位的相除值。因此白色越亮、黑色越暗，对比度就越高。在合理的亮度值下，对比度越高，其所能显示的色彩层次越丰富。

⑤ 信号响应时间。信号响应时间指的是液晶显示器对于输入信号的反应速度，也就是液晶由暗转亮或由亮转暗的反应时间，通常是以毫秒（ms）为单位。此值越小越好，如果响应时间太长了，就有可能使液晶显示器在显示动态图像时，有尾影拖曳的感觉。一般液晶显示器的响应时间在 2~5 ms。

⑥ 可视角度。可视角度是指用户可以从不同方向清晰地观察屏幕上所有内容的角度。由于提供 LCD 显示器显示的光源经折射和反射后输出时已有一定的方向性，超出这一范围观看时就会产生色彩失真现象，目前市场上出售的 LCD 显示器的可视角度都是左右对称的。由于每个人的视力不同，因此以对比度为准，在最大可视角度时所量到的对比度越大就越好。目前市场上大多数产品的可视角度在 120° 以上，部分产品达到了 140° 以上。

2. 打印机

打印机用于将计算机处理结果打印在相关介质上。衡量打印机性能的指标有三项：打印分辨率、打印速度和噪声。按照打印机的工作原理，将打印机分为击打式打印机和非击打式打印机两大类。击打式打印机包括针式打印机，非击打式打印机包括喷墨打印机和激光打印机等，打印机外形如图 1.25 所示。

（1）针式打印机

针式打印机在打印机历史的很长一段时间上曾经占有着重要的地位，从 9 针到 24 针（打印头上的打印针的数目）。针式打印机之所以在很长的一段时间内流行不衰，这与它极低的打印成本和很好的易用性及单据打印的特殊用途是分不开的。打印质量低、工作噪声大是其主要缺点。现在只有在银行、超市等需要大量打印票单的地方还可以看见它。

(a) 针式打印机　　　　(b) 喷墨打印机　　　　(c) 激光打印机

图 1.25　打印机外形

（2）喷墨打印机

喷墨打印机的打印机头上一般有 48 个或 48 个以上的独立喷嘴，这些独立喷嘴可以喷出各种不同颜色的墨水。不同颜色的墨滴落于同一点上，形成不同的复色。喷墨打印机在打印图像时，打印机喷头快速扫过打印纸，喷嘴喷出无数小墨滴，组成图像中的像素。一般来说，喷嘴越多，打印速度越快。喷墨打印机良好的打印效果与较低的价位，使其占领了广大中低端市场。另外，喷墨打印机还具有更为灵活的纸张处理能力。

（3）激光打印机

激光打印机可以提供更高质量、更快速的打印。其中，低端黑白激光打印机的价格目前已经降到了几百元，达到了普通用户可以接受的水平。它的打印原理是：利用光栅图像处理器产生要打印页面的位图，然后将其转换为电信号等一系列脉冲送往激光发射器，在这一系列脉冲的控制下，激光被有规律地放出。与此同时，反射光束被感光鼓接收并发生感光。当纸张经过感光鼓时，鼓上的着色剂就会转移到纸上，印成了页面的位图。最后，当纸张经过一对加热辊后，着色剂被加热熔化，固定在纸上，整个过程准确而且高效。激光打印机的工作过程如图1.26所示。

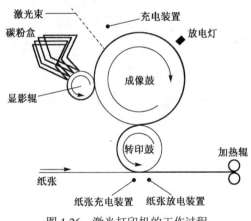

图 1.26　激光打印机的工作过程

虽然激光打印机的价格要比喷墨打印机高得多，但从单页的打印成本上讲，激光打印机则要便宜很多。而彩色激光打印机的价位很高，几乎都要在万元上下，应用范围较窄，很难被普通用户接受。

（4）其他类型打印机

除了以上三种最为常见的打印机外，还有热转印打印机和大幅面打印机等几种应用于专业方面的打印机。热转印打印机利用透明染料进行打印，它的优势在于专业、高质量的图像打印。大幅面打印机的打印原理与喷墨打印机基本相同，但打印幅宽一般都能达到 24 英寸以上，它的主要用途集中在工程与建筑领域。

1.5　微型计算机的性能指标

计算机的性能指标是指能在一定程度上衡量计算机优劣的技术指标，计算机的优劣是由多项技术指标综合确定的。但对于大多数普通用户来说，可以从以下几个方面来大体评价计算机。

1. 字长

字长是指 CPU 能够直接处理的二进制数的位数。它标志着计算机处理数据的精度，字长越长，精度越高。同时，字长与指令长度也有对应关系，因而指令系统功能的强弱程度与字长有关。目前，一般的大型主机字长为 128～256 位，小型机字长为 64～128 位，微型机字长在 32～64 位之间。随着计算机技术的发展，各种类型计算机的字长有加长的趋势。

2. 运算速度

运算速度是衡量计算机性能的一项重要指标。通常所说的计算机运算速度（平均运算速度）是指每秒所能执行的指令条数，一般用 MIPS（每秒百万条指令）来描述。微型计算机也可采用主频来描述运算速度，主频就是 CPU 的时钟频率。一般来说，主频越高，单位时间里完成的指令数也越多，CPU 的速度也就越快。不过，由于各种各样的 CPU 的内部结构不尽相同，所以并非所有时钟频率相同的 CPU 的性能都一样。主频的单位是 GHz，例如，Intel Pentium 4 的主频为 2 GHz 左右。

3. 存储容量

存储容量一般包括内存容量和外存容量。随着操作系统的升级、应用软件的不断丰富及其功能的不断扩展，人们对计算机内存容量的需求也不断提高。任何程序和数据的读/写都要通过内存，内存容量的大小反映了存储程序和数据的能力，从而反映了信息处理能力的强弱。内存容量越大，系统功能就越强大，能处理的数据量就越庞大。

外存容量通常是指硬盘容量（包括内置硬盘和移动硬盘）。外存储器容量越大，可存储的信息就越多，可安装的应用软件就越丰富。

4. 外设扩展能力

外设扩展能力主要指计算机系统配接各种外部设备的可能性、灵活性和适应性。一台计算机允许配接多少外部设备，对于系统接口和软件研制都有重大影响，在微型计算机系统中，打印机型号、显示屏幕分辨率、外存储器容量等，都是外设配置中需要考虑的问题。

5. 软件配置情况

软件配置是否齐全，直接关系到计算机性能的好坏和效率的高低。例如，是否有功能很强，能满足应用要求的操作系统和高级语言、汇编语言；是否有丰富的、可供选用的应用软件等，都是在购置计算机系统时需要考虑的。

6. 其他指标

以上仅列出了微型计算机一些主要的性能指标，除了以上的各项指标外，评价计算机还要考虑机器的兼容性（兼容性强有利于计算机的推广）、系统的可靠性（指平均无故障工作时间）、系统的可维护性（指故障的平均排除时间），以及机器允许配置的外部设备的最大数目等。

1.6　知识扩展

1.6.1　CPU 的主要技术

为了提高运算速度，CPU 中采用了很多新技术。

1. 超流水技术

流水线技术是指在程序执行时，多条指令重叠进行操作的一种准并行处理实现技术。Intel 首次在 80486 芯片中开始使用。在 CPU 中，由 5～6 个不同功能的电路单元组成一条指令处理流水线，然后将一条 x86 指令分成 5～6 步后再由这些电路单元分别执行，这样就能在一个 CPU 时钟周期完成一条指令，提高 CPU 的运算速度。

假定一条指令的执行分三个阶段：取指、分析、执行，每个阶段所耗费的时间 T 相同，则顺序执行 N 条指令时，所耗费时间为 $3NT$，如图 1.27 所示。

图 1.27　N 条指令顺序执行

若采用流水线技术，则可以提高效率，总的时间为 $(N+2)T$，如图 1.28 所示。

超级流水线又叫深度流水线，它是提高 CPU 速度通常采取的一种技术。超级流水线就是将 CPU 处理指令的操作进一步细化，增加流水线级数，同时提高系统主频，加快每一级的处理速度。例如 Pentium4，流水线达到 20 级，频率最快已经超过 3 GHz。

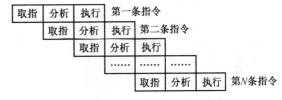

图 1.28　N 条指令流水执行

2. 超标量技术

超标量技术是指 CPU 内有多条流水线，这些流水线能够并行处理。在单流水线结构中，指令虽然能够重叠执行，但仍然是顺序的。超标量结构的 CPU 支持指令级并行，从而提高 CPU 处理速度。超标量机主要借助硬件资源重复（如有两套译码器和 ALU 等）来实现空间的并行操作。超标量处理器是通用微处理器的主流体系结构，几乎所有商用通用微处理器都采用超标量体系结构。Pentium 处理器是英特尔第一款桌面超标量处理器，其具有三条流水线，两条整数指令流水线（U 流水和 V 流水）和一条浮点指令流水线。Pentium 处理器的内部结构如图 1.29 所示。

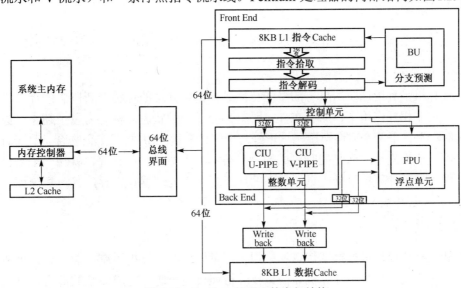

图 1.29　Pentium 处理器的内部结构

3. 多核技术

多核是指在一枚处理器中集成两个或多个完整的计算内核。多核技术的开发源于仅靠提高单核芯片的速度会产生过多热量，且无法带来相应的性能改善。单芯片多处理器通过在一个芯片上集成多个微处理器核心来提高程序的并行性。每个微处理器核心实质上都是一个相对简单的单线程微处理器或比较简单的多线程微处理器，这样多个微处理器核心就可以并行地执行程序代码，因而具有较高的线程级并行性。由于 CMP（单芯片多处理器）采用了相对简单的微处理器作为处理器核心，使得 CMP 具有高主频、设计和验证周期短、控制逻辑简单、扩展性好、易于实现、功耗低、通信延迟低等优点。目前，单芯片多处理器已经成为处理器体系结构发展的一个重要趋势。图1.30所示为 Intel 公司的双核的 Core Duo T2000 系列架构图。

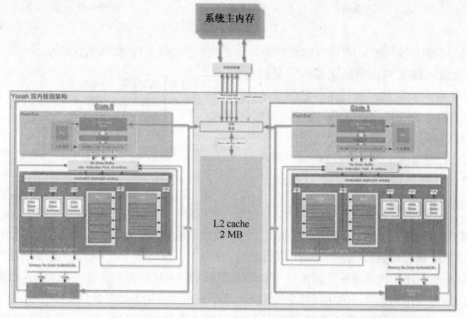

图 1.30　双核 Core Duo T2000 系列架构

1.6.2　新型计算机

随着计算机技术的发展，计算技术和其他技术相结合，出现了一些新型计算机。

1. 量子计算机

量子计算机是利用原子所具有的量子特性进行信息处理的一种全新概念的计算机。量子理论认为，在非相互作用下，原子在任一时刻都处于两种状态，称之为量子超态。原子会旋转，即同时沿上、下两个方向自旋，这正好与电子计算机的 0 与 1 完全吻合。量子计算机处理数据时不是分步进行的而是同时完成的。只要 40 个原子一起计算，就相当于一台超级计算机的性能。量子计算机以处于量子状态的原子为中央处理器和内存，其运算速度可能比目前的 Pentium 4 芯片快 10 亿倍。

2. 混合计算机

混合计算机是可以进行数字信息和模拟物理量处理的计算机系统。混合计算机通过数模转换器和模数转换器将数字计算机和模拟计算机连接在一起，构成完整的混合计算机系统。

混合计算机同时具有数字计算机和模拟计算机的特点：运算速度快、计算精度高、逻辑和存储能力强、存储容量大和仿真能力强。随着电子技术的不断发展，混合计算机主要应用于航空航天、导弹系统等实时性的复杂大系统中。

3. 智能型计算机

现代科技表明，人脑中的大部分活动能用符号和计算来分析。随着人们对计算理解的不断加深与拓宽，把可以实现的物理过程看成计算过程，把基因看成开关，把细胞的操作用计算加以解释，实现所谓的分子计算，最终实现计算机模拟人类思维，使计算机具备人类智能。

4. 生物计算机

生物计算机的主要原材料是生物工程技术产生的蛋白质分子，并以此为生物芯片，利用有机化合物存储数据。在这种芯片中，信息以波的形式传播，当波沿着蛋白质分子链传播时，会引起蛋白质分子链中单键、双键结构顺序的变化。其运算速度要比当今最新一代计算机快10 万倍，能彻底消除电路间的干扰。能量消耗仅相当于普通计算机的十亿分之一，且具有很强的存储能力。由于蛋白质分子能够自我组合，再生新的微型电路，使得生物计算机具有自动修复芯片故障的能力，并能模仿人脑的机制。

5. 光子计算机

光子计算机是一种由光信号进行数字运算、逻辑操作、信息存储和处理的新型计算机。光子计算机的基本组成部件是集成光路、激光器、透镜和核镜。由于光子比电子速度快，光子计算机的运行速度可达一万亿次。它的存储量是现代计算机的几万倍，还可以对语言、图形和手势进行识别与合成。

目前，光子计算机的许多关键技术，如光存储技术、光互连技术、光电子集成电路等都已经获得突破，最大幅度地提高光子计算机的运算能力是当前科研工作面临的攻关课题。光子计算机的问世和进一步研制、完善，将为人类跨向更加美好的明天，提供无穷的力量。

习 题 1

一、填空题

1. _____是一种能够按照事先存储的程序，自动、高速地进行大量数值计算和各种信息处理的现代化智能电子设备。

2. _____正好处于模拟计算与数字计算的过渡阶段。

3. _____标志着计算机正式进入数字的时代。

4. 1949 年，英国剑桥大学率先制成_____，该计算机基于冯·诺依曼体系结构。

5. 将 CAD 和 CAM 技术集成，实现设计生产自动化，这种技术被称为_____。

6. _____主要用于战略武器的设计、空间技术、石油勘探、航空航天、长期天气预报及社会模拟等领域。

7. 一个完整的计算机系统由计算机_____及软件系统两大部分构成。

8. 运算器和控制器组成了处理器，这块芯片就被称为_____。

9. 根据功能的不同，系统总线可以分为三种：数据总线、地址总线和_____。

10. _____安装在机箱内，上面安装了组成计算机的主要电路系统。

11. CPU 的内部结构可以分为_____、逻辑单元和存储单元三大部分。

12. 根据光盘结构不同，光盘主要分为 CD、_____、蓝光光盘等几种类型。

13. 扫描仪可分为三大类型：滚筒式扫描仪、_____和专用扫描仪。

14. 衡量打印机性能的指标有三项：_____、打印速度和噪声。

15. _____是指 CPU 能够直接处理的二进制数的位数。

16. 计算机的_____是指能在一定程度上衡量计算机优劣的技术指标。

二、选择题

1. 自计算机问世至今已经经历了 4 个时代，划分时代的主要依据是计算机的（　　）。

    A. 规模   B. 功能   C. 性能   D. 构成元件

2. 第四代计算机的主要元件采用的是（　　）。

    A. 晶体管   B. 电子管

    C. 小规模集成电路   D. 大规模和超大规模集成电路

3. 个人计算机属于（　　）。

    A. 微型计算机   B. 小型计算机   C. 中型计算机   D. 小巨型计算机

4. 冯·诺依曼在研制 EDVAC 计算机时，提出了两个重要的概念，它们是（　　）。

    A. 引入 CPU 和内存储器概念   B. 采用机器语言和十六进制

    C. 采用二进制和存储程序控制的概念   D. 采用 ASCII 编码系统

5. 当前计算机的应用领域极为广泛，但其应用最早的领域是（　　）。

    A. 数据处理   B. 科学计算   C. 人工智能   D. 过程控制

6. 利用计算机对指纹进行识别、对图像和声音进行处理所属的应用领域是（　　）。

    A. 科学计算   B. 自动控制   C. 辅助设计   D. 信息处理

7. 用来表示计算机辅助设计的英文缩写是（　　）。

    A. CAI   B. CAM   C. CAD   D. CAT

8. 在下面描述中，正确的是（　　）。

    A. 外存中的信息可直接被 CPU 处理

    B. 键盘是输入设备，显示器是输出设备

    C. 计算机的主频越高，其运算速度就一定越快

    D. 现在微型机一般字长为 16 位

9. 一个完备的计算机系统应该包含计算机的（　　）。

    A. 主机和外设   B. 硬件和软件   C. CPU 和存储器   D. 控制器和运算器

10. 构成计算机物理实体的部件被称为（　　）。

    A. 计算机系统   B. 计算机硬件   C. 计算机软件   D. 计算机程序

11. 组成计算机主机的主要是（　　）。

    A. 运算器和控制器   B. 中央处理器和主存储器

    C. 运算器和外设   D. 运算器和存储器

12. 微型计算机的微处理器芯片上集成了（　　）。

    A. CPU 和 RAM   B. 控制器和运算器   C. 控制器和 RAM   D. 运算器和存储器

13. 下面各组设备中，同时包括了输入设备、输出设备和存储器的是（　　）。

    A. CRT、CPU、ROM   B. 绘图仪、鼠标器、键盘

    C. 鼠标器、绘图仪、光盘   D. 磁带、打印机、激光打印机

14. 冯·诺依曼结构计算机的五大基本构件包括运算器、存储器、输入设备、输出设备和（ ）。

　　A．显示器　　　　　B．控制器　　　　　C．硬盘存储器　　　　D．鼠标

15. 计算机中，运算器的主要功能是完成（ ）。

　　A．代数和逻辑运算　　　　　　　　B．代数和四则运算

　　C．算术和逻辑运算　　　　　　　　D．算术和代数运算

16. 在计算机领域中，通常用大写英文字母 B 来表示（ ）。

　　A．字　　　　　　　B．字长　　　　　　C．字节　　　　　　D．二进制位

17. 固定在主机箱箱体上的、起到连接计算机各种部件的纽带和桥梁作用的是（ ）。

　　A．CPU　　　　　　B．主板　　　　　　C．外存　　　　　　D．内存

18. 中央处理器（CPU）可直接读/写的计算机存储部件是（ ）。

　　A．内存　　　　　　B．硬盘　　　　　　C．软盘　　　　　　D．外存

19. 计算机中存储容量的单位之间，其换算公式正确的是（ ）。

　　A．1 KB=1024 MB　　B．1 KB=1000 B　　C．1 MB=1024 KB　　D．1 MB=1024 GB

20. Cache 的中文译名是（ ）。

　　A．缓冲器　　　　　B．高速缓冲存储器　C．只读存储器　　　D．可编程只读存储器

21. 计算机各部件传输信息的公共通路称为总线，一次传输信息的位数称为总线的（ ）。

　　A．长度　　　　　　B．粒度　　　　　　C．宽度　　　　　　D．深度

22. 打印机是计算机系统的常用输出设备，当前输出速度最快的是（ ）。

　　A．针式打印机　　　B．喷墨打印机　　　C．激光打印机　　　D．热敏打印机

三、简答题

1. 简述冯·诺依曼体系结构的基本内容。

2. 在实际中，计算机可应用在哪些方面？

3. 衡量 CPU 性能时，有哪些指标？

4. 试述内存、高速缓存、外存之间的区别和联系。

5. 简述液晶显示器的工作原理。

6. 衡量 PC 性能时，可从哪几个方面评价？

第 2 章　计算机中的信息表示

计算机的基本功能是信息处理，而实现此功能的前提是解决现实中的事物在计算机中的表示和存储，即如何实现客观事物的信息表示。基本信息表示包括数值表示、字符表示和汉字表示。

2.1　数制

数字是计算机处理的对象，数字有大小和正负之分，还有不同的进位计数制。计算机中采用什么样的计数制，是学习计算机时必须首先清楚的重要问题。

2.1.1　数制的概念

1．数制

所谓数制，是指用一组固定的数字和一套统一的规则来表示数目的方法。对于数制，应从以下几个方面理解。

① 数制是一种计数策略，数制的种类很多，除了十进制，还有六十进制、二十四进制、十六进制、八进制、二进制等。

② 在一种数制中，只能使用一组固定的数字来表示数的大小。

③ 在一种数制中，有一套统一的规则。N 进制的规则是逢 N 进 1。

任何进制都有其生存的原因。由于人们日常生活中一般都采用十进制计数，因此对十进制数最习惯，但其他进制仍有应用的领域。例如，十二进制（商业中仍使用包装计量单位 "一打"）、十六进制（如中药、金器的计量单位）仍在使用。

2．基数

在一种数制中，只能使用一组固定的数字来表示数的大小。单个位上可使用的基本数字的个数就称为该数制的基数。例如，十进制数的基数是 10，使用 0～9 十个数字；二进制数的基数为 2，使用 0 和 1 两个数字。

3．位权

在任何进制中，一个数码处在不同位置上，所代表的基本值也不同，这个基本值就是该位的位权。例如，十进制中，数字 6 在十位数上表示 6 个 10，在百位数上表示 6 个 100，而在小数点后 1 位表示 6 个 0.1，可见每个数码所表示的数值等于该数码乘以位权。位权的大小是以基数为底、数码所在位置的序号为指数的整数次幂。十进制数的个位数位置的位权是 10^0，十位数位置上的位权为 10^1，小数点后 1 位的位权为 10^{-1}，以此类推。

4．中国古代的计量制度

汉承秦制，刘邦令张仓定度、量、衡，中国古代常见的度、量、衡关系如下。

度制：分、寸、尺、丈、引。

十进制关系：1 引=10 丈=100 尺=1000 寸=10 000 分。

量制：合、升、斗、斛。

十进制关系：1 斛=10 斗=100 升=1000 合。

衡制：株、两、斤、钧、石。

非十进制关系：1 石=4 钧，1 钧=30 斤，1 斤=16 两，1 两=24 铢。

2.1.2　常见数制

1．十进制

最晚在商代时，中国人就已发明并采用了十进制。十进制数基数为 10，10 个计数符号分别为 0、1、2、…、9。进位规则是：逢十进一。借位规则是：借一当十。因此，对于一个十进制数，各位的位权是以 10 为底的幂。

例如，可以将十进制数（8896.58）$_{10}$ 表示为：

$$（8896.58）_{10}=8\times10^3+8\times10^2+9\times10^1+6\times10^0+5\times10^{-1}+8\times10^{-2}$$

将这个式子称为十进制数 8896.58 的按位权展开式。

2．二进制

二进制是计算技术中广泛采用的一种数制，由 18 世纪德国数理哲学大师莱布尼兹发现。二进制数基数为 2，两个计数符号分别为 0、1。它的进位规则是：逢二进一。借位规则是：借一当二。因此，对于一个二进制数而言，各位的位权是以 2 为底的幂。

例如，二进制数（101.101）$_2$ 可以表示为：

$$（101.101）_2=1\times2^2+0\times2^1+1\times2^0+1\times2^{-1}+0\times2^{-2}+1\times2^{-3}=（5.725）_{10}$$

3．八进制

八进制表示法在早期的计算机系统中很常见，八进制数据采用 0、1、2、3、4、5、6、7 这八个数码来表示数，它的基数为 8。进位规则是：逢八进一。借位规则是：借一当八。因此，对于一个八进制数而言，各位的位权是以 8 为底的幂。

例如，八进制数（11.2）$_8$ 可以表示为：

$$（11.2）_8=1\times8^1+1\times8^0+2\times8^{-1}=（9.25）_{10}$$

4．十六进制

十六进制对于计算机理论的描述、计算机硬件电路的设计都是很有用的。例如逻辑电路设计中，既要考虑功能的完备，还要考虑用尽可能少的硬件，十六进制就能起到理论分析的作用。十六进制数据采用 0～9、A、B、C、D、E、F 这十六个数码来表示数，基数为 16。进位规则是：逢十六进一。借位规则是：借一当十六。因此，对于一个十六进制数而言，各位的位权是以 16 为底的幂。

例如，十六进制数（5A.8）$_{16}$ 可以表示为：

$$（5A.8）_{16}=5\times16^1+A\times16^0+8\times16^{-1}=（90.5）_{10}$$

扩展到一般形式，对于一个 R 进制数，基数为 R，用 0，1，…，R–1 共 R 个数字符号来表示数。进位规则是：逢 R 进一。借位规则是：借一当 R。因此，各位的位权是以 R 为底的幂。

一个 R 进制数的按位权展开式为：

$$（N）_R=k_n\times R^n+k_{n-1}\times R^{n-1}+\cdots+k_0\times R^0+k_{-1}\times R^{-1}+k_{-2}\times R^{-2}+\cdots+k_{-m}\times R^{-m}$$

在本书中，用下标区别不同计数制。有时，人们也用数字加英文后缀的方式区别不同进制的数字。例如，889.5D、11000.101B、1670.208O、15E.8A7H，分别表示十进制数、二进制数、八进制数和十六进制数。

2.1.3 计算机采用的进制

人类熟悉十进制，但十进制数在计算机中的表示和运算比较复杂，所以，在计算机中采用二进制数。其主要原因在于以下几点。

① 技术实现简单。计算机是由逻辑电路组成的，逻辑电路通常只有两个状态，开关的接通与断开，这两种状态正好可以用 1 和 0 表示。

② 运算规则简单。两个二进制数的和、积运算组合各有三种，运算规则简单，有利于简化计算机内部结构，提高运算速度。

③ 适合逻辑运算。逻辑代数是逻辑运算的理论依据，二进制数只有两个数码，正好与逻辑代数中的真和假相吻合。

④ 抗干扰能力强，可靠性高。因为每位数据只有高低两个状态，当受到一定程度的干扰时，仍能可靠地区分。

2.1.4 不同数制间的转换

在计算机内部，数据和程序都用二进制数来表示和处理，但计算机常见的输入/输出是用十进制数表示的，这就存在数制间的转换，转换过程是通过机器完成的，但应懂得数制转换的原理。

1. R 进制转换为十进制

根据 R 进制数的按位权展开式，可以很方便地将 R 进制数转化为十进制数。

例如：

$$(101.101)_2 = 1 \times 2^2 + 0 \times 2^1 + 1 \times 2^0 + 1 \times 2^{-1} + 0 \times 2^{-2} + 1 \times 2^{-3} = (5.725)_{10}$$

$$(11.2)_8 = 1 \times 8^1 + 1 \times 8^0 + 2 \times 8^{-1} = (9.25)_{10}$$

$$(5A.8)_{16} = 5 \times 16^1 + A \times 16^0 + 8 \times 16^{-1} = (90.5)_{10}$$

2. 十进制转换为 R 进制

若要将十进制数转换为 R 进制数，整数部分和小数部分别遵守不同的转换规则。

① 对整数部分：除 R 取余。

整数部分不断除以 R 取余数，直到商为 0 为止，最先得到的余数为最低位，最后得到的余数为最高位。

② 对小数部分：乘 R 取整。

小数部分不断乘以 R 取整数，直到小数为 0 或达到有效精度为止，最先得到的整数为最高位，最后得到的整数为最低位。

【例 2.1】 十进制数转换为二进制数：将 $(37.125)_{10}$ 转换成二进制数。其转换过程如图2.1所示，结果为：$(37.125)_{10} = (100101.001)_2$。

十进制数转换为二进制数，基数为 2，故对整数部分除 2 取余，对小数部分乘 2 取整。为了将一个既有整数部分又有小数部分的十进制数转换成二进制数，可以分别将其整数部分和小数部分进行转换，然后再进行组合。

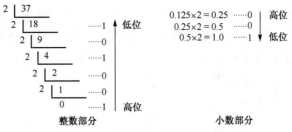

图 2.1　十进制数到二进制数的转换

注意：一个十进制小数不一定能完全准确地转换成二进制小数，这时可以根据精度要求只转换到小数点后某一位为止。

【例 2.2】　十进制数转换成八进制数：将（370.725）$_{10}$转换成八进制数（转换结果取 3 位小数）。其转换过程如图2.2所示，结果为：（370.725）$_{10}$＝（562.563）$_8$。

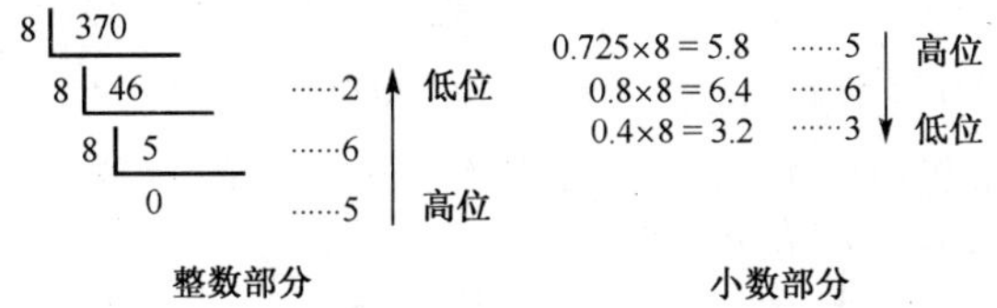

图 2.2　十进制数到八进制数的转换

十进制数转换成八进制数，基数为 8，故对整数部分除 8 取余，对小数部分乘 8 取整。

【例 2.3】　十进制数转换成十六进制数：将（3700.65）$_{10}$转换成十六进制数（转换结果取 3 位小数）。其转换过程如图2.3所示，结果为：（3700.65）$_{10}$＝（E74.A66）$_{16}$。

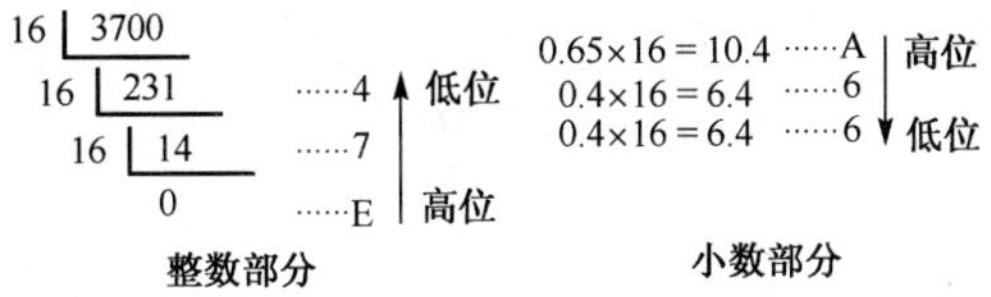

图 2.3　十进制到十六进制转换

将十进制整数转换成十六进制整数可以采用"除 16 取余"法；将十进制小数转换成十六进制小数可以采用"乘 16 取整"法。

3．二进制数和八进制数、十六进制数之间的转换

二进制数、八进制数、十六进制数之间的关系：8 和 16 都是 2 的整数次幂，即 8=2^3，16=2^4，因此 3 位二进制数相当于1位八进制数，4 位二进制数相当于1位十六进制数，如表 2.1 所示，它们之间的转换关系也很简单。

表 2.1　二进制数、八进制数、十六进制数的对应关系表

十进制数	二进制数	八进制数	十六进制数	十进制数	二进制数	八进制数	十六进制数
0	0000	0	0	8	1000	10	8
1	0001	1	1	9	1001	11	9
2	0010	2	2	10	1010	12	A
3	0011	3	3	11	1011	13	B
4	0100	4	4	12	1100	14	C
5	0101	5	5	13	1101	15	D
6	0110	6	6	14	1110	16	E
7	0111	7	7	15	1111	17	F

【例 2.4】　将二进制数（110101110.0010101）$_2$转换成八进制数、十六进制数。

将二进制数转换为八进制数的基本思想是"三位归并",即将二进制数以小数点为中心分别向两边按每 3 位为一组分组,整数部分向左分组,不足位数左边补 0。小数部分向右分组,不足部分右边加 0 补足,然后将每组二进制数转化成八进制数即可。将二进制数转换为十六进制数的基本思想是"四位归并",两种转换如下:

$$(110 \quad 101 \quad 110 . 001 \quad 010 \quad 100)_2 = (656.124)_8$$
$$\underbrace{6} \quad \underbrace{5} \quad \underbrace{6} \quad \underbrace{1} \quad \underbrace{2} \quad \underbrace{4}$$

$$(0001 \quad 1010 \quad 1110 . 0010 \quad 1010)_2 = (1AE.2A)_{16}$$
$$\underbrace{1} \quad \underbrace{A} \quad \underbrace{E} \quad \underbrace{2} \quad \underbrace{A}$$

【例 2.5】 将数八进制数(625.621)$_8$ 转换成二进制数。

将八进制数转换为二进制数的基本思想是"一位分三位",转换如下:

$$(625.621)_8 = (110 \quad 010 \quad 101 . 110 \quad 010 \quad 001)_2$$
$$\underbrace{6} \quad \underbrace{2} \quad \underbrace{5} \quad \underbrace{6} \quad \underbrace{2} \quad \underbrace{1}$$

【例 2.6】 将数十六进制数(A3D.A2)$_{16}$ 转换成二进制数。

将十六制数转换为二进制数的基本思想是"一位分四位",转换如下:

$$(A3D. A2)_{16} = (1010 \quad 0011 \quad 1101 . 1010 \quad 0100)_2$$
$$\underbrace{A} \quad \underbrace{3} \quad \underbrace{D} \quad \underbrace{A} \quad \underbrace{2}$$

2.2 字符编码

计算机中的信息包括数据信息和控制信息,数据信息又可分为数值信息和非数值信息。非数值信息和控制信息包括字母、各种控制符号、图形符号等,它们都以二进制编码方式存入计算机并得以处理,这种对字母和符号进行编码的二进制代码称为字符编码。

2.2.1 ASCII 码

字符是计算机中最多的信息形式之一,是人与计算机进行通信、交互的重要媒介。在计算机中,要为每个字符指定一个确定的编码,作为识别与使用这些字符的依据。

ASCII 码(American Standard Code for Information Interchange,美国标准信息交换码)是基于罗马字母表的一套计算机编码系统。它主要用于显示现代英语和其他西欧语言。它是现今最通用的单字节编码系统,同时被国际标准化组织批准为国际标准。在大多数的小型机和全部的个人计算机都使用此码,ASCII 码划分为两个集合:128 个字符的标准 ASCII 码和附加的 128 个字符的扩充 ASCII 码。

基本 ASCII 字符集共有 128 个字符,其中有 96 个可打印字符,包括常用的字母、数字、标点符号等,还有 32 个控制字符。标准 ASCII 码使用 7 个二进制位对字符进行编码,对应的 ISO 标准为 ISO646 标准。表 2.2 为基本 ASCII 字符集及其编码。

例如,大写字母 A,其 ASCII 码为 1000001,即 ASC(A)=65;小写字母 a,其 ASCII 码为 1100001,即 ASC(a)=97。可推得 ASC(D)=68,ASC(d)=100。字母和数字的 ASCII 码的记忆是非常简单的,只要记住了一个字母或数字的 ASCII 码(如 A 的 ASCII 码为 65,0 的 ASCII 码为 48),知道大、小写字母之间差 32,就可以推算出其余数字、字母的 ASCII 码。

虽然标准 ASCII 码是 7 位编码,但由于计算机基本处理单位为字节(1B = 8 b),所以一般仍以 1 字节来存放一个 ASCII 字符。每 1 字节中多余出来的一位(最高位)在计算机内部通常为 0。

由于标准 ASCII 字符集中字符数目有限，在实际应用中往往无法满足要求。为此，国际标准化组织又制定了 ISO2022 标准，规定了在保持与 ISO646 兼容的前提下将 ASCII 字符集扩充为 8 位代码的统一方法。ISO 陆续制定了一批适用于不同地区的扩充 ASCII 字符集，每种扩充 ASCII 字符集分别可以扩充 128 个字符，这些扩充字符的编码是高位均为 1 的 8 位代码，称为扩展 ASCII 码。相比于基本 ASCII 字符集，扩展 ASCII 字符集扩充出来的符号包括表格符号、计算符号、希腊字母和特殊的拉丁符号等。

表 2.2　基本 ASCII 字符集及其编码

高 3 位 b7 b6 b5 / 低 4 位 b4 b3 b2 b1	000	001	010	011	100	101	110	111
0000	NUL	DLE	SP	0	③	P	③	p
0001	SOH	DC1	!	1	A	Q	A	q
0010	STX	DC2	"	2	B	R	B	r
0011	ETX	DC3	#	3	C	S	C	s
0100	EOT	DC4	$	4	D	T	D	t
0101	ENQ	NAK	%	5	E	U	E	u
0110	ACK	SYN	&	6	F	V	F	v
0111	BEL	ETB	'	7	G	W	G	w
1000	BS	CAN	(	8	H	X	H	x
1001	HT	EM	)	9	I	Y	I	y
1010	LF	SUB	*	:	J	Z	J	z
1011	VT	ESC	+	;	K	[	K	{
1100	FF	FS	,	<	L	\	L	|
1101	CR	GS	–	=	M	]	M	}
1110	SO	RS	.	>	N	^	N	~
1111	SI	US	/	?	O	_	O	DEL

2.2.2　Unicode 编码

世界上存在着多种编码方式，同一个二进制数可以被解释成不同的符号。因此，要想打开一个文本文件，不但要知道它的编码方式，还要安装对应的编码表，否则就可能无法读取或出现乱码。如果有一种编码能将世界上所有的符号都纳入其中，无论英文、日文，还是中文，每个符号均对应一个唯一的编码，乱码问题就不存在了，这就是 Unicode 编码。

Unicode 字符集编码是通用多八位编码字符集（Universal Multiple-Octet Coded Character Set）的简称，它为每种语言中的每个字符设定了统一并且唯一的二进制编码，以满足跨语言、跨平台进行文本转换和处理的要求。Unicode 是一个很大的集合，现在的规模可以容纳 100 多万个符号。Unicode 标准使用十六进制数，书写时加上前缀 "U+"，例如，字母 "A" 的编码为 "U+0041"，汉字 "汉" 的编码是 "U+6C49"。

需要注意的是：Unicode 只是一个符号集，一种规范、标准，它只规定了符号的二进制代码，却没有规定这个二进制代码应该如何在计算机中存储。这里就有两个问题需要考虑：一是如何区分 Unicode 码和 ASCII 码；二是如果 Unicode 统一规定每个符号用 3 或 4 字节表示，那么每个英文字母前都必然有 2～3 字节是 0，这会浪费极大的存储空间。

2.2.3　UTF-8

互联网的普及强烈要求出现一种统一的编码方式，UTF-8（Unicode Translation Format）就是在互联网上使用最广的一种 Unicode 的实现方式。UTF-8 是一种变长的编码方式，可以根据不同的符号自动选择编码的长短。例如，ASCII 字母继续使用 1 字节储存，重音文字、希腊字母或西里尔字母等使用 2 字节来储存，而常用的汉字使用 3 字节。辅助平面字符使用 4 字节。

UTF-8 的编码规则很简单，只有两条：

① 对于单字节的符号，字节的第一位设为 0，后面 7 位为这个符号的 Unicode 码，因此对于英语字母，UTF-8 编码和 ASCII 码是相同的；

② 对于 n 字节的符号（$n>1$），第 1 字节的前 n 位都设为 1，第 $n+1$ 位设为 0，后面字节的前两位一律设为 10，剩下的没有提及的二进制位全部为这个符号的 Unicode 码。

表 2.3 总结了编码规则，字母 x 表示可用编码的位。

表 2.3 UTF-8 编码规则

Unicode 符号范围	UTF-8 编码方式
00～7F	0xxxxxxx
80～7FF	110xxxxx 10xxxxxx
800～FFFF	1110xxxx 10xxxxxx 10xxxxxx
1 0000～10 FFFF	11110xxx 10xxxxxx 10xxxxxx 10xxxxxx

下面，以汉字"严"为例说明如何实现 UTF-8 编码。

已知"严"的 Unicode 码是 4E25（100111000100101），根据表 2.3，可以发现 4E25 处在第三行的范围内（0000 0800～0000 FFFF），因此"严"的 UTF-8 编码需要 3 字节，即格式是 1110xxxx 10xxxxxx 10xxxxxx。然后，从"严"的最后一个二进制位开始，依次从后向前填入格式中的 x，多出的位补 0。这样就得到了"严"的 UTF-8 编码是 11100100 10111000 10100101，这是保存在计算机中的实际数据，为了便于阅读，转换成十六进制数就是 E4B8A5。

2.2.4 GB 2312 编码

GB 2312 又称为 GB 2312-1980 字符集，全称为《信息交换用汉字编码字符集·基本集》，于 1981 年 5 月 1 日实施。GB 2312 收录的汉字已经覆盖 99.75％的使用频率，基本满足了汉字的计算机处理需要，获广泛应用。GB 2312 收录简化汉字及一般符号、序号、数字、拉丁字母、日文假名、希腊字母、俄文字母、汉语拼音符号、汉语注音字母共 7445 个图形字符，其中包括 6763 个汉字和 682 个全角字符。

1. 区位码

GB 2312 是基于区位码设计的，区位码把编码表分为 94 个区，每个区对应 94 个位，每个字符的区号和位号组合起来就是该汉字的区位码。区位码中 01～09 区是符号、数字区，16～87 区是汉字区，10～15 区和 88～94 区是未定义的空白区。它将收录的汉字分成两级：第一级是常用汉字计 3755 个，置于 16～55 区，按汉语拼音字母/笔形顺序排列；第二级汉字是次常用汉字计 3008 个，置于 56～87 区，按部首笔画顺序排列。例如，汉字"岛"在 21 区 26 位，其区位码是 2126。

2. 国标码

区位码无法用于汉字通信，因为它可能与通信使用的控制码（00H～1FH）冲突。ISO2022 规定，每个汉字的区号和位号必须分别加上 32（即二进制数 00100000，十六进制数 20H）以避免冲突，经过这样处理得到的代码称为汉字的国标交换码，简称国标码或交换码。例如，汉字"岛"的十进制区位码是 2126，则其十六进制国标码为 353A。

其计算过程如下：先将十进制区位码 2126 转换为十六进制区位码 151A，然后每字节加上 20H，最后得到十六进制国标码 353A。

3．机内码

由于文本中通常混合使用汉字和西文字符，国标码不能直接在内存中存储，因为其会与单字节的 ASCII 码混淆。此问题的解决方法之一是将汉字国标码的 2 字节的最高位都置为 1。这种高位为 1 的双字节汉字编码即为 GB 2312 汉字的机内码，简称为内码。

例如，汉字"岛"的十六进制国标码为 353A，其十六进制机内码为 B5BA。

以后汉字在内存中存储时，存储的就是该汉字的机内码。

2.2.5　GB 18030 字符集

GB 18030 的全称是 GB 18030—2000，即《信息交换用汉字编码字符集基本集的扩充》，是 2000 年 3 月 17 日发布的新的汉字编码国家标准，2001 年 8 月 31 日后在中国市场上发布的软件必须符合该标准。

GB 18030 字符集是为解决汉字、日文、朝鲜文和中国少数民族文字的计算机编码问题而提出的大字符集。该标准的字符总编码空间超过 150 万个编码位，收录了 27 484 个汉字，覆盖中文、日文、朝鲜文和中国少数民族文字。满足中国内地、中国香港、中国台湾，以及日本和韩国等东亚地区信息交换的要求。其与 Unicode 3.0 版本兼容，并与以前的国家字符编码标准 GB 2312 兼容。GB 18030 标准采用单字节、双字节和四字节三种方式对字符编码。

2.3　汉字编码

由于汉字具有特殊性，计算机处理汉字信息时，汉字的输入、存储、处理及输出过程中所使用的汉字代码不同。其中，用于汉字输入的是输入码，用于机内存储和处理的是机内码，用于输出显示和打印的是字形码。即在汉字处理中需要经过汉字输入码、汉字机内码、汉字字形码的三码转换，具体转换过程如图 2.4 所示。

图 2.4　汉字编码转换过程

2.3.1　汉字输入码

要在计算机中处理汉字字符，需要解决汉字的输入/输出及汉字的处理，较为复杂。汉字集很大，必须解决如下问题：

① 键盘上无汉字，不可能直接与键盘对应，需要输入码来对应；

② 汉字在计算机中的存储需要用机内码来表示，以便查找；

③ 汉字量大，字形变化复杂，需要用对应的字库来存储。

由于电子计算机现有的输入键盘与英文打字机键盘完全兼容。因而如何输入非拉丁字母的文字（包括汉字）便成了多年来人们研究的课题。汉字输入编码的目的在于通过在汉字中寻找统一的有规律的特征信息，将汉字二维平面图形信息转换成一维线性代码。根据所取特征信息的不同，汉字输入编码分为从音编码和从形编码两大类。因设计的目的、思想不同，产生了数百种汉字输入编码方案。

从音编码以《汉语拼音方案》为基本编码元素，人们乐于接受，但同音字多，所以需要增加定字编码。从形编码以笔画和字根为编码元素，汉字从形编码充分利用现代汉字的字形演变特征，把汉字平面图形编成线性代码。

根据输入编码的不同，产生了很多不同的汉字输入方法，主要包括拼音、形码、音形码及手写、语音录入等方法，广义的输入还包括用于速写记录的速录机等。拼音输入法以智能ABC、中文之星新拼音、微软拼音、拼音之星、紫光拼音、拼音加加、智能狂拼为代表；形码广泛使用的是五笔字型；音形码使用较多的是自然码；手写主要有汉王笔和慧笔；语音有IBM 的 ViaVoice 等。计算机终端通常以编码方式的拼音和形码输入为主，而掌上终端包括手机、PDA，除了拼音等编码方式外，触摸式手写输入也非常广泛。

2.3.2　汉字机内码

输入码被接收后就由汉字操作系统的"输入码转换模块"转换为机内码，机内码和国标码有关，与所采用的键盘输入法无关。不管采用什么汉字系统和汉字输入方法，输入码需要转换成机内码才能被存储和处理。

2.3.3　汉字字形码

字形码是汉字的输出码，输出汉字时采用图形方式，无论汉字的笔画有多少，每个汉字都可以写在同样大小的方块中，为了能准确地表达汉字的字形，每一个汉字都有相应的字形码。

1．字形码

目前大多数汉字系统中都以点阵的方式来存储和输出汉字的字形。所谓点阵，就是将字符（包括汉字图形）看成一个矩形框内一些横竖排列的点的集合，有笔画的位置用黑点表示，没有笔画的位置用白点表示。在计算机中用一组二进制数表示点阵，用 0 表示白点，用 1 表示黑点。一般的汉字系统中，汉字字形点阵有 16×16、24×24、48×48 几种，点阵越大，对每个汉字的修饰作用就越强，打印质量也就越高。通常用 16×16 点阵，每一行上的 16 个点需用 2 字节表示，一个16×16 点阵的汉字字形码需要用 2×16=32 字节表示，这 32 字节中的信息是汉字的数字化信息，即汉字字形码，也称字模。图 2.5 所示为汉字"跑"的 32×32 点阵，图2.6 所示为其字形码。

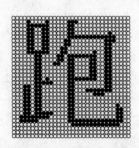

```
00000000000000000000000000000000
00001000010000011100000000000000
00001111110000011000000000000000
00001100110000011000000000000000
00001100110000011000000000000000
00001100110000011111111111110000
         ……
         ……
         ……
00000000000000000000000000000000
```

图 2.5　汉字"跑"的点阵　　　　　　图 2.6　汉字"跑"的字形码

按构成字模的字体不同，字模可分为宋体字模、楷体字模等基本字模。基本字模经过放大、缩小、反向、旋转等交换可以得到美术字体，如长体、扁体、粗体、细体等。汉字还可以分为简体和繁体两种，ASCII 字符也可分为半角字符和全角字符。

2．字库

将汉字字形码按国标码的顺序排列，以二进制文件形式存放在存储器中，构成汉字字库。显示字库一般为 16×16 点阵字库，每个汉字的字形码占用 32 字节的存储空间。打印字库一般为 24×24 点阵，每个汉字的字形码占用 72 字节的存储空间。

3．汉字的输出显示

从键盘输入的输入码经过键盘管理模块，变换成机内码；然后经字形码检索程序查到机内码对应的点阵信息在字库的地址；再从字库中检索出该汉字点阵信息，利用显示驱动程序将这些信息送到显卡的显示缓冲存储器中；显示器的控制器把点阵信息整屏顺次读出，并使每一个二进制位与屏幕的一个点位相对应，就可以将汉字字形在屏幕上显示出来。

2.3.4　矢量字库

计算机上最早出现的是点阵字体，随着字形处理和排版系统的发展，对字形输出质量的高要求导致了高点阵字模的产生。高点阵字模要占用大量空间，其他点阵只能通过对该点阵进行放大和缩小来获得，而点阵的放大和缩小必然会影响输出质量。在这种情况下，用矢量描述字形边缘的方法应运而生。

矢量字体是与点阵字体相对应的一种字体。矢量字体的每个字形都是通过数学方程来描述的，一个字形上分割出若干个关键点，相邻关键点之间由一条光滑曲线连接，这条曲线可以由有限个参数来唯一确定。矢量字库保存的是对每一个汉字的描述信息，如笔画的起始、终止坐标，以及半径、弧度等。在显示、打印矢量字时，要经过一系列的数学运算，但是，在理论上矢量字被无限地放大后，笔画轮廓仍然能保持圆滑。例如，在 Windows 中的 FONTS 目录下存储着两类字体，如果字体扩展名为 FON，表示该文件为点阵字库；扩展名为 TTF 则表示矢量字库。

2.4　计算机中数值的表示

数值型数据由数字组成，表示数量，用于算术操作。例如，考试成绩就是一个数值型数据，当求平均成绩时就要对它进行算术运算。

2.4.1　定点数和浮点数的概念

在计算机中，数值型的数据有两种表示方法：一种叫做定点数；另一种叫做浮点数。所谓定点数，就是在计算机中所有数的小数点位置固定不变。定点数有两种：定点小数和定点整数。定点小数将小数点固定在最高数据位的左边，因此，它只能表示小于 1 的纯小数。定点整数将小数点固定在最低数据位的右边，因此定点整数表示的只是纯整数。

为了扩大计算机中数值数据的表示范围，可将 89.58 表示为 $0.8958×10^2$，其中，0.8958 叫做尾数，10 叫做基数，2 叫做阶码。若阶码的大小发生变化，则意味着小数点的移动，把这种数据叫做浮点数。由于基数在计算机中固定不变，因此，可以用两个定点数分别表示尾数和阶码，进而表示这个浮点数。其中，尾数用定点小数表示，阶码用定点整数表示。

在计算机中，无论是定点数还是浮点数，都有正负之分。在表示数据时，一般专门有 1 位表示符号：通常用 1 表示负号，用 0 表示正号。在通常情况下，符号位处于数据的最高位。

2.4.2　定点数的表示

定点数在计算机中可用不同的码制来表示，常用的码制有原码、反码和补码三种。无论用什么码制来表示，数据本身的值并不发生变化，数据本身所代表的值叫做真值。下面，以8位二进制数为例来说明这三种码制的表示方法。

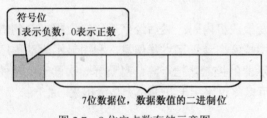

符号位
1表示负数，0表示正数

7位数据位，数据数值的二进制位

图2.7　8位定点数存储示意图

1．原码

原码的表示方法为：如果真值是正数，则最高位为 0，其他位保持不变；如果真值是负数，则最高位为 1，其他位保持不变，其基本格式如图2.7所示。

【例2.7】　写出 37 和 –37 的原码表示。

37 的原码：00100101，其中高位 0 表示正数，100101 是 37 的二进制值，不够 7 位，前面补 0。

–37 的原码：10100101，其中高位 1 表示负数，100101 是 37 的二进制值，不够 7 位，前面补 0。

原码的优点是转换非常简单，只要根据正负号将最高位置 0 或 1 即可。但原码表示在进行加减运算时符号位不能参与运算。

2．反码

反码的引入是为了解决减法问题，希望能够通过加法规则去计算减法，所以需要改变负数的编码，这才引入反码。所以，正数的反码就是其原码。

而对于负数而言，其反码是：符号位不变，其他位按位求反。

【例2.8】　写出 37 和 –37 的反码表示。

37 的原码：00100101，37 的反码：00100101。

–37 的原码：10100101，–37 的反码：11011010。

反码与原码相比，符号位虽然可以作为数值参与运算，但计算完后，仍需要根据符号位进行调整。为了克服反码的上述缺点，人们又引进了补码表示法。补码的作用在于能把减法运算化成加法运算，现代计算机中一般采用补码来表示定点数。

3．补码

和反码一样，正数的补码就是其原码。负数的补码是反码加 1。

【例2.9】　写出 37 和 –37 的补码表示。

37 的原码：00100101，37 的反码：00100101，37 的补码：00100101。

–37 的原码：10100101，–37 的反码：11011010，–37 的补码：11011011。

补码的符号可以作为数值参与运算，且计算完后，不需要根据符号位进行调整。

例如，计算 37–37 的值，系统将通过计算 37 补码与 –37 补码的和来完成。

00100101+11011011=00000000，结果为 0。

2.4.3　浮点数的表示方法

浮点数表示法类似于科学计数法，任一数均可通过改变其指数部分使小数点发生移动。例如，1898.12 可以表示为：1.89812×10^3。浮点数的一般表示形式为：$N = 2^E \times D$，其中，*D* 称为尾数，*E* 称为阶码。下面以 IEEE 标准为例来说明浮点数存储形式，如图 2.8 所示。

符号位
1表示负数，0表示正数

8位阶码

23位规格化尾数，对于1.89812
只存储0.89812，1隐含

图 2.8　浮点数的一般形式

在该格式中，数的正负可由符号位表示，而对于阶码的正负表示，IEEE 的方法是：对于 2^n，阶码=n+127。n 为 0 时，阶码为 127；n>0 时，阶码>127，表示正数；n<0 时，阶码<127，表示负数。

例如，对于十进制数–12，用二进制数表示为–1100，规格化后为 -1.1×2^3，其单精度浮点数表示如下：

1	10000010	10000000000000000000000

对于十进制数 0.25，用二进制数表示为 0.01，规格化后为 1.0×2^{-2}，其单精度浮点数表示如下：

0	01111101	00000000000000000000000

2.5　多媒体数据表示

具有多媒体功能的计算机除可以处理数值和字符信息外，还可以处理图像、声音和视频信息。在计算机中，图像、声音和视频的使用能够增强信息的表现能力。

2.5.1　图像

在计算机科学中，图形和图像是两个有区别的概念：图形一般指用计算机绘制的画面，如直线、圆、圆弧、任意曲线和图表等；图像则指由输入设备捕捉的实际场景画面或以数字化形式存储的画面。

图像由一些排列的像素组成，在计算机中的存储格式有 BMP、PCX、TIF、JPG、GIFD 等，一般数据量比较大。它除了可以表达真实的照片外，还可以表现复杂绘画的某些细节，并具有灵活和富有创造力等特点。

与图像不同，在图形文件中只记录生成图形的算法和图上的某些特征点，也称矢量图。在计算机还原时，相邻的特征点之间用特定的很多段小直线连接形成曲线，若曲线是一条封闭的图形，可用着色算法来填充颜色。它最大的优点就是容易进行移动、压缩、旋转和扭曲等变换。常用的矢量图形文件有 3DS、DXF（用于 CAD）等，由于每次屏幕显示时都需要重新计算，故显示速度没有显示图像快，另外，常会发生失真。

1．模拟图像与数字图像

真实世界是模拟的，用胶卷拍出的相片就是模拟图像，它的特点是空间连续。理论上，可以对模拟图像进行无穷放大而不会失真，因为模拟图像含有无穷多的信息。模拟图像只有在空间上数字化后才是数字图像，它的特点是空间离散，如 100×100 的图片，包含 1 万个像素点，数字图像所包含的信息量有限，对其进行的放大次数有限，否则会出现失真。但是，计算机不能直接处理模拟图像，必须对其进行数字化。

2. 图像的数字化

传统的模拟图像不能直接在计算机上进行处理，还需要进一步转化成数字图像。这个转化过程就是模拟图像的数字化，通常采用采样的方法来实现。图像的数字化包括采样、量化和编码三个步骤，如图2.9所示。

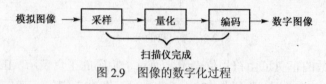

图 2.9　图像的数字化过程

（1）采样

采样就是计算机按照一定的规律，对模拟图像所呈现出的表象特性，用数据的方式记录其特征点。这个过程的核心在于要决定在一定的面积内取多少个点（即有多少个像素），即图像的分辨率是多少（单位是 dpi）。

（2）量化

通过采样获取了大量特征点，现在需要得到每个特征点的二进制数据，这个过程叫量化。量化过程中有一个很重要的概念——颜色精度。颜色精度是指图像中的每个像素的颜色（或亮度）信息所占的二进制数位数，它决定了构成图像的每个像素可能出现的最大颜色数。颜色精度值越高，显示的图像色彩越丰富。

（3）编码

编码是指在满足一定质量（信噪比的要求或主观评价要求）的条件下，以较少的位数表示图像。

显然，无论从平面的取点还是从记录数据的精度来讲，采样形成的数字图像与模拟图像之间存在着一定的差距。但这个差距通常控制得相当小，以至于人的肉眼难以分辨，所以，可以将数字化图像等同于模拟图像。

3. 数字图像文件格式

对数字图像处理必须采用一定的图像格式，图像格式决定在文件中存放何种类型的信息，对信息采用何种方式进行组织和存储，文件如何与应用软件兼容，文件如何与其他文件交换数据等内容。

（1）BMP 格式

BMP（位图格式）文件格式与硬件设备无关，是 DOS 和 Windows 兼容计算机系统的标准 Windows 图像格式，扩展名为.BMP。Windows 环境下运行的所有图像处理软件都支持 BMP 文件格式。BMP 格式支持 RGB、索引颜色、灰度和位图颜色模式，使用非常广。它采用位映射存储格式，除了图像深度可选以外，不采用其他任何压缩，因此，BMP 文件所占用的空间很大。BMP 文件存储数据时，图像的扫描方式按从左到右、从下到上的顺序。BMP 文件的图像深度可选 1b、4b、8b 及 24b。

（2）TIFF 格式

TIFF（Tag Image File Format，标志图像文件格式）格式，是一种非失真的压缩格式（最高 2～3 倍的压缩比），扩展名为.TIFF。这种压缩是文件本身的压缩，即把文件中某些重复的信息采用一种特殊的方式记录，文件可完全还原，能保持原有图颜色和层次。TIFF 格式是桌面出版系统中使用最多的两种图像格式之一，它不仅在排版软件中普遍使用，也可以用来直接输出。TIFF 格式主要的优点是适用于广泛的应用程序，它与计算机的结构、操作系统和图形硬件无关，支持 256 色、24 位真彩色、32 位色、48 位色等多种色彩位。因此，大多数扫描仪都能输出 TIFF 格式的图像文件。将图像存储为 TIFF 格式时，需注意选择所存储的文件是由 Macintosh 还是由 Windows 读取。因为，虽然这两个平台都使用 TIFF 格式，但它们在数据排列和描述上有一些差别。

（3）GIF 格式

GIF（Graphics Interchange Format，图像互换格式）格式，是 CompuServe 公司在 1987 年开发的图像文件格式，扩展名为.GIF。GIF 图像文件的数据采用可变长度等压缩算法压缩，其压缩率一般在 50%左右，目前几乎所有相关软件都支持它。GIF 格式的另一个特点是其在一个 GIF 文件中可以存储多幅彩色图像，如果把存于一个文件中的多幅图像数据逐幅读出并显示到屏幕上，就可以构成一种最简单的动画。但 GIF 只能显示 256 色，另外，GIF 动画图片失真较大，一般经过羽化等效果处理的透明背景图都会出现杂边。

（4）JPG 格式

JPEG（Joint Photographic Experts Group，联合图像专家组）是最常用的图像文件格式，扩展名为.JPG 或.JPEG，是一种有损压缩格式。通过选择性地去掉数据来压缩文件，图像中重复或不重要的资料会被丢失，因此容易造成图像数据的损伤。目前，大多数彩色和灰度图像都使用 JPEG 格式压缩图像，其压缩比很大而且支持多种压缩级别的格式。当对图像的精度要求不高而存储空间又有限时，JPEG 是一种理想的压缩方式。JPEG 支持 CMYK、RGB 和灰度颜色模式，JPEG 格式保留 RGB 图像中的所有颜色信息。

（5）PDF 格式

PDF（Portable Document Format，便携式文件格式）是由 Adobe Systems 在 1993 年提出的用于文件交换所推出的文件格式。它的优点在于跨平台、能保留文件原有格式、开放标准等。PDF 可以包含矢量和位图图形，还可以包含电子文档的查找和导航功能。

2.5.2　声音

声音是通过空气的振动发出的，通常用模拟波的方式表示。振幅反映声音的音量，频率反映了音调。

1. 声音的数字化

音频是连续变化的模拟信号，要使计算机能处理音频信号，必须进行音频的数字化。将模拟信号通过音频设备（如声卡）数字化时，会涉及采样、量化及编码等多种技术。图 2.10 是模拟声音数字化示意图。

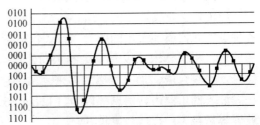

图 2.10　模拟声音数字化示意图

2. 量化性能指标

在模拟声音的数字化过程中，有两个重要的指标。

（1）采样频率

每秒钟的采样样本数叫做采样频率，采样频率越高，数字化后声波就越接近于原来的波形，即声音的保真度越高，但量化后声音信息量的存储量也越大。根据采样定理，只有当采样频率高于声音信号最高频率的两倍时，才能把离散声音信号唯一地还原成原来的声音。

目前，在多媒体系统中捕获声音的标准采样频率有 44.1 kHz、22.05 kHz 和 11.025 kHz 三种。人耳所能接收声音的频率范围大约为 20 Hz～20 kHz，但在不同的实际应用中，音频的频率范围是不同的。例如，根据 CCITT 公布的声音编码标准，把声音根据使用范围分为三级：电话语音级，300 Hz～3.4 kHz；调幅广播级，50 Hz～7 kHz；高保真立体声级，20 Hz～20 kHz。因而采样频率 11.025 kHz、22.05 kHz、44.1 kHz 正好与电话语音、调幅广播和高保真立体声（CD 音质）三级相对应。DVD 标准的采样频率是 96 kHz。

（2）采样精度

采样精度可以理解为采集卡处理声音的解析度。这个数值越大，解析度就越高，录制和回放的声音就越真实。一段相同的音乐信息，16 位声卡能把它分为 64 k 个精度单位进行处理，而 8 位声卡只能处理 256 个精度单位，造成了较大的信号损失。目前市面上所有的主流产品都是 16 位的声卡，16 位声卡的采样精度对于计算机多媒体音频而言已经绰绰有余了。

3. 声音文件格式

常见的数字音频格式有以下 6 种。

（1）WAV 格式

WAV 格式是微软公司开发的一种声音文件格式，也叫波形声音文件，是最早的数字音频格式，被 Windows 平台及其应用程序广泛支持。WAV 格式支持许多压缩算法，支持多种音频位数、采样频率和声道。

在对 WAV 音频文件进行编解码的过程中，包括采样点和采样帧的处理和转换。一个采样点的值代表了给定时间内的音频信号，一个采样帧由一定数量的采样点组成并能构成音频信号的多个通道。对于立体声信号，一个采样帧有两个采样点，一个采样点对应一个声道。一个采样帧作为单一的单元传送到数模转换器，以确保正确的信号能同时发送到各自的通道中。

（2）MIDI 格式

MIDI（Musical Instrument Digital Interface，乐器数字接口）定义了计算机音乐程序、数字合成器及其他电子设备交换音乐信号的方式，规定了不同厂家的电子乐器与计算机连接的电缆和硬件及设备间数据传输的协议，可以模拟多种乐器的声音。MIDI 文件本身并不包含波形数据，在 MIDI 文件中存储的是一些指令，把这些指令发送给声卡，由声卡按照指令将声音合成出来，所以 MIDI 文件非常小巧。

MIDI 要形成计算机音乐必须通过合成，现在的声卡大都采用的是波表合成，它首先将各种真实乐器所能发出的所有声音（包括各个音域、声调）进行取样，存储为一个波表文件。播放时，根据 MIDI 文件记录的乐曲信息向波表发出指令，从波表格中逐一找出对应的声音信息，经过合成、加工后播放出来。由于它采用的是真实乐器的采样，所以效果好于 FM。一般波表的乐器声音信息都以 44.1 kHz、16 位精度录制，以达到最真实的回放效果。理论上，波表容量越大，合成效果越好。

（3）CDA 格式

CDA 格式就是 CD 音乐格式，其取样频率为 44.1 kHz，16 位量化位数，CD 存储采用音轨形式，又叫"红皮书"格式，记录的是波形流，是一种近似无损的格式。CD 光盘可以在 CD 唱机中播放，也能用计算机里的各种播放软件来重放。一个 CD 音频文件是一个.CDA 文件，但这只是一个索引信息，并不是真正的声音信息，所以无论 CD 音乐的长短如何，在计算机上看到的.CDA 文件都是 44 字节长。注意：不能直接复制 CD 格式的.CDA 文件到硬盘上播放，需要使用类似 EAC 这样的抓音轨软件把 CD 格式的文件转换成 WAV 文件才可以。

（4）MP3 格式

MP3 是利用 MPEG Audio Layer 3 技术将音乐以 1∶10 甚至 1∶12 的压缩率压缩成容量较小的文件，MP3 能够在音质丢失很小的情况下把文件压缩到更小的程度。正是因为 MP3 体积小、音质高的特点，使得 MP3 格式几乎成为网上音乐的代名词。每分钟音乐的 MP3 格式只有 1 MB 左右大小，这样每首歌的大小只有 3～4 MB。使用 MP3 播放器对 MP3 文件进行实时解压缩，这样，高品质的 MP3 音乐就播放出来了。MP3 格式缺点是压缩破坏了音乐的质量，不过一般听众几乎觉察不到。

（5）WMA 格式

WMA 是微软在互联网音频、视频领域定义的文件格式。WMA 格式通过在保持音质基础上减少数据流量达到压缩目的，其压缩率一般可以达到 1∶18。此外，WMA 还可以通过 DRM（Digital Rights Management）方案加入防止复制，或者加入限制播放时间和播放次数，甚至是播放机器的限制，可有力地防止盗版。

（6）DVD Audio 格式

DVD Audio 是新一代的数字音频格式，为音乐格式的 DVD 光碟，DVD Audio 的采样频率有 44.1 kHz、48 kHz、88.2 kHz、96 kHz、176.4 kHz 和 192 kHz 等，能以 16 位、20 位、24 位精度量化，当 DVD Audio 采用最大取样频率为 192 kHz、24 位精度量化时，可完美再现演奏现场的真实感。由于频带扩大使得再生频率接近 100 kHz（约 CD 的 4.4 倍），因此能够逼真再现各种乐器层次分明、精细微妙的音色成分。

2.5.3　视频

视频由一幅幅单独的画面（称为帧）序列组成，这些画面以一定的速率（帧率，即每秒显示帧的数目）连续地透射在屏幕上，利用人眼的视觉暂留原理，使观察者产生图像连续运动的感觉。

1．模拟视频数字化

计算机只能处理数字化信号，普通的 NTSC 制式和 PAL 制式视频是模拟的，必须经过模/数转换和色彩空间变换等过程进行数字化。模拟视频的数字化包括很多技术问题，如电视信号具有不同的制式而且采用复合的 YUV 信号方式，而计算机工作在 RGB 空间；电视机是隔行扫描的，计算机显示器大多逐行扫描；电视图像的分辨率与显示器的分辨率也不尽相同等。因此，模拟视频的数字化主要包括色彩空间的转换、光栅扫描的转换及分辨率的统一。

模拟视频一般采用分量数字化方式，先把复合视频信号中的亮度和色度分离，得到 YUV 或 YIQ 分量，然后用三个模/数转换器对三个分量分别进行数字化，最后再转换成 RGB 空间。

2．视频压缩技术

视频信号数字化后数据带宽很高，通常在 20 MBps 以上，因此计算机很难对其进行保存和处理。采用压缩技术以后，通常数据带宽可以降到 1～10 MBps，这样就可以将视频信号保存到计算机中并进行相应的处理。常用的压缩算法是 MPEG 算法。MPEG 算法适用于动态视频的压缩，它主要利用具有运动补偿的帧间压缩编码技术以减小时间冗余度，采用 DCT 技术以减小图像的空间冗余度，使用熵编码以减小信息表示方法的统计冗余度。这几种技术的综合运用，大大增强了压缩性能。

3. 视频文件格式

（1）AVI 格式

AVI（Audio Video Interleaved，音频视频交错格式）是将语音和影像同步组合在一起的文件格式。它对视频文件采用了一种有损压缩方式，压缩比比较高，画面质量不太好，但其应用范围仍然非常广泛。AVI 主要应用在多媒体光盘上，用来保存电视、电影等各种影像信息。

AVI 最直接的优点就是兼容好、调用方便。但它的缺点也十分明显：文件大。根据不同的应用要求，AVI 的分辨率可以随意调。窗口越大，文件的数据量也就越大。降低分辨率可以大幅减低它的数据量，但图像质量就必然受损。与 MPEG-2 格式文件大小相近的情况下，AVI 格式的视频质量相对要差得多，但其制作简单，对计算机的配置要求不高，所以，人们经常先录制好 AVI 格式的视频，再转换为其他格式。

（2）MPEG 格式

MPEG（Moving Picture Experts Group，动态图像专家组）是国际标准组织（ISO）认可的媒体封装形式，受大部分机器的支持。其储存方式多样，可以适应不同的应用环境。MPEG 的控制功能丰富，可以有多个视频（即角度）、音轨、字幕（位图字幕）等。

（3）RM 格式

RM（RealMedia，实时媒体）格式是 Real Networks 公司开发的一种流媒体视频文件格式，主要包含 RealAudio、RealVideo 和 RealFlash 三部分。它的特点是文件小，画质相对良好，适用于在线播放。用户可以使用 RealPlayer 或 RealOne Player 对符合 RM 技术规范的网络音频/视频资源进行实况转播。并且 RM 可以根据不同的网络传输速率制定出不同的压缩比率，从而实现在低速率的网络上进行影像数据实时传送和播放。另外，RM 作为目前主流网络视频格式，它还可以通过其 RealServer 服务器将其他格式的视频转换成 RM 格式的视频并由 RealServer 服务器负责对外发布和播放。

RM 格式一开始就定位在视频流应用方面，它可以在 56 kbps Modem 拨号上网的条件下实现不间断的视频播放。RM 格式最大的特点是边传边播，即先从服务器上下载一部分视频文件，形成视频流缓冲区后实时播放，同时继续下载，为接下来的播放做好准备。这种方法避免了用户必须等待整个文件从 Internet 上全部下载完毕才能观看的缺点，因而特别适合在线观看影视文件。RM 文件的大小完全取决于制作时选择的压缩率，压缩率不同，影像大小也不同。这就是为什么会同样看到 1 小时的影像有的只有 200 MB，而有的却有 500 MB 之多。

（4）ASF 格式

ASF（Advanced Streaming Format，高级流格式）是一个开放标准，它能依靠多种协议在多种网络环境下支持数据的传送。ASF 是 Microsoft 为了和 Real Player 竞争而发展出来的一种可以直接在网上观看视频节目的文件压缩格式。它是专为在 IP 网上传送有同步关系的多媒体数据而设计的，所以 ASF 格式的信息特别适合在 IP 网上传输。

音频、视频、图像及控制命令脚本等多媒体信息通过 ASF 格式以网络数据包的形式传输，实现流式多媒体内容发布。ASF 使用 MPEG-4 的压缩算法，可以边传边播，所以它的图像质量比 VCD 差一些，但比 RM 格式要好。

（5）WMV 格式

WMV（Windows Media Video）是微软推出的一种流媒体格式，它是 ASF 格式的升级延伸。在同等视频质量下，WMV 格式的文件非常小，很适合在网上播放和传输。WMV 文件一般同时包含视频和音频部分。视频部分使用 Windows Media Video 编码，音频部分使用

Windows Media Audio 编码。WMV 的主要优点在于：可扩充的媒体类型、本地或网络回放、可伸缩的媒体类型、流的优先级化、多语言支持、扩展性等。

2.6　知识扩展

2.6.1　图像检索

从 20 世纪 70 年代开始，有关图像检索的研究就已开始，当时主要是基于文本的图像检索技术（Text-based Image Retrieval，TBIR），主要利用文本描述的方式描述图像的特征，如绘画作品的作者、年代、流派、尺寸等。到 20 世纪 90 年代以后，出现了基于内容的图像检索（Content-based Image Retrieval，CBIR）技术，主要利用图像的内容语义，如图像的颜色、纹理、布局等进行分析和检索。CBR（Content-based Retrieval）属于基于内容检索的一种，CBR 还包括对动态视频、音频等其他形式多媒体信息的检索技术。

在检索原理上，无论是基于文本的图像检索还是基于内容的图像检索，主要包括三个方面：

① 对用户需求的分析和转化，形成可以检索索引数据库的提问；

② 收集和加工图像资源，提取特征，分析并进行标引，建立图像的索引数据库；

③ 根据相似度算法，计算用户提问与索引数据库中记录的相似度，提取出满足阈值的记录作为结果，按照相似度降序的方式输出。

基于内容图像检索的体系结构如图 2.11 所示。为了进一步提高检索的准确性，许多系统结合相关反馈技术来收集用户对检索结果的反馈信息，这在 CBIR 中显得更为突出，因为 CBIR 实现的是逐步求精的图像检索过程，在同一次检索过程中需要不断地与用户进行交互。

2.6.2　音频检索

音频是最重要的多媒体数据之一，随着网络技术的普及，音频也是数量增长最快的一种数据形式，结合不同的音频处理技术，其在不同领域里的应用也愈加广泛。音频信息检索是信息检索的一个重要分支，顾名思义，音频检索就是从众多的音频数据中定位及提取用户比较感兴趣的信息。与文本检索不同，用户的信息需求一般难以用关键词的形式描述，因为从原始数据中抽取检索项的方法并不适用于音频数据这种数字信号。

基于内容的查询和检索是逐步求精的过程，通过对语音或音乐这样的音频信号进行特征表示，不断通过特征的相似匹配来修正特征的表示形式，以得到音频信息的检索结果。音频检索系统基本结构如图 2.12 所示。

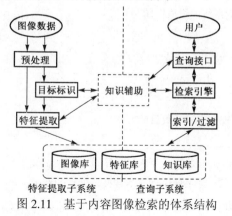

图 2.11　基于内容图像检索的体系结构

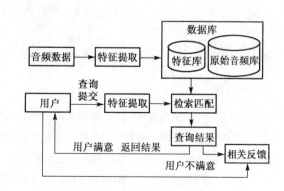

图 2.12　音频检索系统基本结构

① 用户提交查询，用户利用系统提供的查询方式形成查询条件；

② 将查询特征与数据库中的特征按照一定的匹配算法进行匹配；

③ 满足一定相似性的一组候选结果按相似度大小排列返回给用户；

④ 对于系统返回的一组初始特征的查询结果，用户可以通过遍历挑选出满意的结果，也可以从候选结果中选择一个示例进行特征调整，形成一个新的查询，这个过程可以多次进行，直到用户对查询结果满意。

2.6.3 视频检索

视频是集图像、声音、文字等为一体的综合性媒体。随着互联网技术的发展和网络带宽的提升，如何对互联网上的海量视频数据进行检索已成为国内外的研究热点，是新一代检索引擎的主要研究内容。

视频检索通过对海量的非结构化的视频数据进行结构化分析，提取视频内容的特征（包含语义特征），在此基础上实现从内容上对视频进行检索。与传统文本检索相比，视频检索存在很大的技术难度。首先，视频内容的特征难以提取与处理，特别是语义特征的提取存在很大困难。其次，视频检索在索引建立、查询处理及人机交互等方面都与传统的文本检索有很大区别，还有一些技术难题有待解决。

基于内容的视频检索既能向用户提供基于颜色、纹理、形状及运动特征等视觉信息的检索，又能提供基于高级语义信息的检索，具有在镜头、场景、情节等不同层次上进行检索的功能，能满足用户基于例子和特征描述的检索要求。基于内容的视频检索系统的组成框图如图2.13所示。

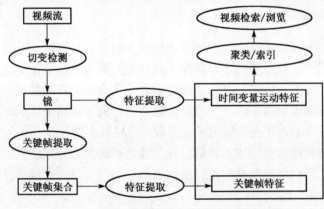

图 2.13 基于内容的视频检索系统的组成框图

习 题 2

一、填空题

1. 所谓_____，是指用一组固定的数字和一套统一的规则来表示数目的方法。

2. 单个位上可使用的基本数字的个数就称为该数制的_____。

3. 虽然标准 ASCII 码是 7 位编码，但计算机仍以_____来存放一个 ASCII 字符。

4. _____编码是通用多八位编码字符集，它满足跨语言、跨平台进行文本转换、处理的要求。

5. _____是在互联网上使用最广的一种 Unicode 的实现方式。

6. _____解决汉字、日文假名、朝鲜语和中国少数民族文字组成的大字符集计算机编码问题。

7. 汉字字模按国标码的顺序排列，以二进制文件形式存放在存储器中，构成_____。

8. 在计算机中，数值型的数据有两种表示方法：一种叫做定点数；另一种叫做_____。

9. 将下列十进制数转换成相应的二进制数。

$(98)_{10} = ($ 　　$)_2$

$(365)_{10} = ($ 　　$)_2$

$(287.725)_{10} = ($ 　　$)_2$

10. 将下列二进制数转换成相应的十进制数、八进制数、十六进制数。

$(10110101)_2 = ($ 　　$)_{10} = ($ 　　$)_8 = ($ 　　$)_{16}$

$(110010010)_2 = ($ 　　$)_{10} = ($ 　　$)_8 = ($ 　　$)_{16}$

$(10111.1001)_2 = ($ 　　$)_{10} = ($ 　　$)_8 = ($ 　　$)_{16}$

11. _____一般指用计算机绘制的画面，如直线、圆、圆弧、任意曲线和图表等。

12. _____是指由输入设备捕捉的实际场景画面或以数字化形式存储的画面。

13. 图像的数字化包括采样、_____和编码三个步骤。

14. _____越高，数字化后声波就越接近于原来的波形，即声音的保真度越高，但量化后声音信息量的存储量也越大。

15. _____是由一幅幅单独的帧序列组成的，并以一定的速率连续地透射在屏幕上。

二、选择题

1. 在计算机中，信息的存放与处理采用（ 　　 ）。

　　A. ASCII 码　　　　B. 二进制　　　　C. 十六进制　　　　D. 十进制

2. 在汉字国标码字符集中，汉字和图形符号的总个数为（ 　　 ）。

　　A. 3755　　　　B. 3008　　　　C. 7445　　　　D. 6763

3. 将十进制数 215.6531 转换成二进制数是（ 　　 ）。

　　A. 11110010.000111　　　　B. 11101101.110011

　　C. 11010111.101001　　　　D. 11100001.111101

4. 二进制数 1110111 转换成十六进制数为（ 　　 ）。

　　A. 77　　　　B. D7　　　　C. E7　　　　D. F7

5. 十进制数 269 转换为十六进制数为（ 　　 ）。

　　A. 10E　　　　B. 10D　　　　C. 10C　　　　D. 10B

6. 与二进制数 11111110 等值的十进制数是（ 　　 ）。

　　A. 251　　　　B. 252　　　　C. 253　　　　D. 254

7. 下列 4 组数应依次为二进制数、八进制数和十六进制数，符合这个要求的是（ 　　 ）。

　　A. 11，78，19　　　　B. 12，77，10　　　　C. 12，80，10　　　　D. 11，77，19

8. 在微型计算机中，应用最普遍的字符编码是（ 　　 ）。

　　A. BCD 码　　　　B. ASCII 码　　　　C. 汉字编码　　　　D. 补码

9. 下列字符中，ASCII 值最小的是（ 　　 ）。

　　A. a　　　　B. A　　　　C. F　　　　D. Z

10. 下列编码中，用于汉字输出的是（ 　　 ）。

　　A. 字形编码　　　　B. 汉字字模　　　　C. 汉字内码　　　　D. 数字编码

11. 已知汉字"春"的国标码为 343AH，其机内码为（　　）

    A. 8080H　　　　　B. B4BAH　　　　　C. 343AH　　　　　D. A4AAH

12. 计算机中的数有浮点数与定点数两种，其中用浮点数表示的数至少包含（　　）。

    A. 指数与基数　　　B. 尾数与小数　　　C. 阶码与尾数　　　D. 整数与小数

13. 一般说来，要求声音的质量越高，则（　　）。

    A. 量化级数越低和采样频率越低　　　　　B. 量化级数越高和采样频率越高

    C. 量化级数越低和采样频率越高　　　　　D. 量化级数越高和采样频率越低

14. 下述声音分类中质量最好的是（　　）。

    A. 数字激光唱盘　　B. 调频无线电广播　C. 调幅无线电广播　D. 电话

15. JPEG 是（　　）图像压缩编码标准。

    A. 静态　　　　　　B. 动态　　　　　　C. 点阵　　　　　　D. 矢量

16. MPEG 是数字存储（　　）图像压缩编码和伴音编码标准。

    A. 静态　　　　　　B. 动态　　　　　　C. 点阵　　　　　　D. 矢量

17. 下列声音文件格式中，（　　）是波形文件格式。

    A. WAV　　　　　　B. CMF　　　　　　C. AVI　　　　　　D. MIDI

18. 扩展名为.MP3 的含义是（　　）。

    A. 采用 MPEG 压缩标准第 3 版压缩的文件格式

    B. 必须通过 MP-3 播放器播放的音乐格式

    C. 采用 MPEG 音频层标准压缩的音频格式

    D. 将图像、音频和视频三种数据采用 MPEG 标准压缩后形成的文件格式

19. 数字音频采样和量化过程所用的主要硬件是（　　）。

    A. 数字编码器　　　　　　　　　　　　　B. 数字解码器

    C. 模拟到数字的转换器（A/D 转换器）　　D. 数字到模拟的转换器（D/A 转换器）

20. 下列采集的波形声音质量最好的是（　　）。

    A. 单声道、8 位量化、22.05 kHz 采样频率

    B. 双声道、8 位量化、44.1 kHz 采样频率

    C. 单声道、16 位量化、22.05 kHz 采样频率

    D. 双声道、16 位量化、44.1 kHz 采样频率

三、简答题

1. 什么是二进制代码和二进制数码？计算机为什么要采用二进制代码和二进制数码？

2. 什么是编码？计算机中常用的信息编码有哪几种？请列出它们的名称。

3. 什么是计算机输入码？什么是计算机内码？简述它们之间的区别。

4. 简述浮点数表示的基本思想。

5. 简述图像数字化的基本过程。

6. 常见的图像文件格式有哪些？

7. 简述声音数字化的基本过程。

8. 常见的声音文件格式有哪些？

9. 声音文件的大小由哪些因素决定？

10. 声音数字化的基本过程中，哪些参数对数字化质量影响很大？

第 3 章　计算机软件

从第一台计算机上的第一个程序出现到现在，软件已经成为计算机运行不可缺少的部分。通过运行程序可以完成对某项工作的处理，现代计算机进行的各种事务等处理功能都是通过软件得以实现的，用户也主要是通过软件与计算机进行交流的。本章主要介绍计算机软件的分类及各类软件的功能和作用。

3.1　计算机软件概述

计算机软件是计算机系统的重要组成部分，随着计算机应用的不断发展，计算机软件也形成了一个庞大的体系，在这个体系中存在着不同功能的软件，它们各自在计算机系统的运行过程中起着不同的作用。

3.1.1　软件的概念

软件是计算机的灵魂，是计算机应用的关键。如果没有适应不同需要的计算机软件，人们就不可能将计算机广泛地应用于人类社会的生产、生活、科研、教育等几乎所有领域，计算机也只能是一具没有灵魂的躯壳。

目前，计算机软件尚无一个统一的定义。但就其组成来说，主要是由程序和相关文档两个部分组成的。程序是用于计算机运行的，且必须装入计算机才能被执行，而文档不能被执行，主要是给用户看的。

1. 程序

程序是计算任务的处理对象和处理规则的描述，是一系列按照特定顺序组织的计算机数据和指令的集合。

2002 年我国颁布的《计算机软件保护条例》中对程序的描述为"程序指为了得到某种结果而可以由计算机等具有信息处理能力的装置执行的代码化指令序列，或者可以被自动转换成代码化指令序列的符号化指令序列或符号化语句序列。"

从上面对程序的描述中可以看出，程序应具有 3 个方面的特征：其一是目的性，即要得到一个结果；其二是可执行性，即编制的程序必须能在计算机中运行；其三是程序是代码化的指令序列，即是用计算机语言编写的。

总之，程序是为了实现某一功能而用计算机语言编制的，运行后，就可以得到某一结果，如实现对计算机的管理、为用户提供服务等。

2. 文档

文档是了解程序所需的阐明性资料。它是指用自然语言或形式化语言所编写的用来描述程序的内容、组成、设计、功能规格、开发情况、测试结构和使用方法的文字资料和图表，如程序设计说明书、流程图、用户手册等。

计算机程序的设计和维护人员通过文档可以知道如何设计和维护程序，而程序的使用者通过文档可以清楚地了解程序的功能、运行环境和使用的方法，做到正确使用软件。

程序和文档是软件系统不可分割的两个方面。为了开发程序，设计者需要用文档来描述程序的功能和如何设计开发等，这些信息用于指导设计者编制程序。当程序编制好后，还要为程序的运行和使用提供相应的使用说明等相关文档，以便使用人员使用程序。

3.1.2 软件和硬件的关系

现代计算机系统是由硬件系统和软件系统两部分组成的，硬件系统是软件（程序）运行的平台，且通过软件系统得以充分发挥和被管理。计算机工作时，硬件系统和软件系统协同工作，通过执行程序而运行，两者缺一不可。软件和硬件的关系主要反映在以下 3 个方面。

1．相互依赖协同工作

计算机硬件建立了计算机应用的物质基础，而软件则提供了发挥硬件功能的方法和手段，扩大其应用范围，并提供友好的人机界面，以方便用户使用计算机。

2．相互无严格的界线

随着计算机技术的发展，计算机系统的某些功能既可用硬件实现，又可以用软件实现（如解压图像处理）。采用硬件实现可以提高运算速度，但灵活性不高，当需要升级时，只能更新硬件，即换设备。而用软件实现则只需升级软件即可，设备不用换。因此，硬件与软件在一定意义上说没有绝对严格的分界线。

3．相互促进协同发展

硬件性能的提高，可以为软件创造出更好的开发环境，在此基础上可以开发出功能更强的软件。反之，软件的发展也对硬件提出了更高的要求，促使硬件性能的提高，甚至产生新的硬件。

3.1.3 计算机软件的分类

软件是根据不同的需要而设计的，就其功能而言，有些是用于管理计算机的，有些是用于保护计算机的，有些是为了处理信息的，有些是为了进行控制的，等等，根据计算机软件的用途，可以将软件分为系统软件、支撑软件和应用软件三类。应当指出，软件的分类并不是绝对的，而是相互交叉和变化的，有些系统软件（如语言处理系统）可以看做支撑软件，而支撑软件的有些部分可看做系统软件，另一些部分则可看成是应用软件的一部分。所以也有人将软件分为系统软件和应用软件两大类。为了便于读者对不同类型软件的理解，下面按照三类来介绍。

1．系统软件

系统软件的功能主要是对计算机硬件和软件进行管理，以充分发挥这些设备的作用，方便用户的使用及为应用开发人员提供支持，如操作系统、程序设计语言、数据库管理系统等。

系统软件利用计算机本身的逻辑功能，合理地组织和管理计算机的硬件、软件资源，以充分利用计算机的资源，最大限度地发挥计算机效率。

2．支撑软件

支撑软件是支持其他软件的编制和维护的软件。主要包括各种工具软件、各种保护计算机系统软件和检测计算机性能的软件，如测试工具、项目管理工具、数据流图编辑器、语言转换工具、界面生成工具及各类查杀病毒类软件等。

3．应用软件

应用软件是为计算机在特定领域中的应用而开发的专用软件如各种信息管理系统、各类媒体播放器、图形图像处理系统、地理信息系统等。应用软件的范围极其广泛，可以这样说，哪里有计算机应用，哪里就有应用软件。应用软件是利用计算机及其所提供的系统软件，为解决自身的、特定的实际问题而编制的一类软件。

随着计算机应用领域的不断扩大，应用软件也日益增多，如办公信息化系统、计算机辅助设计（CAD）、计算机辅助制造（CAM）、计算机辅助教学（CAI）、计算机辅助测试（CAT）、翻译软件、游戏软件等。

应用软件包括专用软件和通用软件两大类。专用软件是指专门为某一个指定的任务而设计或开发的软件，如火车订票系统等。通用软件是指可完成一系列相关任务的软件，如文本编辑、网页制作等各种软件。

三类软件在计算机中处在不同的层次，最里层是系统软件，中间是支撑软件，外层是应用软件，如图3.1所示。

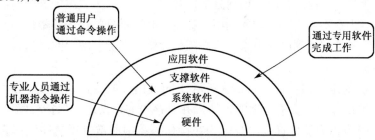

图 3.1　软件系统结构及不同层提供的操作方式示意图

一台计算机如果没有安装软件，那么只有计算机专业人员通过机器指令来操作计算机，普通用户无法使用这样的计算机。当安装了系统软件（如操作系统），则一般人员只要学习一些命令，即可通过命令来操作计算机，如进行文件的存储、复制等。如果安装了某个具体的应用软件（如翻译软件），则可以直接使用完成自己的任务。因此，一台计算机安装的软件越丰富，则功能会越强，使用也会更方便。

3.2　系统软件

系统软件是指计算机系统中靠近硬件层次的软件，是软件系统的核心，它的功能就是控制和管理包括硬件和软件在内的计算机系统的资源，并对应用软件的运行提供支持和服务。它既受硬件支持，又控制硬件各部分的协调运行。它是各种应用软件的依托，既为应用软件提供支持和服务，又对应用软件进行管理和调度。常用的系统软件有操作系统、语言处理系统、程序设计语言及数据库管理系统等。

3.2.1　操作系统

计算机是由硬件和软件组成的复杂系统，硬件主要有 CPU、存储器和各种各样的输入/输出设备，当计算机运行时又存在多个程序都在各自运行，共享着大量数据及少量的硬件资源，因此需要一个对这些资源进行统一管理的软件，以使计算机协调一致、高效率地完成用户交给它的任务，这个软件就是操作系统。

从资源管理的角度，操作系统是为了合理、方便地利用计算机系统，而对其硬件资源和软件资源进行管理的软件。主要功能是调度、监控和维护计算机系统，负责管理计算机系统中各种独立的硬件，使得它们可以协调工作。当多个软件同时运行时，操作系统负责规划及优化系统资源，并将系统资源分配给各种软件，同时控制程序的运行。操作系统还为用户提供方便、有效、友好的人机操作界面。

1. 操作系统的功能

操作系统主要包括处理机管理、存储管理、信息管理、设备管理和用户接口五项管理功能。这些管理工作是由一套规模庞大且复杂的程序来完成的。

（1）处理机管理

处理机管理的工作就是对中央处理机（CPU）资源进行合理的分配使用，以提高处理机利用率，并使多个程序公平地得到处理机资源。

（2）存储管理

存储管理解决的是内存的分配、保护和扩充的问题。计算机要运行程序就必须有一定的内存空间，当多个程序都在运行时，如何分配内存空间才能最大限度地利用有限的内存空间为多个程序服务；当内存不够用时，如何利用外存将暂时用不到的程序和数据放到外存上去，而将急需使用的程序和数据调到内存中来，这些都是存储管理所要解决的问题。

（3）信息管理

信息管理解决的是如何管理好存储在外存上的数据（如磁盘、光盘、U 盘等），是对存储器的空间进行组织分配，负责数据的存储，并对存入的数据进行保护检索的系统。

信息管理有时也称为文件管理，是因为在操作系统中通常以"文件"作为管理的单位。文件是存储在外存上的信息的集合，它可以是源程序、目标程序、一组命令、图形、图像或其他数据。因此信息管理有以下三方面的任务：

① 有效地分配文件存储器的存储空间（物理介质）；

② 提供一种组织数据的方法（按名存取、逻辑结构、组织数据）；

③ 提供合适的存取方法（顺序存取、随机存取）。

（4）设备管理

外围设备是计算机系统的重要硬件资源，与 CPU、内存资源一样，也应受到操作系统的管理。设备管理就是对各种输入/输出设备进行分配、回收、调度和控制，以及完成基本输入/输出等操作。

（5）用户接口

操作系统是用户和计算机之间的界面，用户通过操作系统提供的一组操作命令来使用和操作计算机。操作系统提供以下两种接口。

① 程序级接口。提供一组广义指令（或称系统调用、程序请求），供用户程序和其他系统程序调用。当这些程序要求进行数据传输、文件操作或有其他资源要求时，通过这些广义指令向操作系统提出申请，并由操作系统代为完成。

② 作业级接口。提供一组控制操作命令（或称作业控制语言），供用户组织和控制自己作业的运行。具体表现有两种形式：一种是图形用户界面操作方式，如 Windows；另一种是命令方式，如 UNIX 中的 shell 命令语言。

2. 操作系统常见类型

计算机有微型、中型、大型等不同系列的机型，对于不同系列的计算机，需要不同的操作系统来管理，因此操作系统的种类非常多样，从简单到复杂，从手机的嵌入式系统到超级计算机的大型操作系统等。

（1）传统操作系统类型

传统操作系统种类也很多，但其基本类型可以划分为三类，即批处理操作系统、分时操作系统和实时操作系统。

① 批处理操作系统。

批处理操作系统的设计目标是为了最大限度地发挥计算机资源的效率。在这种操作系统环境下，用户要把程序、数据和作业说明一次提交（输入）给计算机系统，系统在处理过程中与外部不再交互，什么时候运行，由操作系统调度，用户在一定时间后取结果即可。

批处理系统又分为单道批处理系统和多道批处理系统。单道批处理系统是早期使用的一种，它的特征是内存中只允许存放一个作业，即当前正在运行的作业才能驻留内存，作业的执行顺序是先进先出，即按顺序执行。现在基本都采用多道批处理系统，即在内存中可同时存在若干道作业，作业执行的次序与进入内存的次序无严格的对应关系，因为这些作业是通过一定的作业调度算法来使用 CPU 的，一个作业在等待 I/O 处理时，CPU 调度另外一个作业运行，因此 CPU 的利用率显著地提高了。

批处理系统通常用在以科学计算为主的大中型计算机上，以提高系统的吞吐量和资源的利用率。其缺点是延长了作业的周转时间，缺少交互性，不利于程序的开发与调试。

② 分时操作系统。

分时系统实际上是将处理机时间分割成一个个时间段，每一个时间段叫做时间片。然后按时间片轮流把处理机分给各用户作业使用，使多个用户可以通过各自的终端互不干扰地同时使用同一台计算机交互进行操作，就好像自己独占了该台计算机一样。

分时系统具有多路性、交互性、独占性和及时性的特征。

● 多路性：指允许多个用户使用一台计算机，宏观上看是多个人同时使用一个 CPU，微观上是多个人在不同时刻轮流使用 CPU；
● 交互性：指用户根据系统响应结果进一步提出新请求（用户直接干预每一步）；
● 独占性：指用户感觉不到计算机为其他人服务，就像整个系统为他所独占；
● 及时性：指系统对用户提出的请求及时响应。

③ 实时操作系统。

实时操作系统要求系统能够对输入计算机的请求在规定的时间内做出响应，一般来说这个时间是很短的，如果不能响应，其后果往往是很严重的（如对阀门控制不及时，就可导致事故的发生等）。

实时操作系统有硬实时和软实时之分，硬实时要求在规定的时间内必须完成操作，这是在操作系统设计时保证的；软实时则没有那么严格，只要按照任务的优先级，尽可能快地完成操作即可。

（2）新型操作系统

随着微型计算机和计算机网络的出现，出现了针对它们而设计的新型操作系统。

① 微处理机操作系统。

微型计算机上使用的操作系统主要有单用户单任务操作系统（如 MS-DOS）、单用户多任务操作系统（如 Windows 系列）和多用户多任务操作系统（如 Linux 等）三类。

● 单用户单任务操作系统：一次只能支持运行一个用户程序，独占系统全部资源；

- 单用户多任务操作系统：一个用户独占系统全部资源，可以运行多个程序；
- 多用户操作系统：可以支持多个用户分时使用，支持多个程序运行。

② 多处理机操作系统。

多处理机操作系统是指使用多台计算机协同工作来完成任务的计算机系统，或利用系统内的多个 CPU 来执行用户的多个程序的系统。

多处理机操作系统目前主要有三种类型：主从式操作系统、独立监督式操作系统和浮动监督式操作系统。

- 主从式操作系统：由一台主处理机记录、控制其他从处理机的状态，并分配任务给从处理机；
- 独立监督式操作系统：每一个处理机均有各自的管理程序（核心）；
- 浮动监督式操作系统：每次只有一台处理机作为执行全面管理功能的"主处理机"，但根据需要，主处理机是可浮动的，即可从一台切换到另一台处理机。

③ 网络操作系统。

网络操作系统的主要功能是把网络中各台计算机配置的各自的操作系统有机地联合起来，提供网络内各台计算机之间的通信和网络资源共享。

④ 分布式操作系统。

分布式操作系统是在计算机网络互连的多处理机体系结构上执行任务的系统。它负责管理分布式处理系统的资源、任务的分散处理和控制分布式程序的运行。分布式操作系统的各功能部分分散在各处理单元上。

⑤ 嵌入式操作系统。

嵌入式系统是以应用为中心、以计算机技术为基础，适用于对功能、可靠性、成本、体积、功耗有严格要求的专用计算机系统，如 MP4、PDA、手机、DVD 机等。常用的嵌入式操作系统有μClinux、Windows CE、Vxworks 等。

由于计算机的硬件和软件资源都是在操作系统的统一管理和控制下运行的，因而一个计算机系统的性能和操作系统的质量及运行效率有很大关系。在实际应用中，应按要求选择相应的操作系统，以提高计算机系统的管理性能和运行效率。

3.2.2　语言处理系统

1. 程序设计语言

为了告诉计算机应当做什么和如何做，必须把处理问题的方法、步骤以计算机可以识别和执行的操作表示出来，也就是说要编制程序。这种用于书写计算机程序所使用的语言称为程序设计语言。

程序设计语言按语言级别有低级语言与高级语言之分。低级语言是面向机器的，包括机器语言和汇编语言两种。高级语言有面向过程（如 C 语言）和面向对象（如 C++语言）两大类。

（1）机器语言

机器语言是以二进制代码形式表示的机器基本指令的集合、是计算机硬件唯一可以直接识别和执行的语言。它的特点是运算速度快，指令代码包括操作码、地址码或操作数，且不同计算机其机器语言不同。其缺点是难阅读，难修改。图 3.2 所示就是一段用机器语言编写的程序段。

（2）汇编语言

汇编语言是为了解决机器语言难于理解和记忆，用易于理解和记忆的名称和符号表示的机器指令，如图 3.3 所示。汇编语言虽比机器语言直观，但基本上还是一条指令对应一种基本操作，对同一问题而编写的程序在不同类型的机器上仍然是互不通用的。

机器语言和汇编语言都是面向机器的低级语言，其特点是与特定的机器有关，执行效率高，但与人们思考问题和描述问题的方法相距太远，使用烦琐、费时，易出差错。低级语言的使用要求使用者熟悉计算机的内部细节，非专业的普通用户很难使用。

（3）高级语言

高级语言是人们为了解决低级语言的不足而设计的程序设计语言。它由一些接近于自然语言和数学语言的语句组成，如图3.4所示。

功能	操作码	操作数		功能	助记符	操作数		功能	语句
取数：	00111110 0000111			取数：	LD A;	7		功能	语句
加数：	11000110 0001010			加数：	ADD A;	10		取数、加数：	x = x+10;
暂停：	01110110			暂停：	HALT				

图 3.2 机器语言程序示例　　　　图 3.3 汇编语言程序示例　　　　图 3.4 高级语言程序示例

因此，高级语言更接近于要解决的问题的表示方法并在一定程度上与机器无关，用高级语言编写程序，接近于自然语言与数学语言，易学、易用、易维护。但是由于机器硬件不能直接识别高级语言中的语句，因此必须通过"翻译程序"将用高级语言编写的程序翻译成机器语言的程序，才能执行。一般说来用它的编程效率高，但执行速度没有低级语言高。

高级语言的设计是很复杂的。因为它必须满足两种不同的需要：一方面，它要满足程序设计人员的需要，用它可以方便自然地描述现实世界中的问题；另一方面，还要能够构造出高效率的翻译程序，能够把语言中的所有内容翻译成高效的机器指令。从 20 世纪 50 年代中期第一个实用的高级语言诞生以来，人们曾设计出几百种高级语言，但今天实际使用的通用高级语言也不过数十种。根据所支持的程序设计方法的不同，可以把程序设计语言分为两大类：结构化程序设计语言和面向对象程序设计语言。

① 结构化程序设计语言。

结构化程序设计语言也称为面向过程的语言。在面向过程程序设计中，问题被看做一系列需要完成的任务，函数（在此泛指例程、函数、过程）用于完成这些任务，解决问题的焦点集中于如何根据规定的条件完成指定的任务。下面列出的是几个常用的此类语言。

● FORTRAN 语言：它是使用最早的高级语言。从 20 世纪 50 年代中期到现在，广泛用于科学计算程序的编制。

● COBOL 语言：它创始于 20 世纪 50 年代末期，是使用最广泛的商用语言，适用于数据处理，在事务处理中有着广泛的应用。

● BASIC 语言：20 世纪 60 年代初为适应分时系统而研制的一种交互式语言。由于它简单易懂，具有交互功能，成为微机上配置最广泛的高级语言。

● PASCAL 语言：1970 年研制成功，是第一个系统地体现了结构程序设计概念的高级语言，其最大特点是简明性与结构化。

● C 语言：于 1973 年由美国贝尔实验室研制成功。由于它表达简捷，控制结构和数据结构完备，具有丰富的运算符和数据类型，移植力强，编译质量高，因而得到了广泛使用。

● ADA 语言：是美国国防部直接领导下于 1975 年开始开发的一种现代模块化语言，便于实现嵌入式应用，已为许多国家选定为军用标准语言。

● PROLOG 语言：1972 年诞生于法国，后来在英国得到完善和发展，是一种逻辑程序设计语言，广泛使用于人工智能领域。

② 面向对象程序设计语言。

随着面向对象和可视化技术的发展，出现了 Smalltalk、C++、Java 等面向对象程序设计语言和 Visual Basic、Visual C++、Delphi 等开发工具。

面向对象设计把面向对象的思想应用于软件开发过程中，是建立在"对象"概念基础上的方法学。对象是由数据和容许的操作组成的封装体，与客观实体有直接对应关系，一个对象类定义了具有相似性质的一组对象。而继承性是对具有层次关系的类的属性和操作进行共享的一种方式。所谓面向对象，就是基于对象概念，以对象为中心，以类和继承为构造机制，来认识、理解、刻画客观世界和设计、构建相应的软件系统。

2. 语言处理程序

语言处理程序是把用一种程序设计语言表示的程序转换为与之等价的另一种程序设计语言表示的程序。语言处理程序实际是一个翻译程序，被它翻译的程序称为源程序，翻译生成的程序称为目标程序。

用程序设计语言编写的程序称为源程序，源程序（除机器语言程序）是不能被直接运行的，它必须先经过语言处理，变为机器语言程序（目标程序），然后再经过装配连接处理，变为可执行的程序后，才能够在计算机上运行。

语言处理程序（翻译程序）的实现途径主要有解释方式和编译方式两种。

（1）解释方式

按照源程序中语句的执行顺序，即由事先存入计算机中的解释程序对高级语言源程序逐条语句翻译成机器指令，翻译一句执行一句，直到程序全部翻译执行完，如图 3.5 所示。由于解释方式不产生目标程序，所以每次运行程序都得重新进行翻译。

图 3.5 解释方式示意图

解释方式的优点是交互性好，缺点是执行效率低。

（2）编译方式

编译方式是由翻译程序把源程序静态地翻译成目标程序，然后进行装配连接处理，变为可执行程序，如图 3.6 所示。生成的可执行程序以文件的形式存放在计算机中，供使用者以后直接运行，无须翻译。

图 3.6 编译方式示意图

这种实现途径可以划分为两个明显的阶段：前一阶段称为生成阶段；后一阶段称为运行阶段。采用这种方式实现的翻译程序，如果源语言是一种高级语言，目标语言是某一计算机的机器语言或汇编语言，则这种翻译程序称为编译程序。如果源语言是计算机的汇编语言，目标语言是相应计算机的机器语言，则这种翻译程序称为汇编程序。

正像只懂中文的人与只懂英语的人交谈需要英语翻译、与只懂日语的人交谈需要日语翻译一样，不同的高级语言也需要不同的翻译程序。如果使用 BASIC 语言，需要在计算机系统中装有 BASIC 语言的解释程序或编译程序；如果使用 C 语言，就需要在计算机系统内装有 C 编译程序。

3.2.3　数据库管理系统

计算机处理的对象是数据，因而如何管理好数据是一个重要的问题。数据管理是利用计算机硬件和软件技术对数据进行有效的收集、存储、处理和应用的过程。其目的在于充分、有效地发挥数据的作用。实现数据有效管理的关键是数据组织。

1．数据库

数据库是以一定的组织形式存放在计算机存储介质上的相互关联的数据的集合，也可以看成是具有特定联系的多种类型的记录的集合。它能为多个用户、多种应用所共享，又具有最小的冗余度，数据之间联系密切，又与应用程序没有联系，具有较高的数据独立性。数据库管理系统就是这样一种对数据库中的数据进行管理、控制的软件。

2．数据管理的发展

随着硬件、软件技术及计算机应用范围的发展，数据管理经历了人工管理、文件管理、数据库管理和分布式数据库管理 4 个阶段。

① 人工管理阶段。人工管理的特点是数据不长期保存，没有软件系统对数据进行管理，一组数据对应一个程序，即数据由程序自行携带，数据与程序不能独立，如图3.7所示。

② 文件管理阶段。采用文件管理方式使数据不再是程序的组成部分，而是有组织、有结构地构成文件形式，形成数据文件，如图 3.8 所示。文件管理系统是应用程序与数据文件的接口。

图 3.7　程序与文件关系　　　　　　　　　图 3.8　文件管理系统

③ 数据库管理阶段。数据库管理系统（DBMS）对所有数据实行统一、集中、独立的管理，提供建立、使用和维护数据库功能，以及数据库的安全性和完整性等控制，如图 3.9 所示。数据独立于程序存在，并可以提供给各类不同的用户使用。

④ 分布式数据库系统阶段。分布式数据库在逻辑上像一个集中式数据库系统，实际上，数据存储在计算机网络的不同地域的节点上。每个节点都有自己的局部数据库管理系统，它有很高的独立性。用户可以由分布式数据库管理系统，通过网络传输数据，如图3.10所示。

3．数据库管理系统

数据库管理系统是介于应用程序与操作系统之间的数据库管理软件，是数据库的核心。其主要功能是维护数据库，以及接收和完成用户程序或命令提出的访问数据库的各种请求。包括四如下方面的功能。

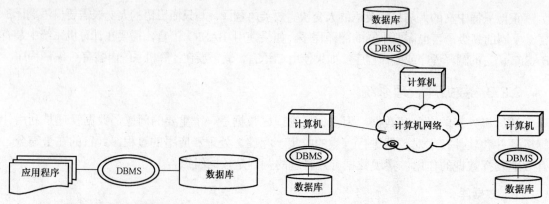

图 3.9 数据库管理系统   图 3.10 分布式数据库系统

① 数据定义功能。对数据库中数据对象的定义，用来建立所需的数据库（即设计库结构），如库、表、视图、索引、触发器等。

② 数据操纵功能。对数据库中数据对象的基本操作，用来对数据库进行查询和维护等操作。

③ 数据控制功能。对数据库中数据对象的统一控制，即控制数据的访问权限。主要控制包括数据的安全性、完整性和多用户的并发控制。

④ 系统维护功能。对数据库中数据对象的输入、转换、转储、重组、性能监视等。

数据库管理系统隐藏了数据在数据库中的存放方式等底层细节，使编程人员能够集中精力管理信息，而不考虑文件的具体操作或数据连接关系的维护。

4．数据库系统

数据库系统是以数据库应用为基础的计算机系统，由数据库、数据库管理系统、数据库管理员和应用程序组成，如图3.11所示。

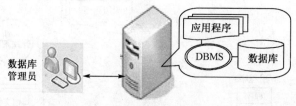

图 3.11 数据库系统

5．数据模型

数据模型是数据库系统中用于描述数据、数据之间关系、数据语义和数据约束的工具，是用户和数据库之间相互交流的工具。用户在进行数据库操作时，只要按照数据库所提供的数据模型，使用相关的数据描述和操作语言就可以把数据存入数据库，而无须了解计算机如何管理这些数据的细节。目前主要包括关系模型、层次模型和网状模型。

关系模型中，把存放在数据库中的数据和它们之间的联系看做一张张二维表。这与人们日常习惯很接近。

层次模型中，把数据之间的关系纳入一种一对多的层次框架来加以描述。例如，学校、企事业单位的组织结构就是一种典型的层次结构。层次模型对于表示具有一对多联系的数据是很方便的，但要表示多对多联系的数据就不很方便。

网状模型采用无向图结构，可以方便、灵活地描述数据之间多对多联系的模型。

关系模型由于概念清晰、结构简单、运算规范而得到广泛应用。目前在微型机上常用的数据库管理软件都支持关系模型。目前世界上最流行的 Oracle、Sybase、Informix、SQL Server、Access 等都是基于关系模型设计的数据库管理软件。

3.3　应用软件

高级语言的出现打破了编写程序的神秘性，使程序设计成为一般人都可以从事的工作。操作系统的使用，使得一般人都可以方便地操作计算机系统，但是编写程序仍然是一种十分费力的工作。为了解决这个问题，人们采取的一条途径是对各个领域进行分析，尽可能开发出一些标准化、模块化的"软件块"，使用户可以根据需要，用这些"软件块"构成适合需要的应用系统；另一条途径是开发解决某类典型问题的软件包，用户只要选择得当，无须编程就可以直接使用。本节将要介绍的媒体处理软件、字处理软件和表处理软件都具有软件包的性质。

3.3.1　字处理软件

字处理软件是使计算机实现文字编辑工作的应用软件。这类软件提供一套进行文字编辑处理的方法（命令），用户通过学习，就可以在计算机上进行文字编辑。

目前有多种字处理软件，但就其提供的操作方式主要是批处理方式和所见即所得两种。

1．批处理方式

批处理方式是通过对文档中的文字、段落、表格等元素的前后给出格式说明符，然后存储文档。当打印时系统按给出的格式来打印整个文档。北大方正排版软件就是批处理的方式。该法适合熟练掌握了批处理格式说明符的专业人员使用，且主要在印刷、出版等领域应用。

2．所见即所得

所见即所得方式是对文档中的元素（如文字、段落、表格等）通过菜单命令直接插入或设定其格式，然后在可视界面中直接显示出最后排版打印的效果。大家熟知的 Word、WPS 软件就是这种类型的字处理软件。特点是使用方法简单、容易掌握。该法适合普通人员使用，且主要在办公等部门应用。

3．字处理软件的功能

一个字处理软件一般应具有下列基本功能。

① 根据所用纸张尺寸安排每页行数和每行字数，并能调整左、右页边距。

② 自动编排页号。

③ 规定文本行间距离。

④ 编辑文件。

⑤ 打印文本前，在屏幕上显示文本最后布局格式。

⑥ 从其他文件或数据库中调入一些标准段落，插入正在编辑的文本。

一个优秀的字处理软件，不仅能处理文字、表格，而且能够在文档中插入各种图形对象，并能实现图文混排。一般字处理软件中，可作为图形对象操作的有剪贴画、各种图文符号、艺术字、公式、各种图形等。

3.3.2　表处理软件

在日常工作中，无论是企事业单位还是教学、科研机构，经常会编制各种会计或统计报表，对数据进行一些加工分析。这类工作往往烦琐、费时。表处理软件是为了减轻这些人员的负担，提高工作效率和质量而编制的辅助进行这类工作的软件。使用表处理软件时，人们只需准备好数据，根据制表要求，正确地选择表处理软件提供的命令，就可以快速、准确地完成制表工作。

表处理软件（也称电子表格软件）的主要功能是以表格的方式来完成数据的输入、计算、分析、制表、统计，并能生成各种统计图形。它不只是在功能上能够完成通常的人工制表工作，而且在表现形式上也充分考虑了人们手工制表的习惯，将表格形式直接显示在屏幕上，使用户操作起来就像纸质表格一样方便。大家熟知的 Excel 软件就是这种类型的软件。

3.3.3 声音、图像工具软件

声音软件主要用于完成对声音的数字化处理，形成数字音频文件。数字音频文件存储的格式有多种，如 wav、midi、mp3、rm、wma 等。这类软件有很多种，Windows 附件中的录音机就是一个简单的声音编辑软件。

图形图像软件是浏览、编辑、捕捉、制作、管理各种图形和图像文档的软件，主要用于对图像进行加工处理、制作动画等。其中，既包含为各种专业的设计师开发的图像处理软件（如 Photoshop 等）；又包括一些图像浏览和管理软件（如 ACDSee 等），以及捕捉桌面图像的软件，如 HyperSnap 等。

3.3.4 媒体工具软件

现代的计算机系统要处理多媒体信息，除了必要的硬件外，还必须配备相应的媒体工具软件，以构成多媒体计算机系统。媒体工具软件是将文字、图像、声音、动画和视频等多媒体素材按照需求结合，形成表现力强、交互性强且可在本地主机或网络上传输运行的多媒体应用系统。媒体工具软件包括媒体播放、媒体制作、媒体管理等，用于处理音频、视频等信息。常见的媒体工具软件有：Winamp（MP3 播放软件）、Media Player（媒体播放器）、Authorware（多媒体制作工具）、Video Studio（称会声会影）等。

Authorware 采用面向对象的设计思想，是一种基于图标（Icon）和流程线（Line）的多媒体开发工具。它把众多的多媒体素材的创建、存储和管理交给其他软件处理，本身主要承担多媒体素材的集成和组织工作。用户可以按照多媒体应用系统的逻辑结构，拖放图标来完成整个系统的设计，实现复杂的流程控制和交互功能。它易学易用，不需大量编程，使得不具有编程能力的用户也能创作出一些高水平的多媒体作品，对于非专业开发人员和专业开发人员都是一个很好的选择。

3.3.5 网络工具软件

网络工具软件主要提供网络环境下的应用，包括网页浏览器、下载工具、电子邮件工具、网页设计制作工具等。通过这类软件，用户可以编辑、制作网络中使用的文档等。

3.4 知识扩展

3.4.1 程序、进程与线程

1. 程序

程序是计算任务的处理对象和处理规则的描述，是一系列按照特定顺序组织的计算机数据和指令的集合，并以文件的形式存储在外存中。

2. 进程

进程是应用程序的执行实例，即是一个具有一定独立功能的程序关于某个数据集合的一次运行活动。每个进程是由私有的虚拟地址空间、代码、数据和其他各种系统资源组成。进程在运行过程中创建的资源随着进程的终止而被销毁，所使用的系统资源在进程终止时被释放或关闭。

进程是操作系统动态执行的基本单元，在传统的操作系统中，进程既是基本的分配单元，又是基本的执行单元。在 Windows 等采用微内核结构的现代操作系统中，进程的功能发生了变化，它只是资源分配的单位，而不再是调度运行的单位，其调度运行的基本单位是线程。

程序和进程的联系：执行程序是进程存在的目的；每个程序都在一个进程现场中运行。

程序和进程的区别：进程是动态的、暂存的，程序是静态的、永存的；进程可并发，程序不可并发；一个进程可以涉及一个或多个程序，一个程序可对应一个或多个进程。

3. 线程

线程是进程内部的一个执行单元。系统创建好进程后，实际上就启动了执行该进程的主执行线程，主执行线程将程序的启动点提供给操作系统。主执行线程终止了，进程也就随之终止。

每一个进程至少有一个主执行线程，它无须由用户去主动创建，是由系统自动创建的。用户根据需要在应用程序中创建其他线程，多个线程并发地运行于同一个进程中。一个进程中的所有线程都在该进程的虚拟地址空间中，共同使用这些虚拟地址空间、全局变量和系统资源，所以线程间的通信非常方便，多线程技术的应用也较为广泛。

多线程可以实现并行处理，避免了某项任务长时间占用 CPU。

3.4.2 绿色软件

绿色软件，也称可携式软件（Portable Application、Portable Software、Green Software），指一类小型软件，多数为免费软件，最大特点是软件无须安装便可使用，可存放于闪存中（因此称为可携式软体），移除后也不会将任何记录（注册表消息等）留在本机计算机上。通俗点讲，绿色软件就是指不用安装、下载后可以直接使用的软件。绿色软件不会在注册表中留下注册表键值，所以相对一般的软件来说，绿色软件对系统的影响几乎没有，是很好的一种软件类型。

绿色软件有如下严格特征：

（1）不对注册表进行任何操作；

（2）不对系统敏感区进行操作，一般包括系统启动区根目录、安装目录（Windows 目录）、程序目录（ProgramFiles）、账户专用目录；

（3）不向非自身所在目录外的目录进行任何写操作；

（4）因为程序运行本身不对除本身所在目录外的任何文件产生任何影响，所以，根本不存在安装和卸载问题；

（5）程序的删除，只要把程序所在目录和对应的快捷方式删除就可以了（如果用户在桌面或其他位置设了快捷方式），只要这样做了，程序就完全地从计算机中删去了，不留任何垃圾；

（6）不需要安装，随意复制就可以使用（重装操作系统也可以）。

3.4.3 安全软件

安全软件是指辅助用户管理计算机安全的软件程序。广义的安全软件用途十分广泛，主要包括防止病毒传播、防护网络攻击、屏蔽网页木马和危害性脚本及清理流氓软件等。

常用的安全软件很多，如防止病毒传播的卡巴斯基个人安全套装、防护网络攻击的天网防火墙、屏蔽网页木马和危害性脚本的金山毒霸，以及清理流氓软件的恶意软件清理助手等。

多数安全软件的功能并非是唯一的，如金山毒霸安全套装就既可以防止病毒传播，又可以防护网络攻击，还可以清理一些流氓软件等。

3.4.4 软件知识产权

知识产权是基于创造性智力成果和工商业标记依法产生的权利的统称。作为人类创造的诸多知识的一种，软件同样也有知识产权。

1. 软件的版本

软件的版本是体现软件开发进度的一种标志，也是帮助用户了解软件发布情况的重要工具。软件版本号的命名格式主要有 GNU 和.NET Framework 两种。

GNU 风格：主版本号.子版本号[.修正版本号[编译版本号]]。

GNU 是 GNU is Not UNIX 的递归缩写。GNU 风格的版本号主要应用于各种开源软件或免费软件中。例如，0.87.93 build-2303。

.NET Framework 风格：主版本号.子版本号[编译版本号[.修正版本号]]

.NET Framework 风格的版本号是目前大多数 Windows 程序和商业程序都在使用的。例如，3.5 build-1100.9。

主版本号和子版本号是必选的，编译版本号和修正版本号则是可选的。如果定义了修正版本号，则编译版本号就是必选的。所有定义的版本号必须是大于 0 的整数。这 4 部分版本号的更新，通常会遵循一定的规则，如表 3.1 所示。

表 3.1 版本号更新的规则

版本号类型	更 新 规 则
主版本号	适用于对软件代码的大量重写，或对功能的重大更新，导致软件主程序不可互换，也不可实现全面的前后兼容性
子版本号	对软件进行了小幅的更新，增加了一些简单的功能，但保持前后的兼容性，主程序往往可以互换使用
编译版本号	对相同源代码进行的重新编译。通常适用于更改处理器、平台或编译器的情况
修正版本号	用于对之前发布的软件产品进行小幅的漏洞修补

2. 软件许可的分类

软件由开发企业或个人开发出来以后，就会创建一个授权许可证。许可证的许可范围包括发表权、署名权、修改权、复制权、发行权、出租权、信息网络传播权、翻译权等权利。

软件的开发企业或个人有权向任何用户授予全部的软件许可或部分许可。根据授予的许可权利，可以将目前的软件分为以下两大类。

（1）专有软件

专有软件又称非自由软件、专属软件、私有软件等，是指由开发者开发出来之后，保留软件的修改权、发布权、复制权、发行权和出租权等，并限制非授权者使用的软件。

专有软件最大的特征就是闭源，即封闭源代码，不给用户或其他人提供软件的源代码。对于专有软件而言，源代码是保密的。专有软件又可以分为商业软件和非商业软件两种。

① 商业软件。

商业软件是指由于商业原因而对专有软件进行的限制。包含商业限制的专有软件又被称为商业专有软件。目前大多数正在销售的软件都属于商业专有软件，如微软 Windows、Office、Visual Studio 等。

商业专有软件限制了用户的所有权利，包括使用权、复制权和发布权等。用户在行使这些权利之前，必须向软件的所有者支付费用或提供其他的补偿行为。

② 非商业软件。

除了商业专有软件外，还有一些软件也属于专有软件。这些软件的所有者保留了软件的源代码、开发和使用的权利，但免费授权给用户使用。非商业限制的软件目前也比较多，包括各种共享软件和免费软件等。

共享软件主要是指授予用户部分使用权的软件。用户可以免费地复制和使用软件，但软件所有者往往在软件上赋予一定的限制。例如，锁定一些功能或限制使用时间等，需要用户支付一些费用（往往只包括开发成本，或者捐助），或者和软件所有者联系，提供一些信息等才能解除这些限制。

免费软件是另一类非商业专有软件。这类软件的所有者向用户免费提供使用、复制和分发的权利，用户无须支付任何费用。

通常，一些大的软件下载网站都会标识软件的专有限制，供用户查看。用户在下载软件之前，可以先查看软件的授权类型，以防止非授权使用造成损失。

（2）开源软件

除了封闭源代码的软件外，还有一类软件，往往在发布时连带源代码一起发布。这类软件叫做开源软件。原则上对于普通用户而言，无论是用于商业用途还是个人用途，开源软件是免费的，且允许随意复制使用。

3. 保护软件知识产权

近年来，国家对保护知识产权十分重视，自 1990 年以来，两次修订了《计算机软件保护条例》，并不断加大力度打击侵犯软件知识产权的违法犯罪活动。作为广大的计算机软件用户，有责任、有义务从自己做起，依法使用软件。

习　题　3

一、填空题

1. 程序是计算任务的处理对象和处理规则的描述，是一系列按照特定顺序组织的计算机_____的集合。

2. 系统软件的功能主要是对计算机_____进行管理，以充分发挥这些设备的作用，方便用户的使用，为应用开发人员提供支持。

3. 数据库系统采用的数据库模型有三种：_____、_____和_____。

4. 软件在计算机中是处在不同层次的，最里层是_____，中间是_____，外层是_____。

5. 数据库系统是以数据库应用为基础的计算机系统，由_____组成。

6. 多个用户共享 CPU 的操作系统是_____操作系统。

7. 面向对象就是基于对象概念，以对象为中心，以_____，来认识、理解、刻画客观世界和设计、构建相应的软件系统。

8. 字处理软件提供的操作方式主要是_____和_____两种。

9. 计算机能直接执行的程序是_____。在机器内部是以_____编码形式表示的。

10. 媒体工具软件是将文字、图像、声音、动画和视频等多媒体素材按照需求_____，形成表现力强、交互性强且可在本地主机或网络上传输运行的多媒体应用系统。

二、选择题

1. 操作系统的主要功能是（　　）。

    A．对计算机系统的所有资源进行控制和管理

    B．对汇编语言、高级语言程序进行翻译

    C．对高级语言程序进行翻译

    D．对数据文件进行管理

2. 电子计算机直接执行的指令一般都包含（①）两个部分，它们在机器内部是以（②）表示的，由这种指令构成的语言也叫做（③）。

    ①　A．数字和文字　　　　　　　　　　B．操作码和操作对象

        C．数字和运算符号　　　　　　　　　D．源操作数和目标操作数

    ②　A．二进制代码的形式　　　　　　　　B．ASCII 码的形式

        C．八进制代码的形式　　　　　　　　D．汇编符号的形式

    ③　A．汇编语言　　　　　　　　　　　　B．高级语言

        C．机器语言　　　　　　　　　　　　D．自然语言

3. 计算机能直接识别的程序是（　　）。

    A．高级语言程序　　B．机器语言程序　　C．汇编语言程序　　D．低级语言程序

4. 一个完整的计算机体系包括（　　）。

    A．主机、键盘和显示器　　　　　　　B．计算机与外部设备

    C．硬件系统和软件系统　　　　　　　D．系统软件与应用软件

5. （　　）属于系统软件。

    A．办公软件　　　　B．操作系统　　　　C．图形图像软件　　D．多媒体软件

6. （　　）软件是将文字、图像、声音、动画和视频等多媒体素材按照需求结合，形成表现力强、交互性强且可在本地主机或网络上传输运行的多媒体应用系统

    A．RealPlayer　　　　B．Word　　　　　C．Photoshop　　　　D．Video Studio

7. （　　）模型中，把存放在数据库中的数据和它们之间的联系看做一张张二维表。这与人们日常习惯很接近。

    A．网状　　　　　　B．关系　　　　　　C．层次　　　　　　D．线性

8. 用户用高级语言编写的程序称为（　　）。

    A．目标程序　　　　B．汇编程序　　　　C．可执行程序　　　D．源程序

9. 操作系统提供程序级和作业级两类接口，其中作业级接口提供一组控制操作命令（或称作业控制语言）供用户去组织和控制自己作业的运行，具体表现有（　　）种形式。

    A．2　　　　　　　　B．3　　　　　　　　C．4　　　　　　　　D．5

10. （　　）授权允许用户自行修改源代码。

    A．商业软件　　　　B．共享软件　　　　C．免费软件　　　　D．开源软件

三、简答题

1. 计算机软件可分为哪几类？简述各类软件的含义。

2. 什么是程序设计语言？程序设计语言有几大类？

3. 高级语言为什么必须有翻译程序？翻译程序的实现途径有哪两种？

4. 简述媒体工具软件的功能。

5. 程序与进程有什么联系？

第 4 章 通信技术基础

进入信息社会，人们通过互联网、手机等方式从事各种商务、教育、医疗及办公等事务活动。这些都是由计算机技术与通信技术相结合形成的网络带来的便利。通信技术的进步，丰富了人与人沟通的方式，也改变着人们的日常生活。本章主要介绍通信的基本技术和概念。

4.1 通信技术概述

4.1.1 通信系统的基本概念与原理

1. 通信系统的组成

所有的通信系统都包括一个发射器、一个接收器和传输介质，如图 4.1 所示。发射器和接收器使兼容于传输介质的信息信号得以传输，其中可能涉及调制。一些系统采用某种形式的编码来提高可靠性。而传输介质可是诸如双绞线（UTP）或同轴电缆那样的铜电缆、光缆或用于无线通信的无障空间。在所有情况下，信号都将被介质极大地削弱并叠加上噪声。噪声（而非衰减）通常决定着一种通信介质是否可靠。

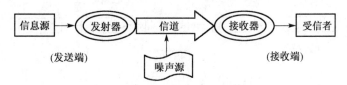

图 4.1　通信系统的一般模型

信息源（简称信源）：把各种消息转换成原始电信号，如麦克风。信源可分为模拟信源和数字信源。

发射器：产生适合于在信道中传输的信号。

信道：将来自发送设备的信号传送到接收端的物理介质。分为有线信道和无线信道两大类。

噪声源：集中表示分布于通信系统中各处的噪声。

接收器：从受减损的接收信号中正确恢复出原始电信号。

受信者（信宿）：把原始电信号还原成相应的消息，如扬声器等。

2. 数据、信号、信道

（1）数据

数据是定义为有意义的实体，是表征事物的形式，如文字、声音和图像等。数据可分为模拟数据和数字数据两类。模拟数据是指在某个区间连续变化的物理量，如声音的大小和温度的变化等。数字数据是指离散的、不连续的量，如文本信息和整数。

（2）信号

信号是数据的电磁或电子编码。信号在通信系统中可分为模拟信号和数字信号。其中，模拟信号是指一种连续变化的电信号，如图 4.2(a)所示，如电话线上传送的按照语音强弱幅度连续变化的电波信号。数字信号是指一种离散变化的电信号，如图 4.2(b)所示，如计算机产生的电信号就是"0"和"1"的电压脉冲序列串。

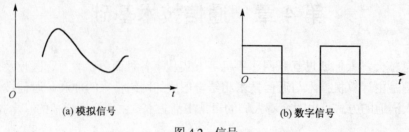

(a) 模拟信号　　　　　　　　(b) 数字信号

图 4.2　信号

（3）信道

信道是用来表示向某一个方向传送信息的媒体。一般来说，一条通信线路至少包含两条信道：一条用于发送的信道和一条用于接收的信道。和信号的分类相似，信道也可分为适合传送模拟信号的模拟信道和适合传送数字信号的数字信道两大类。相应地把通信系统分为模拟通信系统和数字通信系统。

3. 模拟通信与数字通信

（1）模拟通信系统模型

模拟通信系统是利用模拟信号来传递信息的通信系统，如图4.3所示。

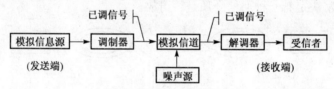

图 4.3　模拟通信系统模型

已调信号：基带信号经过调制之后转换成其频带适合信道传输的信号，也称频带信号。

调制器：将基带信号转变为频带信号的设备。

解调器：将频带信号转变为基带信号的设备。

模拟通信强调变换的线性特性，即已调参量与基带信号成比例。

（2）数字通信系统模型

数字通信系统是利用数字信号来传递信息的通信系统，如图4.4所示。

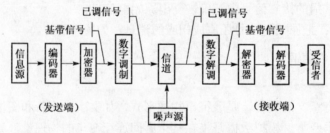

图 4.4　数字通信系统模型

编码与译码的目的：提高信息传输的有效性，完成模/数转换。

加密与解密的目的：保证所传输信息的安全。

数字调制与解调的目的：形成适合在信道中传输的基带信号。

数字通信需要保证同步，即使收发两端的信号在时间上保持步调一致。

4.1.2 数字通信技术

1. 数据传输方式

（1）并行传输与串行传输

① 并行传输。并行传输指的是数据以成组的方式，在多条并行信道上同时进行传输。例如，采用 8 位代码的字符，可以用 8 个信道并行传输，一次传送一个字符，如图4.5 所示。并行传输适用于计算机和其他高速数据系统的近距离传输。

② 串行传输。串行传输指的是数据流以串行方式，在一条信道上传输。一个字符的 8 位二进制代码，由高位到低位顺序排列，如图 4.6 所示，再接下一个字符的 8 位二进制码，这样串联起来形成串行数据流传输。串行传输只需要一条传输信道，传输速度慢于并行传输，但易于实现、费用低，是目前主要采用的一种传输方式。

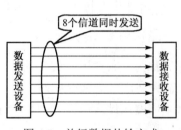

图 4.5　并行数据传输方式

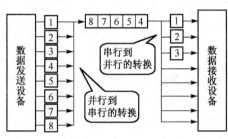

图 4.6　串行数据传输

（2）单工、半双工和全双工数据传输

根据数据电路的传输能力，数据通信可以有单工、半双工和全双工三种传输方式。

单工数据传输只支持数据在一个方向上传输，如图4.7 所示。

半双工可以在两个方向上进行传输，但两个方向的传输不能

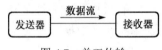

图 4.7　单工传输

同时进行，利用开关可实现在两个方向上交替传输数据信息，如图4.8 所示。

全双工有两个信道，所以可以在两个方向上同时进行传输，如图4.9 所示。

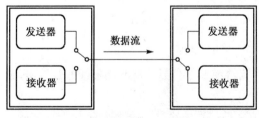

图 4.8　半双工传输

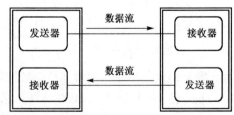

图 4.9　全双工传输

2. 多路复用技术

在数据通信系统或计算机网络系统中，传输介质的带宽或容量往往超过传输单一信号的需求，为了有效地利用通信线路，将一个信道同时传输多路信号，这就是多路复用。

多路复用技术就是在发送端将多路信号进行组合，然后在一条专用的物理信道上实现传输，接收端再将复合信号分离出来。多路复用技术主要分为频分多路复用和时分多路复用两大类。

（1）频分多路复用

频分多路复用（FDM）是把每个要传输的信号以不同的载波频率进行调制，而且各个载

波频率是完全独立的，即信号的带宽不会相互重叠，然后在传输介质上进行传输，这样在传输介质上就可以同时传输许多路信号，如图4.10所示。

（2）时分多路复用

时分多路复用（TDM）利用每个信号在时间上交叉，在一个传输通路上传输多个数字信号，这种交叉可以是位一级的，也可以是由字节组成的块或更大量的信息，如图4.11所示。

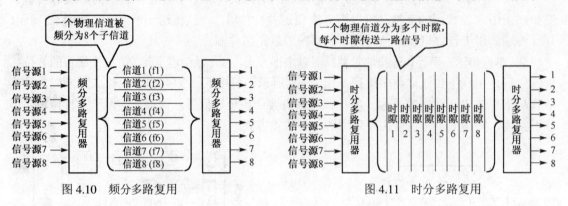

图4.10　频分多路复用　　　　　　图4.11　时分多路复用

与频分多路复用类似，专门用于一个信号源的时间片序列称为一条通道时间片的一个周期（每个信号源一个），也称为一帧。时分多路复用既可传输数字信号，又能同时交叉传输模拟信号。另外，对于模拟信号，可将时分多路复用和频分多路复用结合起来使用，一个传输系统可以频分许多条通道，每条通道再用时分多路复用来细分。

4.1.3　主要评价技术指标

有效性和可靠性是评价通信系统的主要性能指标。其中，主要的质量指标分为数据传输速率指标和数据传输质量指标。

有效性：指传输一定信息量时所占用的信道资源（频带宽度和时间间隔），或者说是传输的"速度"问题。

可靠性：指接收信息的准确程度，也就是传输的"质量"问题。

对于模拟通信系统，有效性用有效传输频带宽度来度量，可靠性用接收端最终输出信噪比来度量；对于数字通信系统，有效性用传输速率和频带利用率来衡量。

1．数据传输速率

数据传输速率是指每秒能传输的比特数，又称比特率，单位是位/秒（b/s 或 bps）。例如，1000 bps 表示每秒钟传输 1000 位（二进制位）。

人们常说的"倍速"数，就是说的数据传输速率。单倍数传输时，传输速率为 150 kbps；四倍速传输时，传输速率为 600 kbps；40 倍速传输时，传输速率为 6 Mbps。

2．频带利用率

在比较不同通信系统的效率时，只看它们的数据传输速率是不够的，或者说，即使两个系统的数据传输速率相同，它们的效率也可能不同，所以还要看传输这样的数据所占的频带宽度。通信系统占用的频带愈宽，其传输数据的能力应该越强。

频带利用率是数据传输速率与系统带宽之间的比值，它是单位时间内所能传输的信息速率，即单位带宽（1 Hz）内的传输速率。

设 B 为信道的传输带宽，R_b 为信道的数据传输速率，则频带利用率（n）为：$n = R_b/B$，其单位为 bps/Hz（或为 Baud/Hz，即每赫兹的波特数）。

3．频带宽度

频带宽度（带宽）是指允许传送的信号的最高频率与允许传送的信号的最低频率之间的频率范围，即最高频率减最低频率的值，单位为赫兹（Hz）。

4．误码率

误码率是指在给定时间段内，错误位数与总传输位数之比。它通常被视为在大量传输位中出错的概率。例如，10^{-5} 的误码率表示：每 10 万位传输出现一个位误差。"良好"误码率的定义取决于应用和技术，一般计算机网络要求误码率低于 10^{-6}，而有线网要求低于 10^{-9}。

5．信噪比

信噪比（Signal to Noise Ratio，SNR）是指在规定的条件下，传输信道特定点上的有用功率与和它同时存在的噪声功率之比，即数据传输时受干扰的程度，通常以分贝为单位。它与传输速率有关，信噪比大了会影响传输速率。

4.2　数字信号的传输

计算机输出的二进制序列、电传机输出的代码、来自模拟信号经数字化处理后的 PCM 码组等都是数字信号。这些信号往往包含丰富的低频分量，甚至直流分量，称为数字基带信号。在某些有线信道中，特别是传输距离不太远的情况下，数字基带信号可以直接传输，称为数字基带传输。而大多数信道，如各种无线信道和光信道，数字基带信号必须经过载波调制，把频谱搬移到高载处才能在信道中传输，这种传输称为数字频带（调制或载波）传输。

4.2.1　数字信号的基带传输

在数字信号频谱中，把直流（零频）开始到能量集中的一段频率范围称为基本频带，简称为基带。因此，数字信号被称为数字基带信号，在信道中直接传输这种基带信号就称为基带传输。

基带传输系统的基本结构如图 4.12 所示，主要包括编码器、信道发送滤波器、信道、接收滤波器、抽样判决器和解码器等。此外，为了保证系统可靠、有序地工作，还应有同步系统。

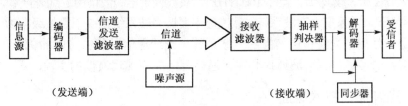

图 4.12　基带传输系统的基本结构

图 4.12 中，各部分的功能如下所述。

① 编码器。将信源或信源编码输出的码型（通常为单极性不归零码 NRZ）变为适合于信道传输的码型。

② 信道发送滤波器。将编码之后的基带信号变换成适合于信道传输的基带信号，这种

变换主要是通过波形变换来实现的，其目的是使信号波形与信道匹配，便于传输，减小码间串扰，有利于同步提取和抽样判决。

③ 信道。它是允许基带信号通过的媒质，通常为有线信道，如市话电缆、架空明线等。信道的传输特性通常不满足无失真传输条件，甚至是随机变化的。另外，信道还会额外引入噪声。

④ 接收滤波器。它的主要作用是滤除带外噪声，对信道特性均衡，使输出的基带波形无码间串扰，有利于抽样判决。

⑤ 抽样判决器。它在传输特性不理想及噪声背景下，在规定的时刻（由位定时脉冲控制）对接收滤波器的输出波形进行抽样判决，以恢复或再生基带信号。

⑥ 解码器。对抽样判决器输出的信号进行译码，使输出码型符合接收终端的要求。

⑦ 同步器。提取位同步信号，一般要求同步脉冲的频率等于码速率。

在基带传输中，整个信道只传输一种信号，通信信道利用率低。由于在近距离范围内，基带信号的功率衰减不大，从而信道容量不会发生变化，因此，在局域网中通常使用基带传输技术。

4.2.2 数字信号的频带传输

虽然基带数字信号可以在传输距离不远的情况下直接传送，但如果要进行远距离传输，特别是在无线信道上传输时，必须经过调制，将信号频谱搬移到高频处，这样才能在信道中传输。

频带传输就是先将基带信号变换（调制）成便于在模拟信道中传输的、具有较高频率范围的模拟信号（称为频带信号），再将这种频带信号在模拟信道中传输。

为了使数字信号在有限带宽的高频信道中传输，必须对数字信号进行载波调制。如同模拟信号的频带传输时一样，传输数字信号时也有三种基本的调制方式：振幅键控（ASK）、频移键控（FSK）和相移键控（PSK）。它们分别对应于利用载波（正弦波）的幅度、频率和相位来承载数字基带信号，可以看做模拟线性调制和角度调制的特殊情况。

① 振幅键控：用载波的两种不同幅度表示二进制数 "0" 和 "1"。

② 频移键控：用载波频率附近的两种不同频率表示二进制数 "0" 和 "1"。

③ 相移键控：用载波信号相位移动来表示数据。

4.3 光纤通信技术

光纤（即光导纤维）通信是以光波为载频、以光导纤维为传输媒介的一种通信方式。光纤通信一般在发送方对信息的数字编码进行强度调制，在接收端以直接检波的方式来完成光/电变换。

光通信采用较高的载波频率（约 100 THz），载波位于电磁波谱的近红外区域，通常称为光波系统，以区别于微波系统（微波系统的载波频率要比光波系统低 5 个数量级，为 1 GHz）。光纤通信系统是指使用了光纤传送信息的光波系统。光纤通信以其多方面的优点，胜过长波通信、短波通信、电缆通信、微波通信和卫星通信等，成为现代通信的主流。

4.3.1 光纤通信技术概述

1. 光导纤维的分类

光纤通信按传输模式分为单模光纤和多模光纤两种类型。单模光纤是指在工作波长中只能传输一个传播模式的光纤，即只允许一个方向的光通过；多模光纤允许光以多个入射角射入并传播。

由于多模光纤会产生干扰、干涉等复杂问题，因此在带宽、容量上均不如单模光纤。实际通信中应用的光纤绝大多数是单模光纤。二者的区别如图4.13所示。

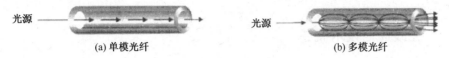

(a) 单模光纤　　　　　　　　(b) 多模光纤

图 4.13　单模光纤和多模光纤

2．光导纤维的工作原理

光在空气中是沿直线传播的，光射向镜面时会发生反射，而从一种介质进入另一种介质时会发生折射。当光从折射率大的介质进入折射率小的介质时，如果入射角大于临界值就会发生全反射。如果在玻璃纤维外包裹一定的材料，就可以利用全反射来保证光波只在玻璃纤维中传播，这就是光导纤维的工作原理。

3．光纤的特点

① 传输频带宽：一根光纤的潜在带宽可达 Tb 级。

② 传输距离长：目前已试制成功数千千米无须中继的光纤。

③ 抗电磁干扰能力强：一是由于光纤是绝缘体，不存在普通金属导线的电磁感应、耦合等现象；二是光纤中传输的信号频率非常高，一般干扰源的频率远低于这个值，因此光纤抗电磁干扰的能力非常强。

④ 保密性好：光波只在光纤内传播，基本不会发生信号泄漏。

⑤ 节省大量有色金属：光纤的主要原料是二氧化硅，即砂子，这是取之不尽的。

⑥ 体积小，重量轻。

⑦ 需要经过额外的光/电转换过程。

4.3.2　光纤通信系统的组成

光纤通信系统的基本组成如图4.14所示，信息源把用户信息转换为原始电信号，这种信号称为基带信号。电发射机把基带信号转换为适合信道传输的信号，这个转换如果需要调制，则其输出信号称为已调信号，然后把这个已调信号输入光发射机转换为光信号，光载波经过光纤线路传输到接收端，再由光接收机把光信号转换为电信号，电接收机的功能和电发射机的功能相反，它把接收的电信号转换为基带信号，最后由信息宿恢复用户信息。

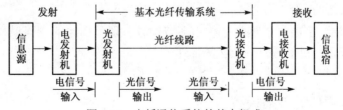

图 4.14　光纤通信系统的基本组成

4.4　无线通信技术

电磁波的传播方式有两种：一种是在自由空间中传播，即通过无线方式传播；另一种是在有限制的空间区域内传播，即通过有线方式传播。

无线通信是利用电磁波信号可以在自由空间中传播的特性进行信息交换的一种通信方式，主要包括微波通信和卫星通信。近些年信息通信领域中，发展最快、应用最广的就是无线通信技术。

4.4.1　无线通信技术概述

1．无线传输介质

无线传输介质通过空间传输，不需要架设或敷设电缆（光纤），目前常用的技术（按照频率由低向高排列）有：无线电波、微波、红外线和可见光。

无线通信的传输介质就是无线信道，无线信道是基站天线与用户天线之间的传播路径。天线感应电流而产生电磁振荡并辐射电磁波，这些电磁波在自由空间或空中传播，最后被接收天线所感应并产生感应电流。

2．电磁波在无线信道中的传播

电磁波的传播路径包括直射传播和非直射传播，多种传播路径的存在造成了无线信号特征的变化。电磁波传播的特性直接决定着通信设备的能力、天线高度的确定、通信距离的计算及为实现优质、可靠的通信所必须采用的技术措施等一系列系统设计问题。

（1）基本传播机制

无线信号存在直射、反射、绕射和散射 4 种基本传播机制。

① 直射：即无线信号在自由空间中的传播。

② 反射：当电磁波遇到比波长大得多的物体时，发生反射，反射一般在地球表面、建筑物、墙壁表面发生。

③ 绕射：当接收机和发射机之间的无线路径被尖锐的物体边缘阻挡时会发生绕射。

④ 散射：当无线路径中存在小于波长的物体并且单位体积内这种障碍物体的数量较多时会发生散射。散射发生在粗糙表面、小物体或其他不规则物体上，一般树叶、灯柱等会引起散射。

（2）无线信道的指标

① 传播损耗。多种传播机制的存在，使得任何一点接收到的无线信号都极少是直线传播的原有信号。

② 传播时延。传播时延包括传播时延的平均值、传播时延的最大值和传播时延的统计特性等。

③ 时延扩展。信号通过不同的路径沿不同的方向到达接收端会引起时延扩展，时延扩展是对信道色散效应的描述。

④ 多普勒扩展。多普勒扩展是一种由多普勒频移现象引起的衰落过程的频率扩散，又称时间选择性衰落，是对信道时变效应的描述。

⑤ 干扰。干扰包括干扰的性质及干扰的强度。

4.4.2　无线通信的传播模型

无线传播环境复杂，传播机理多种多样，几乎包括了电波传播的所有过程（如直射、绕射、反射、散射），因此在设计无线通信建设之前，必须对信号传播特征、通信环境中可能受到的系统干扰等进行估计，这时的主要依据就是各种不同条件下的无线信道模型。

无线信道模型一般可分为室内传播模型和室外传播模型，后者又可以分为宏蜂窝模型和微蜂窝模型。

1．室内传播模型

室内传播模型的主要特点是覆盖范围小、环境变动较大、不受气候影响，但受建筑材料影响大。典型模型包括：对数距离路径损耗模型、Ericsson 多重断点模型等。

2．室外宏蜂窝模型

当基站天线架设较高、覆盖范围较大时所使用的一类模型。实际使用中一般是几种宏蜂窝模型结合使用来完成网络规划。

3．室外微蜂窝模型

当基站天线的架设高度在 3～6 m 时，多使用室外微蜂窝模型，其描述的损耗可分为视距损耗与非视距损耗。

在网络规划中常用的传播模型一般都被网络规划辅助软件所集成。这些模型经常与实测结果相结合来完成网络规划。

4.4.3　微波通信

微波是一种无线电波，它传送的距离一般只有几十千米，但微波的频带很宽，通信容量很大。微波频段被定义为 1～100 GHz 的范围，也有认为微波频段的上限为 1000 GHz 的。但实用的微波通信系统工作上限一般为 50 GHz。微波通信每隔几十千米要建一个微波中继站。

1．微波频段的特点

（1）工作频率高，可用带宽大：微波通信系统一般工作在数吉或几十吉赫兹的频率上。被分配的带宽在几十兆赫兹左右，这在无线通信中已非常可观。

（2）波长短，易于设计高增益的天线：天线可以设计得比较复杂，增益可以达到数十分贝。

（3）视距传播：在微波通信的系统中，必须保证电磁波传输路径的可视性，它无法像某些低频波那样沿着地球的曲面传播，也无法穿过建筑物，甚至树叶这样的物体也会显著地影响通信系统。在微波中继通信中还必须注意天线的指向性。

2．微波中继通信

微波中继通信系统一般包含终端站和中继站两大类设备。它的站与站之间要求具有视距传播条件，通过高度指向性天线来完成相互通信。中继站上的天线依次将信号传递给相邻的站点，这种传递不断持续下去就可以实现视线被地表切断的两个站点间的传输，如图4.15 所示。

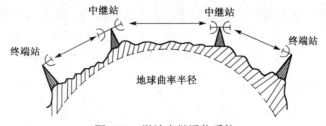

图 4.15　微波中继通信系统

微波站的设备包括天线、收发信机、调制器、多路复用设备及电源设备、自动控制设备等。为了把电波聚集起来成为波束送至远方，一般都采用抛物面天线，其聚焦作用可大大增加传送距离。多个收发信机可以共同使用一个天线而互不干扰。

微波通信还有"对流层散射通信"、"流星余迹通信"等，分别是利用高层大气的不均匀性或流星的余迹对电波的散射作用而达到超过视距的通信。

4.4.4 卫星通信

卫星通信实际上也是一种微波通信，它利用通信卫星作为中继站在地面上两个或多个地球站之间或移动体之间建立微波通信联系。卫星通信的主要目的是实现对地面的"无缝隙"覆盖，由于卫星工作于几百、几千、甚至上万千米的轨道上，因此覆盖范围远大于一般的通信系统。

1. 卫星通信系统

卫星通信系统由卫星、地面站、用户终端三部分组成。卫星在空中起中继站的作用，即把地面站通过上行链路发来的电磁波放大后再通过下行链路返送回给另一个地面站，由于上行链路与下行链路使用的频率不同，因此可以将发送与接收信号区分开。卫星星体又包括两大子系统：星载设备和卫星母体。地面站则是卫星系统与地面公众网的接口，地面用户也可以通过地面站出入卫星系统形成链路，地面站还包括地面卫星控制中心，以及其跟踪、遥测和指令站。卫星通信系统的结构如图4.16所示，其中，图4.16（a）为点到点通信线路，图4.16（b）为广播通信线路。

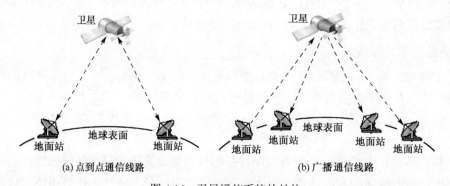

图 4.16 卫星通信系统的结构

在微波频带，整个通信卫星的工作频带约有 500 MHz 的宽度，为了便于放大和发射及减少变调干扰，一般在卫星上设置若干个转发器，每个转发器被分配一定的工作频带。目前的卫星通信多采用频分多址技术，不同的地面站占用不同的频率，即采用不同的载波，比较适用于点对点大容量的通信。近年来，时分多址技术也在卫星通信中得到了较多的应用，即多个地球站占用同一频带，但占用不同的时隙。与频分多址方式相比，时分多址技术不会产生互调干扰、不需要用上下变频把各地球站信号分开、适合数字通信、可根据业务量的变化按需分配传输带宽，使实际容量大幅度增加。另一种多址技术是码分多址（CDMA），即不同的地球站占用同一频率和同一时间，但利用不同的随机码对信息进行编码来区分不同的地址。

2. 卫星通信系统的分类

卫星通信系统按照工作轨道分为以下三类。

（1）低轨道卫星通信系统

低轨道卫星距地面 500～2000 km，传输时延和功耗都比较小，采用小型卫星，但每颗卫星的覆盖范围也比较小，因此要构成全球系统需要数十颗卫星，如 Motorola 的铱星系统有66 颗卫星。低轨道卫星通信系统主要适用于移动通信。

（2）中轨道卫星通信系统

中轨道卫星距地面 2000～20000 km，传输时延要大于低轨道卫星，但覆盖范围比低轨道卫星大。中轨道卫星的轨道高度为 10000 km 时，每颗卫星可以覆盖地球表面的 23.5％，因而只要几颗卫星就可以覆盖全球，若有十几颗卫星，就可以提供对全球大部分地区的双重覆盖，这样可以利用分集接收来提高系统的可靠性，同时系统投资要低于低轨道系统。

（3）高轨道卫星通信系统

高轨道卫星距地面 35800 km，即同步静止轨道。理论上，用三颗高轨道卫星即可以实现全球覆盖。由于同步卫星的传播时延大及较大的链路损耗，因此影响到它在某些通信领域的应用，特别是在卫星移动通信方面的应用。

3．卫星通信系统的发展趋势

未来卫星通信系统主要有以下发展趋势：

① 地球同步轨道通信卫星向多波束、大容量、智能化发展；

② 低轨卫星群与蜂窝通信技术相结合、实现全球个人通信；

③ 小型卫星通信地面站将得到广泛应用；

④ 通过卫星通信系统承载数字视频直播（DVB）和数字音频广播（DAB）；

⑤ 卫星通信系统将与 IP 技术结合，用于提供多媒体通信和因特网接入，即包括用于国际、国内的骨干网络，也包括用于提供用户直接接入；

⑥ 微小卫星和纳卫星将广泛应用于数据存储转发通信以及星间组网通信。

4.5　移动通信技术

移动通信是移动体之间或移动体与固定体之间的通信。移动体可以是人，也可以是汽车、火车、轮船、收音机等在移动状态中的物体。移动通信以其本身独有的特点得到了迅猛的发展，与固定通信相比，虽然在带宽和可靠性上仍要稍逊一筹，但移动通信带给人们更多生活上的方便。

4.5.1　移动通信的特点

1．用无线信道传输

无线电波的传播环境几乎是无法精确描述的，复杂的环境带来了多径效应、阴影效应，以及由于用户移动造成的多普勒效应等，因此移动通信中的信号特征是极不稳定的。

2．在强干扰环境下工作

空间充满了由于各种原因产生的电磁波、系统本身造成的邻频干扰、自干扰及远高于固定通信的背景噪声，均对有用信号的传输造成了负面影响。

3．可供使用的频谱资源有限

固定通信几乎可以铺设无限多的线路，而移动通信中适用于某种通信方式的频谱肯定是有限的，但是与之相对的却是移动通信业务量的迅速增长，因此，如何有效利用有限的无线频谱资源，一直是移动通信研究的重点。

4．移动性带来的复杂管理

单一移动通信设备由于发射功率一定，它的作用距离肯定也是有限的，因此网络层就必须跟踪用户的移动，以类似"接力"的方法来保持通信的连续，这就带来了位置登记、越区切换、漫游等管理问题。

5．网络结构多种多样

目前，蜂窝移动通信技术已经成为移动通信的主流，但运营商的具体组网方式却因为环境条件、业务分布的不同而千差万别，这就造成了网络管理、优化、仿真研究的复杂性。

4.5.2　移动通信的发展

移动通信可以说从无线电通信发明之日就产生了。1897 年，M.G. 马可尼所完成的无线通信试验就是在一个固定站与一艘拖船之间进行的，距离为 18 海里。这一实验证明了收发信机在移动和分离状态下通过无线信道进行移动通信是可行的，标志着移动通信的开始。

1．第一代移动通信系统

第一代移动通信系统（1G）是在 20 世纪 80 年代初提出的，它完成于 20 世纪 90 年代初。第一代移动通信系统是基于模拟传输的，其特点是业务量小、质量差、交全性差、没有加密和速度低。

2．第二代移动通信系统

第二代移动通信系统（2G）起源于 1990 年。欧洲电信标准协会于 1996 年提出了 GSM Phase 2+，采用更密集的频率复用、多复用、多重复用结构技术，引入智能天线、双频段等技术。2G 采用自适应语音编码技术，极大地提高了系统通话质量，且初步具备了支持多媒体业务的能力。

3．第三代移动通信系统

第三代移动通信系统（3G）也称 IMT2000，是正在全力开发的系统，其最基本的特征是智能信号处理技术。3G 支持语音和多媒体数据通信，它可以提供前两代产品不能提供的各种宽带信息业务，如高速数据、慢速图像与电视图像等。

4．第四代移动通信系统

第四代移动通信系统（4G）中有两个基本目标：一是实现无线通信全球覆盖；二是提供无缝的高质量无线业务。目前 4G 通信具有以下特征：

① 网络频谱更宽，通信达到 100 Mbps 的传输速率；

② 通信速度更快，传输速率可以达到 10～20 Mbps，最高可以达到 100 Mbps；

③ 通信更加灵活，手机、眼镜、手表、化妆盒等都可能成为 4G 终端；

④ 智能性更高，4G 通信终端设备更加智能化。

4.5.3　移动通信网络

1．移动通信网络结构

各种移动通信网络在结构组成上是具有一定的共性的，一般来说，移动通信网由移动交换中心（MSC）、基站（BS）和移动终端（MS）三部分组成，如图4.17所示。

① 移动交换中心。移动交换中心完成交换功能，与固定电话网或其他通信网连接，具有呼叫控制、移动性管理等功能。

② 基站。基站与移动终端、MSC 通信，实现移动终端的接入功能。

③ 移动终端。移动终端是指用户使用的设备。

系统的管理功能一般由移动交换中心和基站分担实现，基站与移动终端之间是无线链路，移动交换中心与基站之间是有线传输链路，以上三部分组成了一个最小化的移动通信网络。

2．移动通信系统的分类

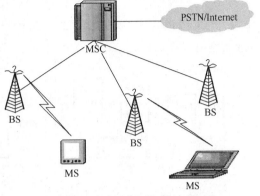

图 4.17　移动通信网络的基本组成

① 按信号类型分：可分为模拟移动通信系统和数字移动通信系统，除第一代是模拟移动通信外，目前大多数移动通信系统均是数字的。

② 按覆盖范围分：可分为城域、局域、全国、全球。例如，卫星移动网即是全球移动通信网，而小灵通（PHS）因为不能支持漫游，所以属于城域移动通信技术。

③ 按业务类型分：可分为电话网、数据网、综合业务网等，早期的移动通信系统均是电话移动通信网，无线局域网（WLAN）属于数据移动通信网，未来的发展方向是支持多种业务的移动通信系统。

4.6　知识扩展

4.6.1　GSM 移动通信系统

GSM 全称是 Global System of Mobile Communication，即全球移动通信系统，又称泛欧数字蜂窝系统，是应用最为广泛的第二代移动通信系统。GSM 技术已经基本满足了移动语音业务的需求，但由于标准制定较早，对数据业务的支持有限。

1．GSM 系统概述

GSM 系统主要由移动台（MS）、移动网子系统（NSS）、基站子系统（BSS）和操作支持子系统（OSS）四部分组成，如图4.18所示。

基站子系统（BSS）在移动台（MS）和移动网子系统（NSS）之间提供和管理传输通路，特别是包括了 MS 与 GSM 系统的功能实体之间的无线接口管理。NSS 是整个 GSM 系统的控制和交换中心，它负责所有与移动用户有关的呼叫接续处理、移动性管理、用户设备及保密性等功能，并提供 GSM 系统与其他网络之间的连接。MS、BSS 和 NSS 组成 GSM 系统的实体部分，操作支持子系统（OSS）则提供给运营部门一种手段来控制和维护这些实际运行部分。

2．GSM 系统的频段

GSM 分 GSM900、DCS1800 和 PCS1900 三个频段，一般的双频手机就是在 GSM900 和 DCS1800 频段切换的手机。

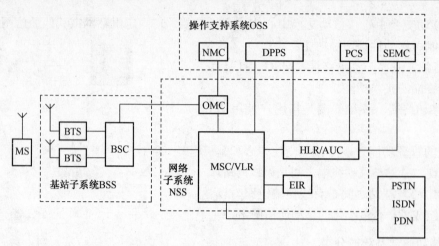

图 4.18　GSM 系统的基本组成

（1）工作频段的分配

我国规定 GSM 的基本频段为：900 MHz 频段，上行：905～915 MHz；下行：950～960 MHz。随着用户数量的增长，可扩展使用 1800MHz 频段，上行：1710～1785 MHz；下行：1805～1880 MHz。

（2）频道划分

以 900 MHz 频段为例，在上/下行的各 10 MHz 带宽内划分 49 个频点，相邻频道间隔为 200 kHz，每个频点又划分为 8 个时隙，相当于每个信道占用 25 kHz 的带宽。

（3）频率复用方式

频率复用是指在不同的地理区域上采用相同的频率进行覆盖，这些区域必须保持足够的间隔，以抑制干扰，实际使用时将所有可用频点分为若干组，每一组供一组蜂窝小区使用，这些组数越多，同频复用距离越大，干扰水平就越低，但每组的频率数也就越少，系统容量也就越低。

3. GSM 的号码

（1）国际移动用户识别码

GSM 系统中每个用户均分配一个唯一的国际移动用户识别码（IMSI）。IMSI 码驻留在 SIM 卡中，它用于识别用户和用户与网络的预约关系，在呼叫建立和位置更新时都要使用 IMSI。GSM 号码由移动国家号码（MCC）、移动网号（MNC）和移动用户识别码（MSIN）三部分组成，且识别码位数不超过 15 位，其中：

① MCC 由 ITU-T 管理，由 3 位数字组成，表示所属国家，如我国 MCC 为 460；

② MNC 为该国中的网络，由 1～2 位数字组成，如中国移动公司 GSM 网为 00，中国联通公司 GSM 网为 01；

③ MSIN 表示某一特殊网下的用户。

（2）临时移动用户识别码

考虑到移动用户识别码的安全性，GSM 系统提供安全保密措施，即空中接口无线传输的识别码采用临时移动用户识别码（TMSI）代替 IMSI。两者之间可按一定的算法互相转换。TMSI 总长不超过 4 字节，其格式可由各运营部门决定。

IMSI 只在起始入网登记时使用，在后续的呼叫中使用 TMSI，以避免通过无线信道发送其 IMSI，从而防止窃听者检测用户的通信内容或非法盗用合法用户的 IMSI。

（3）国际移动识别标识码

国际移动识别标识码（IMEI）是唯一用于识别移动设备的号码，用于监控被窃或无效的移动设备。

IMEI 由 TAC、FAC、SNR 和 SP 四部分组成，共计 15 位数，各部分具体含义如下：

① TAC（型号批准码）6 位，由欧洲型号批准中心分配，前 2 位为国家码；

② FAC（工厂装配码）2 位，表示生产厂或最后装配地，由厂家编码；

③ SNR（序列号码）6 位，独立地、唯一地识别每个 TAC 和 FAC 移动设备，所以同一个品牌的、同一型号的 SNR 是不可能一样的；

④ SP（备用码）1 位，通常是 0。

4．MSISDN 号码

MSISDN 是移动用户 ISDN 号码，它是用户为找到 GSM 用户所拨的号码，是用于 PSTN 或 ISDN 或其他移动用户拨向 GSM 系统的号码。

MSISDN 由 CC、NDC 和 SN 组成，总长不超过 15 位数字，其中，CC 为国家码（如中国的代码为 86）；NDC 为国内地区码；SN 为用户号码。

4.6.2　GPRS

GPRS（General Packet Radio Service，通用无线分组业务）是基于 GSM 系统的数据业务增强技术，已开始了大规模商用。它在 GSM 技术的基础之上，叠加了一个新的网络，同时在网络上增加一些硬件设备并进行了软件升级，形成了一个新的网络逻辑实体，提供端到端的、广域的无线 IP 连接，把分组交换技术引入现有 GSM 系统，通过对 GSM 原有时隙的动态分配使用，每个用户可同时占用多个无线信道，同一无线信道又可以由多个用户共享，增强了 GSM 系统的数据通信能力，是在第三代移动通信尚未完全成熟之前的过渡性技术。

1．GPRS 的特点

① 永远在线。GPRS 采用分组交换技术，不需要用户进行额外的拨号连接。用户在进行诸如收发电子邮件业务时，底层协议会动态地要求基站为其分配信道，而且上/下行之间的信道分配是相互独立的，当数据通信完成之后即释放此信道。

② 按流量计费。GPRS 不以使用网络的时间计费，而是按流量计费，这对移动用户更为合理。

③ 支持中、高速率数据传输。GPRS 支持中、高速率数据传输，可提供 9.05～171.2 kbps 的数据传输速率（每个用户）。

④ 支持基于标准数据通信协议的应用。GPRS 的核心网络层采用 IP 技术，底层则可使用多种传输技术，可以方便地实现与高速发展的 IP 网络的无缝连接。

2．GPRS 的网络结构

GPRS 技术通过在现有 GSM 网络的基础上增加 3 个主要设备来实现，如图 4.19 所示。其中，SGSN 是 GPRS 服务支持节点（Serving GPRS Supporting Node）；GGSN 是 GPRS 网关支持节点（Gateway GPRS Support Node）；PCU 是分组控制单元。

3．GPRS 的典型应用

GPRS 支持承载业务、用户终端业务、补充业务这三种业务类型。

（1）承载业务

支持用户与网络接入点之间的数据传输。提供点对点业务、点对多点业务两种承载业务。

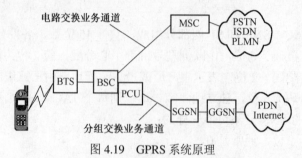

图 4.19　GPRS 系统原理

① 点对点业务（PTP）：点对点业务在两个用户之间提供一个或多个分组的传输。由业务请求者启动、接收者接收。

② 点对多点业务（PTM）：点对多点业务就是将单一信息传送到多个用户。GPRS PTM 业务能够提供一个用户将数据发送给具有单一业务需求的多个用户的功能。

（2）用户终端业务

用户终端业务也可以按照基于 PTP 还是基于 PTM 分为两类。

① 基于 PTP 的用户终端业务：信息点播业务、E-mail 业务、会话业务、远程操作业务。

② 基于 PTM 的用户终端业务：包括点对多点单向广播业务和集团内部的点对多点双向事务处理业务。

（3）补充业务

GPRS 支持的补充业务与 GSM 基本相同，如计费提示、来话限制、呼出限制等。

4.6.3　CDMA 移动通信系统

CDMA 技术在第二次世界大战期间因战争的需要而开始了相关研究，其思想初衷是防止敌方对己方通信的干扰，在 20 世纪 60～70 年代即已在美国广泛应用于军用抗干扰通信中。

1. CDMA 的概念

CDMA 是码分多址的缩写，是用唯一的地址码来标识用户的多址通信方式。CDMA 为每个用户分配一个唯一的码序列（扩频码），并用它对所承载信息的信号进行编码。知道该码序列用户的接收机对收到的信号进行解码，并恢复出原始数据。

2. CDMA 网的结构

CDMA 网采用 3 级结构，如图 4.20 所示。具体为：在大区中心设立一级移动业务汇接中心并网状相连；在各省会或大城市设立二级移动业务汇接中心，并与相应的一级汇接中心相连；在移动业务本地网中设一个或若干个移动端局 MSC，也可视业务量由一个 MSC 覆盖多个移动业务本地网。移动业务本地网原则上以固定电话网的长途编号区编号为 2 位和 3 位的区域来划分。

3. CDMA 技术的特点

① 抗干扰性强：CDMA 系统通过增大信号传输所需的带宽来降低对信噪比的要求，因此具有良好的抗干扰性，而且由于 CDMA 是一个自干扰系统，有效的无线资源规划策略还可以进一步降低对信噪比的要求。

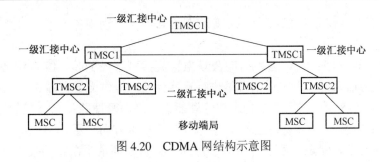

图 4.20 CDMA 网结构示意图

② 抗多径衰落：多径衰落是影响无线通信质量的重要因素，多径在 CDMA 信号中表现为伪随机码的不同相位，因此可以用本地伪随机码的不同相位去解扩这些多径信号，从而获得更多的有用信号。

③ 保密性好：由于扩频码一般较长，如 IS-95 中，以周期为 242－1 的长码实现扩频，对其进行窃听或穷举求解以获得有用信息几乎是不可能的。

④ 系统容量大：在 CDMA 系统中，语音激活技术、前向纠错技术、扇区划分等动态无线资源管理技术均可以有效地增加系统容量。理论上，在使用相同频率资源的情况下，CDMA 移动网比模拟网容量大 20 倍，实际使用中比模拟网大 10 倍，比 GSM 网络大 4～5 倍。

⑤ 系统配置灵活：在 CDMA 系统中，用户数的增加相当于背景噪声的增加，会造成语音质量的下降。但对用户数量并无绝对限制，网络运营商可在容量和语音质量之间折中考虑。另外，多小区之间可根据话务量和干扰情况自动均衡。

4．CDMA 系统提供的电信业务

按照 CDMA 的规范，交换子系统应能向用户提供用户终端业务、承载业务、补充业务三类业务。

① 用户终端业务。用户终端业务是在用户终端协议互通基础上提供终端间信息传递能力的业务，该类业务包括电话业务、紧急呼叫业务、短消息业务和语音邮箱业务等。

② 承载业务。承载业务提供了在两个网络终端接口间的信息传递能力。移动终端控制无线信道使信息流成为终端设备能接收的信息。移动终端作为 PLMN 一部分，通过无线接口与 PLMN 内的其他实体互通。CDMA 能陆续向用户提供 1200～14400 bps 异步数据、1200～14400 bps 分组数据等承载业务。

③ 补充业务。CDMA 规范定义了支持提供给各承载业务和用户终端业务的补充业务。补充业务向用户提供包括补充业务授权、补充业务操作和补充业务应用等功能。补充业务授权包括业务授权和业务去授权；补充业务操作支持 CDMA 系统中所定义的七种业务操作，即授权、去授权、登记、删除、激活、去活及请求、临时激活及临时去激活操作。在上述操作中，授权和去授权一般由网络运营商进行，其余操作可由用户在移动台上操作。

4.6.4 第三代移动通信系统

国际电联吸取了各大移动通信运营商、设备制造商及相关标准化组织的意见，提出第三代移动通信（IMT-2000）系统的目标，其要点如下。

① 能实现全球漫游：用户可以在整个系统、甚至全球范围内漫游，且可以在不同速率、不同运动状态下获得有质量保证的服务。

② 能提供多种业务：提供语音、可变速率的数据、移动视频会话等业务，特别是多媒体业务。

③ 能适应多种环境：可以与现有的公众电话交换网（PSTN）、综合业务数字网、无绳系统、地面移动通信系统、卫星通信系统进行互连互通，提供无缝覆盖。

④ 足够的系统容量，强大的多种用户管理能力，高保密性能和高质量的服务。

目前，3G 的大部分技术标准已经制定完成。从技术方面来看，它已经满足了对宽带多媒体移动通信的要求。但是，由于各个国家、地区和企业都希望在新的技术标准中体现出自己的特点，所以目前主要有 3 种主流技术标准，分别是 WCDMA、CDMA2000 和 TDSCDMA。

1. WCDMA

WCDMA 主要由欧洲厂商和日本联合提出，采用 FDD 方式，可兼容现有的 GSM 系统。它基于 GSM/GPRS 网络演进，并保持与 GSM/GPRS 网络的兼容性。核心网络可以基于 TDM、ATM 及 IP 技术，并向全 IP 的网络结构演进。无线接入网部分基于 ATM 技术统一处理语音和分组业务并向 IP 方向发展。MAP 信令和 GPRS 隧道技术是 WCDMA 体制移动性管理机制的核心。

2. CDMA 2000

CDMA 2000 主要由高通联合部分北美厂商提出，采用 FDD 方式，可兼容现有的 IS-95CDMA 系统，目前中国联通公司已开始建设 CDMA 2000 网络。CDMA 2000 中的电路域继承了 IS-95 CDMA 网络，引入以 WIN 为基本架构的业务平台。分组域是基于 Mobile IP 技术的分组网络。无线接入网以 ATM 交换为平台提供丰富的适配层接口。

3. TD-SCDMA

TD-SCDMA 是由我国主自知识产权的第三代移动通信技术标准，采用 TDD 方式。核心网和无线接入网与 WCDMA 相同。空中接口采用 TD-SCDMA，码片速率为 1.28 Mcps，信号带宽为 1.6 MHz，基站间要求同步。可以提供最高达 384 kbps 的各种速率的数据业务。

TD-SCDMA 具有 3 个主要的特点：智能天线（Smart Antenna）、同步 CDMA（Synchronous CDMA）和软件无线电（Software Radio）技术。TD-SCDMA 采用的其他关键技术还包括：联合检测、多时隙 CDMA+DS-CDMA、同步 CDMA、动态信道分配、接力切换等。具有频谱使用灵活、频谱利用率高等特点，适合非对称数据业务，但在基站的覆盖能力上要逊于采用 FDD 方式的其他两种技术。

习　题　4

一、填空题

1. 信号是数据的电磁或电子编码。信号在通信系统中可分为_____和_____。

2. 信道是用来表示向某一个方向传送信息的媒体，一条通信线路至少应有一条_____的信道和一条_____的信道。

3. 信号能量与噪声能量之比叫_____。

4. 在数字信号频谱中，把直流（零频）开始到能量集中的一段频率范围称为_____。

5. 数字通信系统是利用_____信号来传递信息的通信系统。

6. 无线通信的传输介质就是无线信道，无线信道是_____的传播路径。

7. 卫星通信系统按照工作轨道区分为_____、_____和_____3 类通信系统。

8. 第四代移动通信系统（4G）中有两个基本目标：一是_____；二是_____。

9. 各种移动通信网络在结构组成上具有一定的共性的，一般来说，移动通信网由_____、_____和_____三部分组成。

二、选择题

1. （　　）数据传输只支持数据在一个方向上传输。

    A. 单工　　　　　　　B. 半双工　　　　　　　C. 双工　　　　　　　D. 全双工

2. 模拟信号是指一种（　　）变化的电信号。

    A. 离散　　　　　　　B. 交叉　　　　　　　C. 连续　　　　　　　D. 不定

3. 将基带信号转变为频带信号的设备是（　　）。

    A. 调制器　　　　　　B. 解调器　　　　　　C. 编码器　　　　　　D. 解码器

4. 计算机网络要求误码率低于（　　）。

    A. 10^{-5}　　　　　　B. 10^{-7}　　　　　　C. 10^{-6}　　　　　　D. 10^{-11}

5. （　　）是用载波的两种不同幅度表示二进制数"0"和"1"的。

    A. 振幅键控（ASK）　　　　　　　　　B. 频移键控（FSK）

    C. 相移键控（PSK）　　　　　　　　　D. A、B、C 都不是

6. 无线传输介质技术按照频率由低向高排列为（　　）。

    A. 无线电波、红外线、微波和可见光　　B. 无线电波、微波、可见光和红外线

    C. 可见光、微波、红外线和无线电波　　D. 无线电波、微波、红外线和可见光

7. 低轨道卫星距地面（　　），传输时延和功耗都比较小，采用小型卫星，主要适用于移动通信。

    A. 300～500 km　　B. 500～2000 km　　C. 2000～20000 km　　D. 35800 km

8. 移动通信系统中从第（　　）代已经能完全支持语音和多媒体数据通信。

    A. 1　　　　　　　　B. 2　　　　　　　　C. 3　　　　　　　　D. 4

9. 微波是一种无线电波，它每隔几（　　）米要建一个微波中继站。

    A. 千　　　　　　　　B. 万　　　　　　　　C. 十万　　　　　　　D. 百万

10. GSM 系统考虑到移动用户识别码的安全性，系统提供安全保密措施，即空中接口无线传输的识别码采用（　　）码。

    A. IMSI　　　　　　B. IMEI　　　　　　C. MSISDN　　　　　　D. TMSI

三、简答题

1. 什么是模拟信号？什么是数字信号？什么是数字通信？什么是模拟通信？

2. 模拟通信系统的有效性和有效传输频带有什么关系？

3. 请举一个例子说明信息、数据与信号之间的关系。

4. 评价通信系统的主要性能指标主要是有效性和可靠性。其中有效性和可靠性分别指什么？

5. 简述光导纤维的工作原理。

6. 简述微波中继通信系统的结构。

7. GPRS（通用无线分组业务）的主要特点是什么？

8. 什么是多路复用？多路复用有哪两种方式？

第 5 章 网 络 技 术

计算机网络是由通过各种通信手段相互连接起来的计算机组成的复合系统，实现数据通信和资源共享。因特网作为计算机网络的一个应用典范，是范围涵盖全球的计算机网络，通过因特网不仅可以获取分布在全球的多种信息资源，还能够获得方便、快捷的电子商务服务及方便的远程协作。

5.1 网络基础知识

21 世纪已进入计算机网络时代。计算机应用已进入更高层次，计算机网络成了计算机行业的一部分。新一代的计算机已将网络接口集成到主板上，网络功能已嵌入到操作系统之中。

5.1.1 计算机网络的产生与发展

1．计算机网络的产生

早期的计算机是大型计算机，其包含很多个终端，不同终端之间可以共享主机资源，可以相互通信。但不同计算机之间相互独立，不能实现资源共享和数据通信，为了解决这个问题，美国国防部的高级研究计划局（ARPA）于 1968 年提出了一个计算机互连计划，并与 1969 建成世界上第一个计算机网络 ARPAnet。

ARPAnet 通过租用电话线路将分布在美国不同地区的 4 所大学的主机连成一个网络。作为 Internet 的早期骨干网，ARPAnet 试验并奠定了 Internet 存在和发展的基础。到了 1984 年，美国国家科学基金会（NSF）决定组建 NSFnet。NSFnet 通过 56kbps 的通信线路将美国 6 个超级计算机中心连接起来，实现资源共享。NSFnet 采取三级层次结构，整个网络由主干网、地区网和校园网组成。地区网一般由一批在地理上局限于某一地域、在管理上隶属于某一机构的用户的计算机互连而成。连接各地区网上主通信节点计算机的高速数据专线构成了 NSFnet 的主干网。这样，当一个用户的计算机与某一地区相连以后，它除了可以使用任一超级计算中心的设施，可以同网上任一用户通信，还可以获得网络提供的大量信息和数据。这一成功使得 NSFnet 于 1990 年彻底取代了 ARPAnet 而成为 Internet 的主干网。

2．计算机网络的发展

计算机网络从产生到现在，总体来说可以分成 4 个阶段。

① 远程终端阶段。该阶段是计算机网络发展的萌芽阶段。早期计算机系统主要为分时系统，分时系统允许用户通过只含显示器和键盘的终端来使用主机。为了解决大量用户同时访问主机的问题，系统采用分时策略。它将主机时间分成片，每个用户轮流使用自己的时间片，由于时间片很短，会使用户以为主机完全为自己所用。远程终端计算机系统在分时计算机系统基础上，通过调制解调器（Modem）和公用电话网（PSTN）向分布在不同地理位置上的许多远程终端用户提供共享资源服务。这虽然还不能算是真正的计算机网络系统，但它是计算机与通信系统结合的最初尝试。

② 计算机网络阶段。在远程终端计算机系统基础上，人们开始研究通过 PSTN 等已有的通信系统把计算机与计算机互连起来。于是以资源共享为主要目的计算机网络便产生了，ARPAnet 是这一阶段的典型代表。网络中计算机之间具有数据交换的能力，提供了更大范围内计算机之间协同工作、分布式处理的能力。

③ 体系结构标准化阶段。计算机网络系统非常复杂，计算机之间相互通信涉及许多技术问题，为实现计算机网络通信，计算机网络采用分层策略解决网络技术问题。但是，不同的组织制定了不同的分层网络系统体系结构，它们的产品很难实现互连。为此，国际标准化组织 ISO 在 1984 年正式颁布了"开放系统互连基本参考模型 ISO/OSI"国际标准，使计算机网络体系结构实现了标准化。20 世纪 80 年代是计算机局域网和网络互连技术迅速发展的时期。局域网完全从硬件上实现了 ISO 的开放系统互连通信模式协议，局域网与局域网互连、局域网与各类主机互连及局域网与广域网互连的技术也日趋成熟。

④ 因特网阶段。进入 20 世纪 90 年代，计算机技术、通信技术及计算机网络技术得到了迅猛发展。特别是 1993 年美国宣布建立国家信息基础设施后（NII），全世界许多国家纷纷制定和建立本国的 NII，极大地推动了计算机网络技术的发展，使计算机网络进入了一个崭新的阶段，即因特网阶段。目前，高速计算机互连网络已经形成，它已经成为人类最重要的、最大的知识宝库。

5.1.2 计算机网络的基本概念

1. 网络的概念

计算机网络是指将地理位置不同的具有独立功能的多台计算机及其外部设备，通过通信线路连接起来，在网络操作系统、网络管理软件及网络通信协议的管理和协调下，实现资源共享和信息传递的计算机系统。

从宏观角度看，计算机网络一般由资源子网和通信子网两部分构成。

资源子网主要由网络中所有的主计算机、I/O 设备和终端、各种网络协议、网络软件和数据库等组成，负责全网的信息处理，为网络用户提供网络服务和资源共享功能等。通信子网主要由通信线路、网络连接设备（如网络接口设备、通信控制处理机、网桥、路由器、交换机、网关、调制解调器和卫星地面接收站等）、网络通信协议和通信控制软件等组成，主要负责全网的数据通信，为网络用户提供数据传输、转接、加工和转换等通信处理工作。计算机网络的构成如图5.1所示。

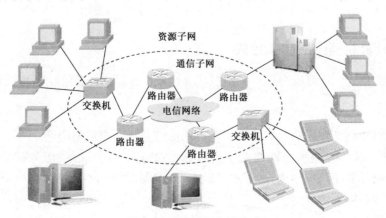

图 5.1 计算机网络的构成

如图 5.2 所示为某天象预报系统计算机网络组成，不同部门之间可以共享信息，进行数据通信。

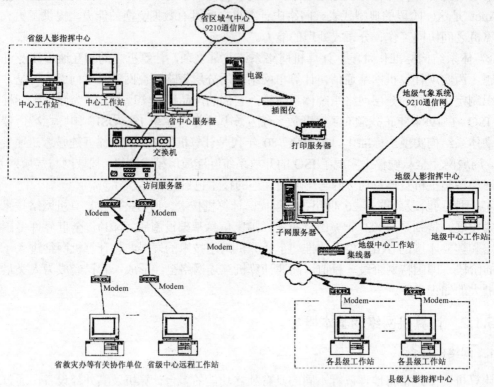

图 5.2 某气象预报系统计算机网络组成

2．基本特征

网络的定义从不同的方面描述了计算机网络的 3 个特征。

① 连网的目的在于资源共享。可共享的资源包括硬件、软件和数据。

② 互连的计算机应该是独立计算机。连网的计算机可以连网工作也可以单机工作。如果一台计算机带多台终端和打印机，这种系统通常被称为多用户系统，而不是计算机网络。由一台主控机和多台从控机构成的系统是主从式系统，也不是计算机网络。

③ 通信设备与通信线路是连接计算机并构成计算机网络的主要组成部分。通信子网的功能和结构决定了计算机网络的功能和结构，通信子网的质量代表着计算机网络的质量。

5.1.3 计算机网络的基本组成

根据网络的概念，计算机网络一般由三部分组成：计算机、通信线路和设备、网络软件。

1．计算机

组网计算机根据其作用和功能不同，可分为服务器和客户机两类。

① 服务器。服务器是整个网络系统的核心，它为网络用户提供服务并管理整个网络，在其上运行的操作系统是网络操作系统。随着局域网络功能的不断增强，根据服务器在网络中所承担的任务和所提供的功能不同，把服务器分为：文件服务器、邮件服务器、打印服务器和通信服务器等。

② 客户机。客户机又称工作站，客户机与服务器不同，服务器为网络上许多用户提供服务和共享资源。客户机是用户和网络的接口设备，用户通过它可以与网络交换信息、共享网络资源。现在的客户机都由具有一定处理能力的个人计算机来承担。

2．通信线路和设备

（1）通信线路

通信线路也称传输介质，是数据信息在通信系统中传输的物理载体，是影响通信系统性能的重要因素。传输介质通常分为有线介质和无线介质。有线介质有双绞线、同轴电缆和光纤等。而无线介质利用自由空间进行信号传播，如卫星、红外线、激光、微波等。带宽决定了信号在传输介质中的传输速率，衰减损耗决定了信号在传输介质中能够传输的最大距离，传输介质的抗干扰特性决定了传输系统的传输质量。

① 双绞线。双绞线是最常用的传输介质，可以传输模拟信号或数字信号。双绞线是由两根相同的绝缘导线相互缠绕而形成的一对信号线，一根是信号线；另一根是地线，两根线缠绕的目的是减小相互之间的信号干扰。如果把多对双绞线放在一根导管中，便形成了由多根双绞线组成的电缆。

局域网中的双绞线分为两类：屏蔽双绞线（STP）与非屏蔽双绞线（UTP），如图 5.3 所示。屏蔽双绞线由外部保护层、屏蔽层与多对双绞线组成；非屏蔽双绞线由外部保护层与多对双绞线组成。屏蔽双绞线对电磁干扰具有较强的抵抗能力，适用于网络流量较高的高速网络，而非屏蔽双绞线适用于网络流量较低的低速网络。

双绞线的衰减损耗较高，因此不适合远距离的数据传输。普通双绞线传输距离限定在 100 m 之内，一般速率为 100 Mbps，高速可到 1 Gbps。

② 同轴电缆。同轴电缆由中心铜线、绝缘层、网状屏蔽层及塑料封套组成，如图 5.4 所示。按直径不同可分为粗缆和细缆，一般来说粗缆的损耗小，传输距离比较远，单根传输距离可达 500 m；细缆由于功率损耗比较大，传输距离比较短，单根传输距离为 185 m。

(a) 非屏蔽双绞线

(b) 屏蔽双绞线

图 5.3　双绞线

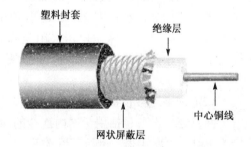

图 5.4　同轴电缆的基本组成

同轴电缆最大的特点是可以在相对长的无中继器的线路上支持高带宽通信，屏蔽性能好，抗干扰能力强，数据传输稳定。目前主要应用于有线电视网、长途电话系统及局域网之间的数据连接。其缺点是成本高，体积大，不能承受缠结、压力和严重的弯曲，而所有这些缺点正是双绞线能克服的。因此，现在的局域网环境中，同轴电缆基本已被双绞线所取代。

③ 光纤。光纤是光导纤维的简称，是一种利用光在玻璃或塑料制成的纤维中的按照全反射原理进行信号传递的光传导工具。光纤由纤芯、包层、涂覆层和套塑四部分组成，如图 5.5(a)所示。纤芯在中心，是由高折射率的高纯度二氧化硅材料组成的，主要用于传送光信号。包层

是由掺有杂质的二氧化硅组成的，其光的折射率要比纤芯的折射率低，使光信号能在纤芯中产生全反射传输。涂覆层及套塑的主要作用是加强光纤的机械强度。

在实际工程应用中，光纤要制作成光缆，光缆一般由多根纤芯绞制而成，纤芯数量可根据实际工程要求而绞制，如图5.5(b)所示。光缆要有足够的机械强度，所以在光缆中用多股钢丝来充当加固件。有时还在光缆中绞制一对或多对铜线，用于电信号传送或电源线之用。

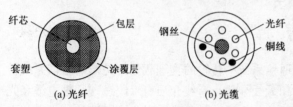

图 5.5 光纤与光缆

④ 无线通信与卫星通信。无线通信系统中，按照工作频率不同可以分为微波通信、卫星通信、无线通信等。

微波通信：微波的电磁波频率在 100 MHz 以上，用于电话和电视信号的传播。微波只能沿着直线传播，具有很强的方向性，因此，发射天线和接收天线必须精确地对准。由于微波只能沿直线传播，所以只能进行视距离传播。微波长距离传送会发生衰减，因此每隔一段距离就需要一个中继站。

卫星通信：微波在长距离传输中受地理环境的影响，卫星通信就能很好地解决这个问题。卫星收到地面上的信号，经过放大后再传送到地面，卫星起到信号中转站的作用。卫星通信可以分为两种方式：一种是点对点方式，通过卫星将地面上的两个点连接起来；另一种是多点对多点的方式，一颗卫星可以接收几个地面站发来的数据信号，然后以广播的方式将所收到的信号发送到多个地面站。多点对多点方式主要应用于电视广播系统、远距离电话及数据通信系统。

无线通信：多个通信设备之间以无线电波为介质遵照某种协议实现信息的交换。比较流行的有无线局域网、蓝牙技术、蜂窝移动通信技术等。无线局域网和蓝牙技术只能用于较小范围（10～100 m）的数据通信。无线局域网主要采用 2.4 GHz 频段，目前应用广泛的无线局域网是 IEEE802.11b、IEEE802.11g、IEEE802.11a 标准。蓝牙是无线数据和语音传输的开放式标准，也使用 2.4 GHz 射频无线电，它将各种通信设备、计算机及其终端设备、各种数字数据系统及家用电器采用无线方式进接起来，从而实现各类设备之间随时随地进行通信，传输范围为 10 m 左右，最大数据速率可达 721 kbps。蓝牙技术的应用范围越来越广泛。

（2）网络连接设备

网络连接设备包括用于网内连接的网络适配器、调制解调器、集线器、交换机和网间连接的中继器、路由器、网桥、网关等。

① 网络适配器。网络适配器（Network Interface Card，NIC）简称网卡。用于实现连网计算机和网络电缆之间的物理连接，为计算机之间的通信提供一条物理通道，完成计算机信号格式和网络信号格式的转换。通常，网络适配器就是一块插件板，插在 PC 的扩展槽中并通过这条通道进行高速数据传输。在局域网中，每一台连网计算机都需要安装一块或多块网卡，通过网卡将计算机接入网络电缆系统。常见的网卡如图5.6所示。

② ADSL 调制解调器。ADSL 的一般接入方式如图5.7所示。

计算机内的信息是数字信号，而电话线上传递的是模拟电信号。所以，当两台计算机要通过电话线进行数据传输时，就需要一个设备负责数据的数模转换。这个数模转换器就是 Modem。计算机在发送数据时，先由 Modem 把数字信号转换为相应的模拟信号，这个过程称为调制。经过调制的信号通过电话载波在电话线上传送，到达接收方后，要由接收方的 Modem 负责把模拟信号还原为数字信号，这个过程称为解调。

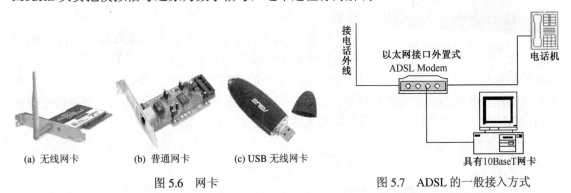

(a) 无线网卡　　　　(b) 普通网卡　　　　(c) USB 无线网卡

图 5.6　网卡　　　　　　　　　　图 5.7　ADSL 的一般接入方式

ADSL Modem 是为非对称用户数字环路（ADSL）提供数据调制和数据解调的机器，其上有一个 RJ-11 电话线端口和一个或多个 RJ-45 网线端口，支持最高下行 8 Mbps 速率和最高上行 1Mbps 速率，抗干扰能力强，适合普通家庭用户使用。某些型号的产品还带有路由功能和无线功能。传统的 Modem 使用铜线的低频部分（4 kHz 以下频段）传送网络信号。而 ADSL 采用离散多音频（DMT）技术，将原先电话线路 0 Hz 到 1.1 MHz 频段以 4.3 kHz 为单位划分成 256 个子频带，其中，4 kHz 以下频段仍用于传送传统电话业务（POTS），20～138 kHz 频段用来传送上行信号，138 kHz～1.1 MHz 频段用来传送下行信号。DMT 技术可根据线路的情况调整在每个信道上所调制的比特数，以便更充分地利用线路。

③ 集线器。集线器（Hub）属于局域网中的基础设备，如图 5.8 所示。集线器的主要功能是对接收到的信号进行再生整形放大，以扩大网络的传输距离，同时把所有节点集中在以它为中心的节点上。集线器对收到的数据采用广播方式发送，当同一局域网内的主机 A 给主机 B 传输数据时，数据包在以集线器为中心的网络上是以广播方式传输的，由每一台终端通过验证数据包头的地址信息来确定是否接收，如图5.9所示。

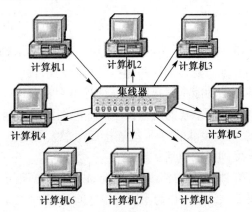

图 5.8　集线器　　　　　　　　　图 5.9　集线器广播工作方式

也就是说，在图 5.9 所示的工作方式下，同一时刻网络上只能传输一组数据帧，如果发生冲突则要重试，这种方式就是共享网络带宽。随着技术的发展，在局域网中，集线器已被交换机代替，目前，集线器仅应用于一些小型网络中。

④ 交换机。交换机（Switch）是一种用于电信号转发的网络设备，如图5.10所示。它可

以为接入交换机的任意两个网络节点提供独享的电信号通路。最常见的交换机是以太网交换

机。在计算机网络系统中，交换概念的提出改进了共享工作模式。

交换机拥有一条很高带宽的背部总线和内部交换矩阵。交换机的所有的端口都挂接在这条背部总线上，控制

图 5.10 交换机

电路收到数据包以后，会查找地址映射表以确定目的计算机挂接在哪个端口上，通过内部交换矩阵迅速在数据帧的始发者和目标接收者之间建立临时的交换路径，使数据帧直接由源地址到达目的地址。交换机组网示意图如图5.11所示。

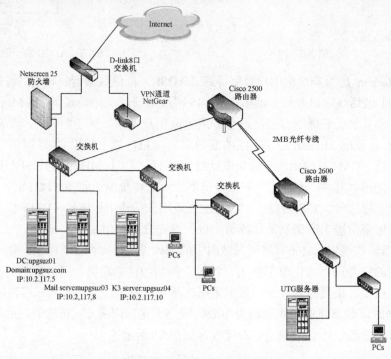

图 5.11 交换机组网示意图

⑤ 中继器。中继器（Repeater）是网络物理层上面的连接设备，用于完全相同的两类网络的互连。受传输线路噪声的影响，承载信息的数字信号或模拟信号只能传输有限的距离，中继器的功能是对接收信号进行再生和发送，从而增加信号的传输距离。如以太网常常利用中继器扩展总线的电缆长度，标准细缆以太网的每段长度最大 185 m，最多可有 5 段。因此，通过 4 个中继器将 5 段连接后，最大网络电缆长度则可增加到 925 m。

⑥ 路由器。路由器（Router）是互联网的主要节点设备，作为不同网络之间互相连接的枢纽，路由器系统构成了基于 TCP/IP 的 Internet 的骨架。路由器连网示意如图5.12所示。

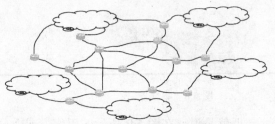

图 5.12 路由器连网示意

路由器通过路由选择决定数据的转发，它的处理速度是网络通信的主要瓶颈之一，它的可靠性则直接影响着网络互连的质量。因此，在园区网、地区网，乃至整个 Internet 研究领域中，路由器技术始终处于核心地位。

路由器的主要工作就是为经过路由器的每个数据包寻找一条最佳传输路径，并将该数据

有效地传送到目的站点。选择最佳路径的策略是路由器的关键所在，为了完成这项工作，在路由器中保存着各种传输路径的相关数据（即路由表）。路由表保存着子网的标志信息、网上路由器的个数和下一个路由器的名字等内容。路由表可以是由系统管理员固定设置好的（静态路由表），也可以由系统动态修改（动态路由表）。

⑦ 网桥。网桥工作于数据链路层，如图 5.13 所示。网桥不但能扩展网络的距离或范围，而且可提高网络的性能、可靠性和安全性。通过网桥可以将多个局域网连接起来。

当使用网桥连接两段局域网时，如图 5.14 所示，对于来自网段 1 的帧，网桥首先要检查其终点地址。如果该帧是发往网段 1 上某站，网桥则不将帧转发到网段 2，而将其滤除；如果该帧是发往网段 2 上某站的，网桥则将它转发到网段 2。这样可利用网桥隔离信息，将网络划分成多个网段，隔离出安全网段，防止其他网段内的用户非法访问。由于各网段相对独立，一个网段出现故障不会影响到另一个网段。

图 5.13 网桥

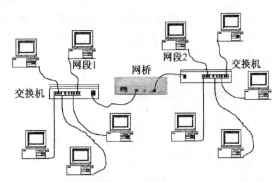

图 5.14 网桥连网示意图

⑧ 网关。网关（Gateway）又称网间连接器、协议转换器。网关在高层（传输层以上）实现网络互连，是最复杂的网络互连设备，用于两个高层协议不同的网络互连。网关既可以用于广域网互连，又可以用于局域网互连。在使用不同的通信协议、数据格式或语言，甚至体系结构完全不同的两种系统之间，网关是一个翻译器。网关对收到的信息要重新打包，以适应目的系统的需求。同时，网关也可以提供过滤和安全功能。大多数网关运行在应用层。

3. 网络软件

网络软件在网络通信中扮演了极为重要的角色。网络软件可大致分为网络系统软件和网络应用软件。

（1）网络系统软件

网络系统软件控制和管理网络运行、提供网络通信和网络资源分配与共享功能，它为用户提供了访问网络和操作网络的友好界面。网络系统软件主要包括网络操作系统（NOS）和网络协议软件。

一个计算机网络拥有丰富的软、硬件资源，为了能使网络用户共享网络资源、实现通信，需要对网络资源和用户通信过程进行有效管理，实现这一功能的软件系统称为网络操作系统。常见的网络操作系统有 Novell 公司的 Netware，Microsoft 公司的 LAN Manager、Windows 2003 和 Sun 公司的 UNIX 等。

网络中的计算机之间交换数据必须遵守一些事先约定好的规则。这些为网络数据交换而制定的关于信息顺序、信息格式和信息内容的规则、约定与标准被称为网络协议（Protocol）。

目前常见的网络通信协议有：TCP/IP、SPX/IPX、OSI 和 IEEE802。其中 TCP/IP 是任何要连接到 Internet 上的计算机必须遵守的协议。

（2）网络应用软件

网络应用软件是指为某一个应用目的而开发的网络软件，它为用户提供一些实际的应用。网络应用软件既可用于管理和维护网络本身，又可用于某一个业务领域，如网络管理监控程序、网络安全软件、数字图书馆、Internet 信息服务、远程教学、远程医疗、视频点播等。网络应用的领域极为广泛，网络应用软件也极为丰富。

5.1.4　计算机网络的分类

1. 拓扑结构

为了描述网络中节点之间的连接关系，将节点抽象为点，将线路抽象为线，进而得到一个几何图形，称为该网络的拓扑结构。计算机网络中常见的拓扑结构有总线形、星形、环形、树形、网状等，如图 5.15 所示。不同的网络拓扑结构对网络性能、系统可靠性和通信费用的影响不同。

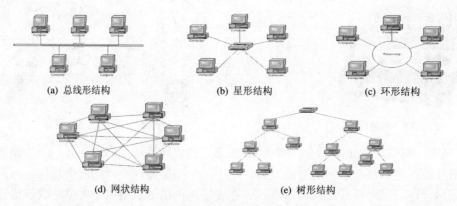

(a) 总线形结构　　　　　(b) 星形结构　　　　　(c) 环形结构

(d) 网状结构　　　　　(e) 树形结构

图 5.15　网络拓扑结构

其中，总线形、环形、星形拓扑结构常用于局域网，网状拓扑结构常用于广域网连接。

① 总线形拓扑结构。总线形拓扑通过一根传输线路将网络中所有节点连接起来，这根线路称为总线。网络中各节点都通过总线进行通信，在同一时刻只能允许一对节点占用总线通信。

② 星形拓扑结构。星形拓扑中各节点都与中心节点连接，呈辐射状排列在中心节点周围。网络中任意两个节点的通信都要通过中心节点转接。单个节点的故障不会影响到网络的其他部分，但中心节点的故障会导致整个网络的瘫痪。

③ 环形拓扑结构。环形拓扑中各节点首尾相连形成一个闭合的环，环中的数据沿环单向逐站传输。环形拓扑中的任意一个节点或一条传输介质出现故障都将导致整个网络的故障。

④ 树形拓扑结构。树形拓扑由星形拓扑演变而来，其结构图看上去像一棵倒立的树。树形网络是分层结构，具有根节点和分支节点，适用于分级管理和控制系统。

⑤ 网状结构。网状结构的每一个节点都有多条路径与网络相连，如果一条线路出故障，通过路由选择可找到替换线路，网络仍然能正常工作。这种结构可靠性强，但网络控制和路由选择较复杂，广域网采用的是网状拓扑结构。

2．基本分类

虽然网络类型的划分标准各种各样，但是根据地理范围划分是一种大家都认可的通用网络划分标准。按这种标准可以把网络类分为局域网、城域网、广域网和互联网四种。不过要说明的一点是，网络划分并没有严格意义上地理范围的区分，只是一个定性的概念。

（1）局域网

局域网（LAN）是最常见、应用最广的一种网络。局域网覆盖的地区范围较小，所涉及的地理距离上一般来说可以是几米至 10 千米以内。这种网络的特点是：连接范围窄、用户数少、配置容易、连接速率高。目前局域网最快的速率是 10 Gbps。IEEE 的 802 标准委员会定义了多种主要的 LAN：以太网（Ethernet）、令牌环网（Token Ring）、光纤分布式接口网络（FDDI）、异步传输模式网（ATM）及最新的无线局域网（WLAN）。其中使用最广泛的是以太网。

（2）城域网

城域网（MAN）是在一个城市范围内所建立的计算机通信网。这种网络的连接距离在几十千米左右，它采用的是 IEEE802.6 标准。MAN 的一个重要用途是用做骨干网，MAN 以 IP 技术和 ATM 技术为基础，以光纤作为传输媒介，将位于不同地点的主机、数据库及 LAN 等连接起来，实现集数据、语音、视频服务于一体多媒体数据通信。满足城市范围内政府机构、金融保险、大中小学校、公司企业等单位对高速率、高质量数据通信业务日益旺盛的需求。

（3）广域网

广域网（WAN）也称远程网，所覆盖的范围比城域网更广，可从几百千米到几千千米，用于不同城市之间的 LAN 或 MAN 互连。因为距离较远，信息衰减比较严重，所以 WAN 一般要租用专线，通过 IMP（接口信息处理）协议和线路连接起来，构成网状结构。因为所连接的用户多，总出口带宽有限，所以用户的终端连接速率一般较低，通常为 9.6 kbps～45 Mbps，如邮电部的 CHINANET、CHINAPAC 和 CHINADDN 等。

（4）互联网

互联网（Internet）无论从地理范围，还是从网络规模来讲都是最大的一种网络。这种网络的最大的特点就是不定性，整个网络的计算机每时每刻随着网络的接入和撤出在不停地变化。但它信息量大，传播广，无论身处何地，只要连上互联网就可以共享网上资源。

5.1.5 网络体系结构

计算机实现通信必须依靠网络通信协议。在 20 世纪 70 年代，各大计算机生产商的产品都拥有自己的网络通信协议。这就导致了不同厂家生产的计算机系统难以连接，为了实现不同厂商生产的计算机系统之间及不同网络之间的数据通信，就需要定义一种标准的计算机网络体系结构。网络体系结构规定网络系统的基本组成部分，说明各组成部分的目的和实现的功能，以及各组成部分之间如何相互作用和结合。网络体系结构的设计采用分层原则，将计算机网络按逻辑功能分成若干层，各层相对独立，每层至少包含一个功能，各层协议界限分明但又相互合作完成应用任务。

国际标准化组织（ISO）为了使网络应用更好地普及，推出了开放系统互连（OSI）参考模型。在 OSI 中，采用了三级抽象，即体系结构、服务定义和协议规定说明。OSI 体系结构 7 层模型如图 5.16 所示。

应用层	为操作系统或网络应用程序提供访问网络服务的接口。
表示层	数据的格式转换，包括数据的加密、压缩等。
会话层	管理主机之间的会话进程，还利用在数据中插入校验点来实现数据的同步。
传输层	提供可靠的或不可靠的端到端服务，还要处理端到端的差错控制和流量控制问题。
网络层	负责对数据包进行路由选择，还可以实现拥塞控制、网际互连等功能。
数据链路层	在不可靠的物理介质上提供可靠的传输。
物理层	规定通信端点之间的机械特性、电气特性、功能特性及过程特性，透明传送比特流。

图 5.16　OSI 7 层体系结构

OSI 参考模型定义了开放系统的层次结构、层次之间的关系及各层所包含的可能的服务；OSI 的服务定义详细地说明了各层所提供的服务，某一层的服务通过接口提供给更高一层；OSI 标准中的各种协议精确地定义了应当发送什么样的控制信息，以及应当用什么样的过程来解释这个控制信息，协议的规程说明具有最严格的约束。

OSI 参考模型只是描述了一些概念，用来协调进程间通信标准的制定，并没有提供一个可以实现的方法。这也就是说，OSI 参考模型并不是一个标准，而只是一个在制定标准时所使用的概念性的框架。

5.2　局域网技术

局域网广泛应用于学校、企业、机关、商场等机构，为这些机构的信息技术应用和资源共享提供了良好的服务平台。局域网的典型拓扑结构有总线形、星形、环形。根据工作方式的不同，局域网可以分：以太网（Ethernet）、令牌环网（Token Ring）、 FDDI 网（光纤分布式数据接口）、异步传输模式网（ATM）四类。其中，令牌环网和 FDDI 网已经淘汰。ATM 中文名为异步传输模式，它的开发始于 20 世纪 70 年代后期。 ATM 是一种较新型的信元交换技术，ATM 使用 53 字节固定长度的信元进行交换，它没有共享介质或包传递带来的延时，非常适合音频和视频数据的传输，传输速度能够达到 10 Gbps。目前，在一些对实时通信要求较高的环境中，经常用到 ATM 局域网。

5.2.1　以太网

1. 以太网的概念

以太网是 20 世纪 70 年代由 Xerox 公司创建并由 Xerox、Intel 和 DEC 公司联合开发的基带局域网规范。网络拓扑结构为总线形，使用同轴电缆作为传输介质，采用带有冲突检测的载波多路访问机制（CSMA/CD）控制共享介质的访问，数据传输速率为 10 Mbps。如今以太网更多的是指各种采用 CSMA/CD 技术的局域网，用到的最多的拓扑结构是星形拓扑结构。在星形拓扑结构中，以双绞线为传输介质，以集线器为中央节点，实现了计算机之间的互连。

2. 介质访问控制方法

以太网网络中多个节点（计算机节点或设备节点）共享一条传输链路时，需要采取某种介质访问控制方法去控制和分配共享链路的使用权，避免不同节点发出的数据在共享传输链路上发生冲突。以太网通过 CSMA/CD 机制实现介质访问控制，这种机制的工作方式如图 5.17 所示。

CSMA/CD 的控制过程包含四个阶段：侦听、发送、检测、冲突处理。

① 侦听。通过专门的检测机构，在站点准备发送前先侦听一下总线上是否有数据正在传送（线路是否忙）。若"忙"则等待一段时间后再继续尝试；若"闲"，则决定如何发送。

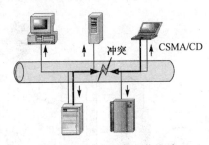

② 发送。当确定要发送后，通过发送机构向总线发送数据。

③ 检测。数据发送后，也可能发生数据冲突。因此，主机发送数据的同时继续检测信道以确定所发出的数据是否与其他数据发生冲突。即边发送，边检测，以判断是否冲突。

图 5.17　以太网的工作方式

④ 冲突处理。若发送后没有冲突头，则表明本次发送成功，当确认发生冲突后，进入冲突处理程序。有以下两种冲突情况。

- 侦听中发现线路忙：则等待一个延时后再次侦听，若仍然忙，则继续延迟等待，一直到可以发送为止。每次延时的时间不一致，由退避算法确定延时值。
- 发送过程中发现数据碰撞：先发送阻塞信息，强化冲突，再进行侦听工作，以待下次重新发送。

对于 CSMA/CD 而言，管理简单、维护方便，适合于通信负荷小的环境。当通信负荷增大时，冲突发生的概率也增大，网络效率急剧下降。

5.2.2　交换式以太网

在传统以太网中，采用集线器作为中央节点，但集线器不能作为大规模局域网的选择方案。交换式局域网的核心设备是局域网交换机，交换机可以在多个端口之间建立多个并发连接，解决了共享介质的互斥访问问题。这种将主机直接与交换机端口连接的以太网称为交换式以太网，主机连接在以太网交换机的各个端口上，主机之间不再发生冲突，也不需要 CSMA/CD 来控制链路的争用。

以太网交换机比传统的集线器提供的带宽更大，从根本上改变了局域网共享介质的结构，大大提高了局域网的性能。

5.2.3　无线局域网

无线局域网采用无线通信技术代替传统的电缆，实现家庭、办公室、大楼内部及园区内部的数据传输。WLAN 采用的主要技术为 802.11，覆盖范围从几十米到上百米，速率最高只能达到 2 Mbps。由于它在速率和传输距离上都不能满足人们的需要，因此，IEEE 小组于 1999 年又相继推出了 802.11b 和 802.11a 两个新标准。

IEEE 802.11b 是无线局域网的一个标准。其载波的频率为 2.4 GHz，传输速率为 11 Mbps。IEEE 802.11b 是所有无线局域网标准中最著名，也是普及最广的标准。IEEE 802.11b 的后继标准是 IEEE 802.11g，其传输速率为 54 Mbps，支持更长的数据传输距离。

802.11a 标准工作在 5 GHz 频带，传输速率可达 54 Mbps，可提供 25 Mbps 的无线 ATM 接口和 10 Mbps 的以太网无线帧结构接口，支持语音、数据、图像业务。

无线局域网有两种拓扑结构，基础网络模式和自组网络模式结构。

① 基础网络模式由无线网卡、无线接入点（AP）、计算机和有关设备组成，一个典型

的无线局域网如图5.18所示。AP 是数据发送和接收设备，称为接入点。通常，一个 AP 能够在几十至上百米的范围内连接多个无线用户。

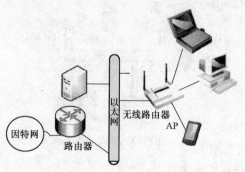

图 5.18　通过 AP 接入网络

② 自组网络模式的局域网不需要借助接入设备，网络中的无线终端通过相邻节点与网络中的其他终端实现数据通信，侧重于网络内部构成自主网络的节点之间进行数据交换。

5.3　因特网基础

任何网络只有与其他网络相互连接，才能使不同网络上的用户相互通信，以实现更大范围的资源共享和信息交流。通过相关设备，将全世界范围内的计算机网络互连起来形成一个范围涵盖全球的大网，这就是因特网。

5.3.1　因特网体系结构

因特网的核心协议是 TCP/IP 协议，也是实现全球性网络互连的基础。TCP/IP 协议也采用了分层化的体系结构，共分为 5 个层次，分别是物理层、数据链路层、网络层、传输层、应用层，每一层都有数据传输单位和不同的协议。因特网体系结构如图5.19所示。

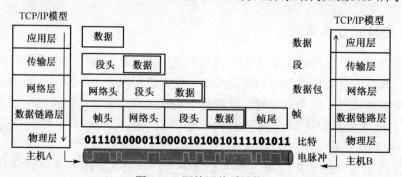

图 5.19　因特网体系结构

TCP/IP 协议的名称的来源于因特网层次模型中的两个重要协议：工作于传输层的 TCP 协议（Transmission Control Protocol）和工作于网络层的 IP 协议（Internet Protocol）。网络层的功能是不同网络之间以统一的数据分组格式（IP 数据报）传递数据信息和控制信息，从而实现网络互连。传输层的主要功能是对网络中传输的数据分组提供必要的传输质量保障。应用层可以实现多种网络应用，如 Web 服务、文件传输、电子邮件服务等。

因特网数据传输的基本过程如下。

发送端 A：应用层负责将要传递的信息转换成数据流，传输层将应用层提供的数据流分段，称为数据段（段头+数据），段头主要包含该数据由哪个应用程序发出、使用什么协议传输等控制信息。传输层将数据段传给网络层。网络层将传输层提供的数据段封装成数据包（网络头+数据段），网络头包含源 IP 地址、目标 IP、使用什么协议等控制信息，网络层将数据包传输给数据链路层。数据链路层将数据封装成数据帧（帧头+数据包），帧头包含源 MAC 地址、目标 MAC 地址、使用什么协议封装等信息，数据链路层将帧传输给物理层形成比特流，并将比特流转换成电脉冲通过传输介质发送出去。

接收端 B：物理层将电信号转变为比特流，提交给数据链路层，数据链路层读取该帧的帧头信息，如果是发给自己的，就去掉帧头，并交给网络层处理；如果不是发给自己的，则丢弃该帧。网络层读取数据包头的信息，检查目标地址，如果是自己的，去掉数据包头交给传输层处理；如果不是，则丢弃该包。传输层根据段头中的端口号传输给应用层某个应用程序。应用层读取数据段报文头信息，决定是否做数据转换、加密等，最后 B 端获得了 A 端发送的信息。

1．IP 协议

IP 协议工作于网络层，是建造大规模异构网络的关键协议，各种不同的物理网络（如各种局域网和广域网）通过 IP 协议能够互连起来。因特网上的所有节点（主机和路由器）都必须运行 IP 协议。为了能够统一不同网络技术数据传输所用的数据分组格式，因特网采用统一 IP 分组（称为 IP 数据报）在网络之间进行数据传输，通常情况下这些数据分组并不是直接从源节点传输到目的节点的，而是穿过由因特网路由器连接的不同的网络和链路。

IP 协议工作过程如图5.20所示。

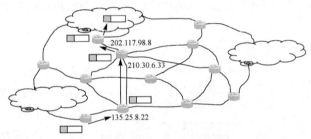

图 5.20　IP 协议工作过程

IP 协议以 IP 数据报的分组形式从发送端穿过不同的物理网络，经路由器选路和转发最终到达目的端。例如，源主机发送一个到达目的主机的 IP 数据包，IP 协议查路由表，找到下一个地址应该发往路由器 135.25.8.22（路由器 1），IP 协议将 IP 数据包转发到路由器 1，路由器 1 收到 IP 数据包，提取 IP 包中的目的地址的网络号，在路由表中查找目的网络应该发往路由器 210.30.6.33（路由器 2），IP 协议将 IP 数据包转发到路由器 2，路由器 2 收到 IP 数据包，提取 IP 包中的目的地址的网络号，在路由表中查找目的网络应该发往路由器 202.117. 98.8（路由器 3），IP 协议将 IP 数据包转发到路由器 3，路由器 3 收到 IP 数据包后将数据包转发到目的主机。

2．UDP 和 TCP 协议

IP 数据报在传输过程中可能出现分组丢失、传输差错等错误。要保证网络中数据传送的正确，应该设置另一种协议，这个协议应该准确地将从网络中接收的数据递交给不同的应用程序，并能够在必要时为网络应用提供可靠的数据传输服务质量，这就是工作于传输层的 TCP 协议和 UDP 协议（用户数据报协议）。这两种协议的区别在于 TCP 对所接收的 IP 数据报通过差错校验、确认重传及流量控制等控制机制实现端系统之间可靠的数据传输；而 UDP 并不能为端系统提供这种可靠的数据传输服务，其唯一的功能就是在接收端将从网络中接收到的数据交付到不同的网络应用中，提供一种最基本的服务。

3．应用层协议

应用层的协议提供不同的服务，常见的有以下几个。

① DNS 协议。DNS 用来将域名映射成 IP 地址。

② SMTP 与 POP3 协议。SMTP 与 POP3 用来收发邮件。

③ HTTP 协议。HTTP 用于传输浏览器使用的普通文本、超文本、音频和视频等数据。

④ TELNET 协议。TELNET 用于把本地的计算机仿真成远程系统的终端使用远程计算机。

⑤ FTP 协议。FTP 用于网上计算机间的双向文件传输。

5.3.2 IP 地址

因特网中的主机之间要正确地传送信息，每个主机就必须有唯一的区分标志。IP 地址就是给每个连接在 Internet 上的主机分配的一个区分标志。按照 IPv4 协议规定，每个 IP 地址用 32 位二进制数来表示。

1. IP 地址

32 位的 IP 地址由网络号和主机号组成。IP 地址中网络号的位数、主机号的位数取决于 IP 地址的类别。为了便于书写，经常用点分十进制数表示 IP 地址。即每 8 位写成一个十进制数，中间用 "." 作为分隔符，如 11001010 01110101 01100010 00001010 可以写成 202.117.98.10。

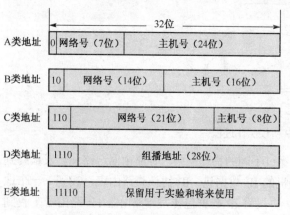

图 5.21 IP 地址的构成及类别

IP 地址分为 A、B、C、D、E 共 5 类，如图 5.21 所示。

① A 类 IP 地址。一个 A 类 IP 地址以 0 开头，后面跟 7 位网络号，最后是 24 位主机号。如果用点分十进制数表示，A 类 IP 地址就由 1 字节的网络地址和 3 字节主机地址组成。A 类网络地址适用于大规模网络，全世界 A 类网只有 126 个（全 0、全 1 不分），每个网络所能容纳的计算机数为 16 777 214 台（即 $2^{24}-2$ 台，全 0、全 1 不分）。

② B 类 IP 地址。一个 B 类 IP 地址以 10 开头，后面跟 14 位网络号，最后是 16 位主机号。如果用点分十进制数表示，B 类 IP 地址就由 2 字节的网络地址和 2 字节主机地址组成的。B 类网络地址适用于中等规模的网络，每个网络所能容纳的计算机数为 65 534 台（即 $2^{16}-2$ 台，全 0、全 1 不分）。

③ C 类 IP 地址。一个 C 类 IP 地址以 110 开头，后面跟 21 位网络号，最后是 8 位主机号。如果用点分十进制数表示，C 类 IP 地址就由 3 字节的网络地址和 1 字节主机地址组成的。C 类网络地址数量较多，适用于小规模的局域网络，每个网络最多只能包含 254（即 2^8-2）台计算机（全 0、全 1 不分）。

④ D 类 IP 地址。D 类 IP 地址以 1110 开始，它是一个专门保留的地址。它并不指向特定的网络，目前这一类地址被用在多点广播中。多点广播地址用来一次寻址一组计算机，它标识共享同一协议的一组计算机。

⑤ E 类 IP 地址。E 类 IP 地址以 11110 开始，保留用于将来和实验使用。

除了以上几种类型的 IP 地址外，还有几种特殊类型的 IP 地址，IP 地址中的每一字节都为 0 的地址 0.0.0.0 对应于当前主机；IP 地址中的每一字节都为 1 的 IP 地址 255.255.255.255 是当前子网的广播地址；IP 地址中不能以十进制数 127 作为开头，该类地址中 127.0.0.1～

127.1.1.1 用于回路测试，如 127.0.0.1 可以代表本机 IP 地址，用 http://127.0.0.1 就可以测试本机中配置的 Web 服务器。

2．子网掩码

子网掩码又叫网络掩码，子网掩码不能单独存在，它必须结合 IP 地址一起使用。子网掩码只有一个作用，就是表明一个 IP 地址中哪些位是网络号，哪些位是主机号。子网掩码的设定必须遵循一定的规则，子网掩码的长度是 32 位，左边是网络位，用二进制数 1 表示，1 的数目等于网络位的长度；右边是主机位，用二进制数 0 表示，0 的数目等于主机位的长度。A 类地址的默认子网掩码为 255.0.0.0；B 类地址的默认子网掩码为 255.255.0.0；C 类地址的默认子网掩码为：255.255.255.0。

例如，某公司申请到了一个 B 类网的 IP 地址分发权，网络号为 10001010 00001010，意味着该网拥有的主机数为 $2^{16}-2 = 65\ 534$ 台，其主机号可以从 00000000 00000001 编到 11111111 11111110，这些主机都使用同一个网络号，这样的网络难以管理。因特网采用将一个网络划分成若干子网的技术解决这个问题，基本思想是把具有这个网络号的 IP 地址划分成若干个子网，每个子网具有相同的网络号和不同的子网号。例如，可以将 65534 个主机号按前 8 位是否相同分成 256 个子网，则每个子网中含有 254 个主机号。假定现在从子网号为 10100000 的子网中获得了一个主机号 00001010，则对应的 IP 地址为：10001010 00001010 10100000 00001010，用点分十进制数表示为 138.10.160.10，如果将该 IP 地址传给 IP 协议，IP 协议若按默认方式理解，将认为该 IP 地址的主机号为 16 位，和实际不符，这时就需要告诉 IP 协议划分了子网，需要设置子网掩码：255.255.255.0。

例如，有一 IP 地址为 202.158.96.238，对应的子网掩码为 255.255.255.240。由子网掩可知，网络号为 28 位，是 202.158.96.224；主机号为 4 位，是 14。

3．IP 地址的分配机构

所有的 IP 地址都由国际组织 NIC（Network Information Center）负责统一分配，目前全世界共有三个这样的网络信息中心。ENIC 负责欧洲地区；APNIC 负责亚太地区；InterNIC 负责美国及其他地区。我国申请 IP 地址要通过 APNIC，APNIC 的总部设在澳大利亚布里斯班。申请时要考虑申请哪一类 IP 地址，然后向国内的代理机构提出申请。

5.3.3　域名系统

通过 TCP/IP 协议进行数据通信的主机或网络设备都要拥有一个 IP 地址，但 IP 地址不便记忆。为了便于使用，常常赋予某些主机（特别是提供服务的服务器）能够体现其特征和含义的名称，即主机的域名。

1．域的层次结构

域名系统（Domain Name System，DNS）提供一种分布式的层次结构，位于顶层的域名称为顶级域名，顶级域名有两种划分方法：按地理区域划分和按组织结构划分。域名层次结构如图5.22所示。

地理域是为国家或地区设置的，如中国是 cn，美国是 us，日本是 jp 等。机构类域定义了不同的机构分类，主要包括：com（商业组织）、edu（教育机构）、gov（政府机构）、ac（学术机构）等。顶级域名下又定义了二级域名，如中国的顶级域名 cn 下又设立了 com、net、org、 gov、edu 等组织结构类二级域名，以及按照各个行政区域划分的地理域名如 bj（北京）、sh（上海）等。采用同样的思想可以继续定义三级或四级域名。域名的层次结构可以看成一个树形结构，一个完整的域名中，由树叶到树根的路径点用点"."分割，如 www.nwu.edu.cn 就是一个完整的域名。

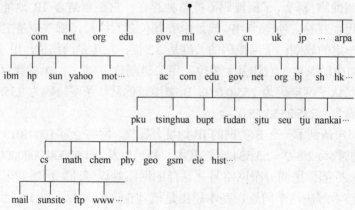

图 5.22　域名层次结构

2．域名解析

网络数据传送时需要 IP 地址进行路由选择，域名无法识别，因此必须有一种翻译机制，能将用户要访问的服务器的域名翻译成对应的 IP 地址。为此因特网提供了域名系统（DNS），DNS 的主要任务是为客户提供域名解析服务。

域名服务系统将整个因特网的域名分成许多可以独立管理的子域，每个子域由自己的域名服务器负责管理。这就意味着域名服务器维护其管辖子域的所有主机域名与 IP 地址的映射信息，并且负责向整个因特网用户提供包含在该子域中的域名解析服务。基于这种思想，因特网 DNS 有许多分布在全世界不同地理区域、由不同管理机构负责管理的域名服务器。全球共有十几台根域名服务器，其中大部分位于北美洲，这些根域名服务器的 IP 地址向所有因特网用户公开，是实现整个域名解析服务的基础。

例如，如图 5.23 所示的 DNS 服务器的分层中，管辖所有顶级域名 com、edu、gov、cn、uk 等的域名服务器也被称为顶级域名服务器；顶层域名服务器下面还可以连接多层域名服务器，如顶级 cn 域名服务器又可以提供在它的分支下面的"com.cn"、"edu.cn"等域名服务器的地址。同样，在 com 顶级域名服务器之下的"yahoo.com"域名服务器，也可以作为该公司的域名服务器，提供其公司内部的不同部门所使用的域名服务器。

域名解析的过程如图5.24所示，当客户以域名方式提出 Web 服务请求后，首先要向 DNS 请求域名解析服务，得到所请求的 Web 服务器的 IP 地址之后，才能向该 Web 服务器提出 Web 请求。

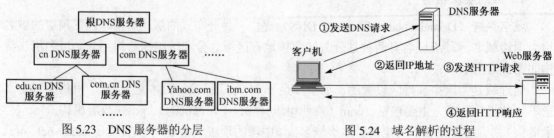

图 5.23　DNS 服务器的分层　　　　图 5.24　域名解析的过程

3. 域名的授权机制

顶级域名由因特网名字与编号分配机构直接管理和控制，负责注册和审批新的顶级域名及委托并授权其下一级管理机构控制管理顶级以下的域名。该组织还负责根和顶级域名服务器的日常维护工作。中国互联网信息中心（China Internet Network Information Center，CNNIC）作为中国的国家顶级域名 cn 的注册管理机构，负责 cn 域名根服务器和顶级服务器的日常维护和运行，以及管理并审批 cn 域下的域名使用权。因特网始于美国，DNS 服务系统最早在美国国内开始向公共网络用户服务，当然也是美国的组织结构最早向 ICANN 申请域名注册，当 ICANN 意识到需要使用地域标记来扩展越来越多的域名需求时，许多美国的机构已经注册并使用了这些不需要地域标记的域名，因此，大部分美国的企业和组织所使用的域名并不需要加上代表美国的地域标记"us"。

5.3.4 因特网的接入

因特网是世界上最大的国际性互联网。只要经过有关管理机构的许可并遵守有关的规定，使用 TCP/IP 协议通过互连设备就可以接入因特网。接入因特网需要向 ISP（Internet Service Provider，因特网服务供应商）提出申请。ISP 主要提供因特网接入服务，即通过网络连线把用户的计算机或其他终端设备连入因特网。常见的因特网接入方式主要有：拨号接入方式、DDN 专线接入方式、无线接入方式和局域网接入方式。

1. 拨号接入方式

通过拨号接入方式接入网络有三种形式：普通 Modem 拨号接入方式、ISDN 拨号接入方式和 ADSL 虚拟拨号接入方式。其中，普通 Modem 拨号接入方式已经淘汰，当前最流行的是 ADSL 虚拟拨号接入方式。

ADSL（非对称数字用户环路）是一种能够通过普通电话线提供宽带数据业务的技术，它具有下行速率高、频带宽、性能优、安装方便等优点。ADSL 方案的最大特点是不需要改造信号传输线路，完全可以利用普通铜质电话线作为传输介质，配上专用的 ADSL Modem 即可实现数据高速传输。ADSL 支持上行速率 640 kbps～1 Mbps，下行速率 1～8 Mbps，其有效的传输距离在 3～5 千米范围内。

在 ADSL 接入方案中，每个用户都有单独的一条线路与 ADSL 局端相连，可以看做是星形结构的，数据传输带宽是由每一个用户独享的。

2. DDN 专线接入方式

DDN（Digital Data Network）是随着数据通信业务的发展而迅速发展起来的一种新型网络。DDN 的主干网传输媒介有光纤、数字微波、卫星信道等，用户端多使用普通电缆和双绞线。DDN 将数字通信技术、计算机技术、光纤通信技术及数字交叉连接技术有机地结合在一起，提供了高速度、高质量的通信环境。可以向用户提供点对点、点对多点透明传输的数据专线出租电路，供用户传输数据、图像、声音等信息。DDN 的通信速率可根据用户需要在 $N \times 64$ kbps（$N = 1 \sim 32$）之间进行选择，当然，速度越快租用费用也越高。

专线连接可以把企业内部的局域网或学校内部的校园网与 Internet 直接连接起来。对于规模比较大的企业、团体或学校，往往有许多员工需要同时访问 Internet，并且经常需要通过 Internet 传递大量的数据、收发电子邮件，对于这样的单位，最好与 Internet 进行直接专线连接。DDN 的租用费较贵，一般可以采用包月制和计流量制，这与一般用户拨号上网的按时计费方式不同。

3．无线接入方式

（1）GPRS 接入方式

GPRS（通用分组无线服务技术）是一种基于 GSM 系统的无线分组交换技术，提供端到端的、广域的无线 IP 连接。通俗地讲，GPRS 是一项高速数据处理技术，传输速率可提升至56～114 kbps。虽然 GPRS 是作为现有 GSM 网络向第三代移动通信演变的过渡技术，但是它在许多方面都具有显著的优势。GPRS 接入如图5.25所示。

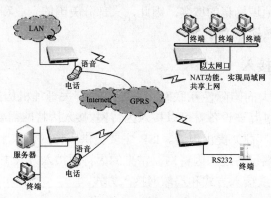

图 5.25　GPRS 接入

由于数据业务在绝大多数情况下都具有突发性的特点，对信道带宽的需求变化较大，因此采用分组方式进行数据传送能够更好地利用信道资源。例如，一个进行 WWW 浏览的用户，大部分时间处于浏览状态，而真正用于数据传送的时间只占很小比例。在这种情况下，若采用固定占用信道的方式，将会造成较大的资源浪费。此外，使用 GPRS 上网的方法较为优越，下载资料和通话可以同时进行。从技术上说，声音的传送继续使用 GSM，而数据的传送使用 GPRS。而且发展 GPRS 技术也十分经济，只须沿用现有的 GSM 网络来发展即可。GPRS 的用途十分广泛，包括通过手机发送及接收电子邮件、浏览互联网等。

（2）蓝牙技术

蓝牙（Bluetooth）是由东芝、爱立信、IBM、Intel 和诺基亚于 1998 年 5 月共同提出的近距离无线数字通信的技术标准。蓝牙的标准是 IEEE 802.15，工作在 2.4 GHz 频带，其最高数据传输速率为 1 Mbps（有效传输速率为 721 kbps），最大传输距离为 10 m，采用时分双工传输方案实现全双工传输。

蓝牙技术使用高速跳频和时分多址（TDMA）等先进技术，能在近距离内将包括移动电话、PDA、无线耳机、笔记本电脑、相关外设等众多设备之间呈网状连接起来，有效地简化移动通信终端设备之间的通信，成功地简化设备与因特网之间的通信，使数据传输变得更加迅速高效。蓝牙技术的优势包括：支持语音和数据传输；采用无线电技术，可穿透不同物质及在物质间扩散；采用跳频技术，抗干扰性强，不易窃听；工作在 2.4 GHz 频带，理论上不存在干扰问题；成本低。蓝牙的劣势在于传输速度慢。

4．局域网接入方式

通过局域网接入因特网，一般就是使用高速以太网接入。由于以太网已经成功地将速率提升到 1 Gbps 和 10 Gbps，并且由于采用光纤传输，其所覆盖的地理范围也在逐步扩展，因此人们开始使用以太网进行宽带接入，其接入方式如图 5.26 所示。它将光纤直接接入小区和大楼的中心机房，然后通过五类双绞线与各用户的终端相连，为用户提供高速上网和其他宽带数据服务。通过局域网接入因特网具有传输速率高、网络稳定性好、用户端投资少等优点。对于上网用户比较密集的办公楼或居民小区，以太网接入是主流的宽带接入方法。

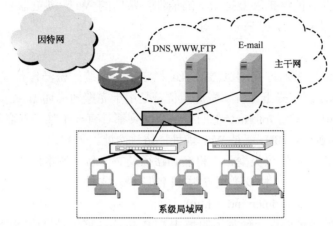

图 5.26　通过局域网接入因特网

5.4　因特网基本服务

因特网采用客户机/服务器（Client /Server）应用模式。在客户机/服务器应用模式中，服务器是整个应用系统的资源存储、用户管理、数据运算的中心。客户端对服务器有相当大的依赖性，它的任务是完成服务请求的发送及显示所接收到的各种信息，其工作过程如图 5.27 所示。在客户机/服务器模式中，服务器与客户机的任务分工不同，并且界限明显。

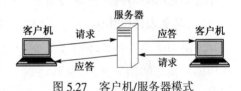

图 5.27　客户机/服务器模式

5.4.1　WWW 服务

万维网（World Wide Web，WWW）是一个以因特网为基础的庞大的信息网络，它将因特网上提供各种信息资源的万维网服务器（也称 Web 服务器）连接起来，使得所有连接在因特网上的计算机用户能够方便、快捷地访问自己喜好的内容。Web 服务的组成部分包括：提供 Web 信息服务的 Web 服务器、从 Web 服务器获取各种 Web 信息的浏览器、定义服务器和浏览器之间交换数据信息规范的 HTTP 协议及 Web 服务器所提供的网页文件。

1. Web 服务器与浏览器

服务器指一个管理资源并为用户提供服务的计算机软件，通常分为文件服务器、数据库服务器和应用程序服务器等。运行以上软件的计算机或计算机系统也被称为服务器，相对于普通 PC 来说，服务器（计算机系统）在稳定性、安全性、性能等方面都要求更高。因此，其 CPU、芯片组、内存、磁盘系统、网络等硬件和普通 PC 有所不同。

这里所说的 Web 服务器是一个应用软件，运行在服务器计算机中，主要任务是管理和存储各种信息资源，并负责接收来自不同客户端的服务请求。针对客户端所提出各种信息服务请求，Web 服务器通过相应的处理返回信息，使得客户端通过浏览器能够看到相应的结果。

Web 客户端可以通过各种 Web 浏览器程序实现，浏览器是可以显示 Web 服务器或文件系统的 HTML 文件内容，并让用户与这些文件交互。浏览器的主要任务是接收用户计算机的 Web 请求，并将这个请求发送给相应的 Web 服务器，当接收到 Web 服务器返回的 Web 信息时，负责显示这些信息。大部分浏览器本身除了支持 HTML 之外，还支持 JPEG、PNG、GIF 等图像格式，并且能够扩展支持众多的插件。常用的 Web 浏览器有 Microsoft Internet Explorer、Netscape Navigator 和 Firefox 等。

2. URL

浏览器中的服务请求通过在浏览器的地址栏定位一个统一资源定位（Uniform Resource Locator，URL）URL 链接提出。统一资源定位符是用于完整地描述 Internet 上网页和其他资源的地址的一种标识方法。 Internet 上的每一个网页都具有一个唯一的名称标识，通常称之为 URL 地址，简单地说，URL 就是 Web 地址，俗称网址。

URL 由三部分组成：协议类型、主机名和路径及文件名，基本格式如下：

协议类型:// 主机名/路径及文件名

例如：http://www.nwu.edu.cn/index.html。

协议指所使用的传输协议，最常用的是 HTTP 协议，它也是目前 WWW 中应用最广的协议，还可以指定的协议有 FTP、GOPHER、TELNET、FILE 等。

主机名是指存放资源的服务器的域名或 IP 地址。有时，在主机名前可以包含连接到服务器所需的用户名和密码。

路径是由零个或多个 "/" 符号隔开的字符串，用来表示主机上的一个目录或文件地址。文件名则是所要访问的资源的名字。

3. 超文本传输协议

万维网的另一个重要组成部分是超文本传输协议（HTTP），HTTP 协议定义了 Web 服务器和浏览器之间信息交换的格式规范。运行在不同操作系统上的客户浏览器程序和 Web 服务器程序通过 HTTP 协议实现彼此之间的信息交流和理解。HTTP 协议是一种非常简单而直观的网络应用协议，主要定义了两种报文格式：一种是 HTTP 请求报文，定义了浏览器向 Web 服务器请求 Web 服务时所使用的报文格式；另一种是 HTTP 响应报文，定义了 Web 服务器将相应的信息文件返回给用户浏览器所使用的报文格式。

4. Web 网页

网页是构成网站的基本元素，是承载各种网站应用的平台。Web 网页采用超文本标记语言 HTML 格式书写，由多个对象构成，如 HTML 文件、JPG 图像、GIF 图像、Java 程序、语音片段等。不同网页之间通过超链接发生联系。网页有多种分类，通常可分为静态网页和动态网页。静态网页的文件扩展名多为.htm 或.html，动态网页的文件扩展名多为.php 或.asp。

静态网页由标准的 HTML 构成，不需要通过服务器或用户浏览器运算或处理生成。这就意味着用户对一个静态网页发出访问请求后，服务器只是简单地将该文件传输到客户端。所以，静态页面多通过网站设计软件来进行设计和更改，相对比较滞后。动态网页是在用户请求 Web 服务的同时由两种方式及时产生：一种方式是由 Web 服务器解读来自用户的 Web 服务请求，并通过运行相应的处理程序，生成相应的 HTML 响应文档，并返回给用户；另一种方式是服务器将生成动态 HTML 网页的任务留给用户浏览器，在响应给用户的 HTML 文档中嵌入应用程序，由用户端浏览器解释并运行这部分程序以生成相应的动态页面。

静态网页是网站建设的基础，静态网页和动态网页之间并不矛盾，各有特点。网站采用动态网页还是静态网页主要取决于网站的功能需求和网站内容的多少，如果网站功能比较简单，内容更新量不是很大，采用纯静态网页的方式会更简单，反之则要采用动态网页技术来实现。在同一个网站上，动态网页内容和静态网页内容同时存在也是很常见的事情。

5.4.2 电子邮件服务

电子邮件（E-mail）也是因特网最常用的服务之一，利用 E-mail 可以传输各种格式的文本信息及图像、声音、视频等多种信息。

1. E-mail 系统的构成

E-mail 服务采用客户机/服务器的工作模式，一个电子邮件系统包含三部分：用户主机、邮件服务器和电子邮件协议。

用户主机运行用户代理 UA，通过它来撰写信件、处理来信（使用 SMTP 协议将用户的邮件传送到它的邮件服务器，用 POP 协议从邮件服务器读取邮件到用户的主机）、显示来信。

邮件服务器运行传送代理 MTA，邮件服务器设有邮件缓存和用户邮箱。主要作用：一是接收本地用户发送的邮件，并存于邮件缓存中待发，由 MTA 定期扫描发送；二是接收发给本地用户的邮件，并将邮件存放在收信人的邮箱中。

2. 邮件地址

很多站点提供免费的电子邮箱，只要能访问这些站点的免费电子邮箱服务网页，用户就可以免费建立并使用自己的电子邮箱。每个电子邮箱都有唯一的地址，电子邮箱的地址格式如下：

收信人用户名@邮箱所在的主机域名

例如：zhang8808@126.com 表示用户 zhang8808 在主机名为"126.com"的邮件服务器上申请了邮箱。

3. 邮件的收发

发送与接收电子邮件有两种方式：基于 Web 方式的邮件访问协议和客户端软件方式。基于 Web 方式的邮件访问协议，如 126 和 Yahoo，用户使用超文本传输协议 HTTP 访问电子邮件服务器的邮箱，在该电子邮件系统网址上输入用户的用户名和密码，进入用户的电子邮件信箱，然后处理用户的电子邮件。这种方式使用方便，但速度比较慢。客户端软件方是指用户通过一些安装在个人计算机上的支持电子邮件基本协议的软件使用和管理电子邮件。这些软件（如 Microsoft Outlook 和 FoxMail）往往融合了先进、全面的电子邮件功能，利用这些客户端软件可以进行远程电子邮件操作，还可以同时处理多个账号的电子邮件，而且速度比较快。

邮件的收发过程如图5.28所示。

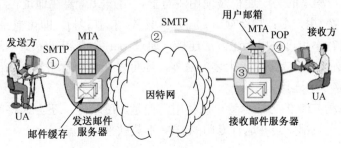

图 5.28　邮件发送过程

① 发送主机调用 UA 撰写邮件，并通过 SMTP 将客户的邮件交付发送邮件服务器，发送邮件服务器将其用户的邮件存储于邮件缓存，等待发送。

② 发送邮件服务器每隔一段时间对邮件缓存进行扫描，如果发现有待发邮件就通过 SMTP 发向接收邮件服务器。

③ 接收邮件服务器接收到邮件后，将它们放入收信人的邮箱中，等待收信随时读取。

④ 接收用户主机通过 POP 协议从接收方服务器上检索邮件，下载邮件后可以阅读、处理邮件。

5.4.3 文件传输服务

1．FTP 工作模式

与大多数 Internet 服务一样，FTP 也是一个客户机/服务器系统。用户通过一个支持 FTP 协议的客户机程序连接到远程主机上的 FTP 服务器程序。用户通过客户机程序向服务器程序发出命令，服务器程序执行用户所发出的命令，并将执行的结果返回客户机。FTP 主要用于下载共享软件。在 FTP 的使用当中，用户经常遇到两个概念：下载（Download）和上传（Upload）。下载文件就是从远程主机复制文件至自己的计算机上；上传文件就是将文件从自己的计算机中复制至远程主机上。

用户在访问 FTP 服务器之前必须登录，登录时需要用户给出其在 FTP 服务器上的合法账号和口令。但很多用户没有获得合法账号和口令，这就限制了共享资源的使用。所以，许多 FTP 服务器支持匿名 FTP 服务，匿名 FTP 服务不再验证用户的合法性，为了安全，大多数匿名 FTP 服务器只准下载、不准上传。

2．FTP 客户程序

需要进行远程文件传输的计算机必须安装和运行 FTP 客户程序。常见的 FTP 客户程序有三种类型：FTP 命令行、浏览器和下载软件。

（1）FTP 命令行

在安装 Windows 操作系统时，通常都安装了 TCP/IP 协议，其中就包含了 FTP 命令。但是该程序是字符界面而不是图形界面，必须以命令提示符的方式进行操作。FTP 命令是因特网用户使用最频繁的命令之一，无论在 DOS 还在 UNIX 操作系统下使用 FTP 都会遇到大量的 FTP 内部命令。熟悉并灵活应用 FTP 的内部命令，可以收到事半功倍之效。但其命令众多，格式复杂，对于普通用户来说，比较难掌握。所以，一般用户在下载文件时常通过浏览器或专门的下载软件来实现。

（2）浏览器

启动 FTP 客户程序的另一途径是使用浏览器，用户只需要在地址栏中输入如下格式的 URL 地址：FTP：// [用户名：口令@]ftp 服务器域名：[端口号]，即可登录对应的 FTP 服务器。同样，在命令行下也可以用上述方法连接，通过 put 命令和 get 命令达到上传和下载的目的，通过 ls 命令列出目录。除了上述方法外，还可以在命令行下输入 ftp 并按回车键，然后输入 open 来建立一个连接。

通过浏览器启动 FTP 的方法尽管可以使用，但是速度较慢，还会因将密码暴露在浏览器中而不安全。因此一般都安装并运行专门的 FTP 下载软件。

（3）下载软件

为了实现高效文件传输，用户可以使用专门的文件传输程序，这些程序不但简单易用，而且支持断点续传。所谓断点续传，是指在下载或上传时，将下载或上传任务（一个文件或一个压缩包）划分为几个部分，每一个部分采用一个线程进行上传或下载，如果碰到网络故障而终止，等到故障消除后可以继续上传或下载余下的部分，而没有必要从头开始，可以节省时间，提高速度。迅雷、快车、Web 迅雷、BitComet、优酷、百度视频、新浪视频、腾讯视频等都支持断点续传。

5.4.4 远程登录服务

1. 远程登录的概念

远程登录是指用户使用 Telnet 命令，使自己的计算机暂时成为远程主机的一个仿真终端的过程。仿真终端只负责把用户输入的每个字符传递给主机，主机进行处理后，再将结果传回并显示在屏幕上。Telnet 是进行远程登录的标准协议和主要方式，它为用户提供了在本地计算机上完成远程主机工作的能力。

但现在 Telnet 已经越用越少了，主要有如下三方面原因：

① 个人计算机的性能越来越强，致使在远程主机中运行程序的要求逐渐减弱；

② Telnet 服务器的安全性欠佳，因为它允许他人访问其操作系统和文件；

③ 对初学者而言，Telnet 使用起来不是很容易。

2. 远程登录的工作过程

使用 Telnet 协议进行远程登录时需要满足以下条件：在本地计算机上必须装有包含 Telnet 协议的客户程序，必须知道远程主机的 IP 地址或域名，必须有合法的用户名和口令。

Telnet 远程登录服务分为以下 4 个阶段：

① 本地计算机和远程主机建立连接，该过程实际上是建立一个 TCP 连接；

② 将本地终端上输入的用户名和口令及以后输入的任何命令或字符以网络虚拟终端（NVT）格式传送到远程主机；

③ 将传回的 NVT 格式的数据转化为本地所接受的格式送回本地终端，包括输入命令回显和命令执行结果；

④ 最后，本地终端对远程主机撤销连接，该过程实际上是撤销一个 TCP 连接。

5.5 知识扩展

5.5.1 IPv6 技术

目前使用的第二代互联网 IPv4 技术，核心技术属于美国。它的最大问题是网络地址资源有限，从理论上讲，编址可以拥有 1600 多万个网络、40 多亿台主机。但采用 A、B、C 三类编址方式后，可用的网络地址和主机地址的数目急剧减少，目前，IP 地址已经枯竭。截至 2010 年 6 月，中国 IPv4 地址数量仅有 2.5 亿左右，已不能满足 4.2 亿网民的需求。地址不足，严重地制约了我国及其他国家互联网的发展。

在这样的环境下，IPv6 应运而生。IPv6 地址长度为 128 位，仅从数字上来说，IPv6 所拥有的地址容量理论上最多可达 2^{128}，是 IPv4 的 2^{96} 倍。这不但解决了传统网络地址数量有限的问题，同时也为除计算机外的其他设备接入互联网提供了基础。

1．IPv6 编址

从 IPv4 到 IPv6，最显著的变化就是网络地址的长度。IPv6 地址有 128 位，一般采用 32 个十六进制数表示。IPv6 地址由两个逻辑部分组成：64 位的网络前缀和 64 位的主机地址，主机地址通常根据物理地址自动生成。

例如：2F01:00b0:80A3:0803:1310:802E:0070:7044 就是一个合法的 IPv6 地址。

2．IPv6 的优势

与 IPv4 相比，IPv6 具有以下几个优势。

① IPv6 具有更大的地址空间。

② IPv6 使用更小的路由表。IPv6 的地址分配一开始就遵循聚类的原则，这使得路由器能在路由表中用一条记录表示一片子网，大大减小了路由器中路由表的长度，提高了路由器转发数据包的速度。

③ IPv6 增加了增强的组播支持及对流的支持，这使得多媒体应用有了更好的支持。

④ IPv6 加入了对自动配置的支持，使得网络的管理更加方便和快捷。

⑤ IPv6 具有更高的安全性，在 IPv6 网络中，用户可以对网络层的数据进行加密并对 IP 报文进行校验，极大地增强了网络的安全性。

5.5.2　因特网信息检索

因特网信息检索又称因特网信息查询或检索，是指通过因特网，借助网络检索工具，根据信息需求，在按一定方式组织和存储起来的因特网信息集合中查找出有关信息的过程。网络检索工具通常称为检索引擎，著名的检索工具有百度、Yahoo、Google 等。用户以关键词、词组或自然语言构成检索表达式，提出检索要求，检索引擎代替用户在数据库中进行检索，并将检索结果提供给用户。它一般支持布尔检索、词组检索、截词检索、字段检索等功能，下面以 Google 为例说明检索引擎的使用。

1．基本检索

（1）逻辑"与"操作

无须用明文的"+"来表示逻辑"与"操作，只用空格就可以了。

例如，以"西北大学 图书馆"为关键字就可以查出同时包含"西北大学"和"图书馆"两个关键字的全部文档。

注意：文章中检索语法外面的引号仅起引用作用，不能带入检索栏内。

（2）逻辑"非"操作

用英文字符"−"表示逻辑"非"操作。操作符与作用的关键字之间不能有空格。例如，"西北大学—图书馆"（正确），"西北大学-　图书馆"（错误）。

如果还存在空格，检索引擎将视其为"西北大学"和"图书馆"的逻辑"与"操作，中间的"−"就被忽略。

（3）逻辑"或"操作

Google 用大写的"OR"表示逻辑"或"操作。例如，"西北大学 OR 图书馆"可以查找到包括"西北大学"或"图书馆"的网页。注意："OR"后面要加空格，否则就成了"与"操作。

Google 不支持通配符"*"，对英文字符大小写不敏感，用关键字"GOD"和"god"检索的结果是一样的。Google 的关键字可以是词组（中间没有空格），也可以是句子（中间有空格）。但是，用句子做关键字，必须加引号，如"胆子再大一点，步子再快一点"。

2. 高级检索

（1）site：检索指定网站的文件

site 对检索的网站进行限制，它表示检索结果局限于某个具体网站或某个域名，从而大大缩小检索范围，提高检索效率。

例：查找英国高校图书馆网页信息（限定国家）。

检索表达式：university. library site:uk

例：查找中国教育网有关信息（限定领域）。

检索表达式：图书馆 site:edu.cn

如果要排除某网站或域名范围内的页面，只需用"关键词 -site:网站名或域名"即可。site 后冒号为英文字符，而且，冒号后不能有空格，否则，"site :"将被作为一个检索的关键字。

（2）filetype: 检索制定类型的文件

filetype 检索主要用于查询某一类文件（往往带有同一扩展名）。

filetype 是 Google 的一个特色查询功能，可检索的文件类型包括：Adobe Portable Document Format（PDF）、Adobe PostScript（PS）、Microsoft Excel（XLS）、Microsoft PowerPoint（PPT）、Microsoft Word（DOC）、Rich Text Format（RTF）等 12 种文件类型。其中最重要的文档检索是 PDF 检索。目前 Google 检索的 PDF 文档大约有 2500 万份左右。

例：查找关于生物的生殖发育方面的教学课件。

检索表达式：生物 生殖 发育 filetype:ppt

例：查找关于遗传算法应用的 PDF 格式论文。

检索表达式：遗传算法 filetype:pdf

例：查找 DOC 格式查新报告样本。

检索表达式：查新报告 filetype:doc

（3）inurl 和 allinurl：检索的关键字包含在 URL 链接中

inurl:语法返回的网页链接中包含第一个关键字，后面的关键字则出现在链接中或网页文档中。有很多网站把某一类具有相同属性的资源名称显示在目录名称或网页名称中，如"mp3"、"photo"等。于是，就可以用 inurl:语法找到这些相关资源链接，然后，用第二个关键词确定是否有某项具体资料。

allinurl:语法返回的网页的链接中包含所有查询关键字。这个查询的对象只集中于网页的链接字符串。

例：检索表达式"inurl:mp3 那英"

例：检索表达式"allinurl:mp3 那英"

（4）intitle:和 allintitle:检索的关键词包含在网页的标题之中

intitle:和 allintitle:的用法类似于 inurl 和 allinurl，只是后者对 URL 进行查询，而前者对网页的标题栏进行查询。例如"intitle:学科馆员"可以查到网页标题中含有"学科馆员"的网页。

以上介绍的是 Google 的常用检索功能，除了个别功能是 Google 目前所特有的以外，其余功能各大检索引擎都已具备，只是在语法规定等细节上略有区别。使用每种检索引擎前，必须阅读有关检索帮助文字说明。利用检索引擎进行检索的优点是：省时省力， 简单方便，检索速度快、范围广，能及时获取新增信息。其缺点在于检索准确性不是很高，与人们的检索需求及对检索效率的期望有一定的差距。

5.5.3 对等网络

目前因特网提供两种基本网络应用服务模式，客户机/服务器模式和对等网络服务（Peer-to-Peer，P2P）模式。随着网络用户的不断增加，对等网的应用也在逐渐增加。目前比较流行的基于对等网络的应用主要包括：文件共享、存储共享、即时通信、基于 P2P 技术的网络电视等。

对等网是一种分布式服务模式，P2P 的基本特点是整个网络不存在明显的中心服务器，网络中的资源和服务分散在所有的用户节点上，每个用户节点既是网络服务提供者，是网络服务的使用者。网络应用中的信息传输和服务实现直接在用户节点之间进行，无须中间环节和服务器的介入，如媒体播放 PPLive、QQ 及迅雷旋风、Skype 等都采用了 P2P 模式。

典型的对等网应用是 P2P 文件共享系统，如图5.29 所示，连接在因特网上的用户计算机

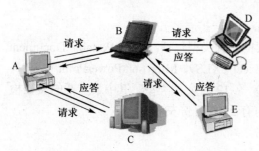

A～E 形成某种应用层互连结构，构成一个对等网络文件共享系统，无须借助中心服务器，A 可以向 C 请求资源，也可以向 B 请求资源；B 向 D 请求资源，也向 E 请求资源。基于这种节点之间的连通，每个节点可以向其他节点传播它对某种文件资源的查询消息，当这个查询消息传输到拥有该资源的节点时，请求资源的用户主机可以直接从拥有该资源的用户主机上下载这个文件资源。

图 5.29　P2P 对等网

P2P 使得网络上的沟通变得容易、更直接地共享和交互，而不是像过去那样连接到服务器去浏览与下载。传统方式下载依赖服务器，随着下载用户数量的增加，服务器的负担越来越重。而对等网络中，文件的传递可以在网络上的各个客户计算机中进行，下载的速度快、稳定性高。例如，"迅雷"就是支持对等网络技术的下载工具，迅雷能够将网络上存在的服务器和计算机资源进行有效整合，构成独特的迅雷网络。迅雷网络可以对服务器资源进行均衡，有效降低了服务器负载，通过迅雷网络，各种数据文件能够以最快速度进行传递。

5.5.4 代理服务器

1. 代理服务器的概念

代理服务器（Proxy Server）是网上提供转接功能的服务器，其功能就是代理网络用户去取得网络信息。例如，要想访问目的网站 D，由于某种原因不能访问到网站 D（或者不想直接访问该网站），此时就可以使用代理服务器。在实际访问某个网站的时候，在浏览器的地址栏内输入要访问的网站，浏览器会自动先访问代理服务器，然后代理服务器会自动转接到目标网站。

而且，大部分代理服务器都具有缓冲功能，它有很大的存储空间，不断将新取得数据储存到本机的存储器上，如果浏览器所请求的数据在它本机的存储器上已经存在而且是最新

的，那么就不重新从 Web 服务器取数据，而直接将存储器上的数据传送给用户的浏览器，这样就能显著提高浏览速度和效率。

2．代理服务器的用途

在日常网络中，代理服务器有很多用途。

① 共享网络。最常见的是用代理服务器共享上网，可以解决 IP 资源不足的问题。同时，可以用做防火墙，隔离内网与外网，提供监控网络和记录传输信息，加强局域网的安全性。

② 访问代理。在网络出现拥挤或故障时，或者本地主机上网受限而无法直接访问某个网站时，可通过代理服务器转接访问。

③ 防止攻击。黑客通过分析指定 IP 地址，可以查询到网络用户的目前所在地。而使用相应协议的代理服务器后，就可以隐藏自己的真实地址信息，防止被黑客攻击。

3．检索代理服务器

代理服务器的存在一般是不公开的，要得到代理服务器，一般有如下几个途径：

① 代理服务器的管理员公开或秘密传播；

② 网友在聊天室或 BBS 热情提供；

③ 自己检索；

④ 从专门提供代理服务器地址的站点获得。

使用代理服务器有两点需要注意的问题：一是除了一小部分代理服务器是网络服务商开设外，大部分是新建网络服务器设置的疏漏；二是虽然目的主机一般只能得到你使用的代理服务器 IP，似乎有效地遮掩了你的行程，但是，网络服务商开通的专业级代理服务器一般都有路由和流程记录，可以轻易通过调用历史记录来查清使用代理服务器地址的来路。

4．在 IE 等浏览器中使用 HTTP 代理服务器

IE 5.0 以上版本中设置代理：

① 选择菜单栏"工具"→下的"Internet 选项"命令；

② 打开"连接在"选项卡，单击"局域网设置"按钮；

③ 然后选中"为 LAN 使用代理服务器"复选框；

④ 在"地址"和"端口栏"文本框中输入代理服务器的 IP 地址和端口号，如图5.30 所示。

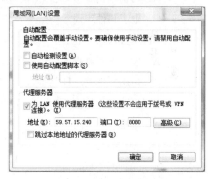

图 5.30　代理服务器设置

习　题　5

一、填空题

1．计算机网络一般由三部分组成：组网计算机、_____、网络软件。

2．组网计算机根据其作用和功能不同，可分为_____和客户机两类。

3．_____是一种利用光在玻璃或塑料制成的纤维中的全反射原理而制成的光传导工具。

4．_____用于实现连网计算机和网络电缆之间的物理连接。

5．_____是互联网的主要节点设备，通过路由选择决定数据的转发。

6．计算机网络按网络的作用范围可分为_____、_____和_____三种。

7. 计算机网络中常用的三种有线通信介质是_____、_____、_____。

8. 局域网的英文缩写为_____，城域网的英文缩写为_____，广域网的英文缩写为_____。

9. 双绞线有_____、_____两种。

10. 计算机网络的功能主要表现在硬件资源共享、_____、_____。

11. _____从根本上改变了局域网共享介质的结构，大大提升了局域网的性能。

12. IP 地址由_____和_____两部分组成。

13. WWW 上的每一个网页都有一个独立的地址，这些地址称为_____。

14. Internet 所提供的三项基本服务是 E-mail、_____、FTP。

15. E-mail 服务采用客户机/服务器的模式工作，一个电子邮件系统包含三个部分：用户主机、_____和电子邮件协议。

二、选择题

1. 最先出现的计算机网络是（　　）

    A．ARPAnet   B．Ethernet   C．BITNET   D．Internet

2. 计算机组网的目的是（　　）。

    A．提高计算机运行速度   B．连接多台计算机

    C．共享软、硬件和数据资源   D．实现分布处理

3. 电子邮件能传送的信息（　　）。

    A．是压缩的文字和图像信息   B．只能是文本格式的文件

    C．是标准 ASCII 字符   D．是文字、声音和图形图像信息

4. 申请免费电子信箱必须（　　）。

    A．写信申请   B．电话申请

    C．电子邮件申请   D．在线注册申请

5. FTP 是 Internet 中用于（　　）。

    A．发送电子邮件的软件   B．浏览网页的工具

    C．传送文件的一种服务   D．聊天的工具

6. 以太网的拓扑结构是（　　）结构。

    A．星形   B．总线形   C．环形   D．网状

7. Internet 是（　　）。

    A．一种网络软件   B．CPU 的一种型号   C．因特网   D．电子信箱

8. 调制解调器（Modem）的功能是实现（　　）。

    A．数字信号的编码   B．数字信号的整形

    C．模拟信号的放大   D．模拟信号与数字信号的转换

9. 计算机网络最突出的优点是（　　）。

    A．运算速度快   B．运算精度高   C．存储容量大   D．资源共享

10. HTTP 是一种（　　）。

    A．网址   B．超文本传输协议   C．高级程序设计语言   D．域名

11. 中国教育科研计算机网是（　　）。

    A．NCFC   B．CERNET   C．ISDN   D．Internet

12. IP 地址是（　　）。

    A．接入 Internet 的计算机地址编号　　　　　B．Internet 中网络资源的地理位置

    C．Internet 中的子网地址　　　　　　　　　D．接入 Internet 的局域网编号

13. 网络中各个节点相互连接的形式叫做网络的（　　）。

    A．拓扑结构　　　　　B．协议　　　　　　　C．分层结构　　　　　D．分组结构

14. TCP/IP 是一组（　　）。

    A．局域网技术　　　　　　　　　　　　　　B．广域技术

    C．支持同一种计算机（网络）互连的通信协议　D．支持异种计算机（网络）互连的通信协议

15. 目前在 Internet 网上提供的主要应用功能有电子信函（电子邮件）、WWW 浏览、远程登录和（　　）。

    A．文件传输　　　　　B．协议转换　　　　　C．光盘检索　　　　　D．电子图书馆

16. 下列四项中，合法的 IP 地址是（　　）。

    A．210.45.233　　　　B．202.38.64.4　　　　C．101.3.305.77　　　　D．115.123.20.245

17. 用户要想在网上查询 WWW 信息，必须安装并运行的软件是（　　）。

    A．HTTP　　　　　　B．Yahoo　　　　　　　C．浏览器　　　　　　D．万维网

18. 在局域网中的各个节点，计算机都应在主机扩展槽中插网卡，网卡的正式名称是（　　）。

    A．集线器　　　　　　B．T 形接头　　　　　C．终端匹配器　　　　D．网络适配器

19. 局域网传输介质一般采用（　　）。

    A．光纤　　　　　　　B．同轴电缆或双绞线　C．电话线　　　　　　D．普通电线

20. 网络协议是（　　）。

    A．用户使用网络资源时必须遵守的规定　　　B．网络计算机之间进行通信的规则

    C．网络操作系统　　　　　　　　　　　　　D．编写通信软件的程序设计语言

21. 域名是（　　）。

    A．IP 地址的 ASCII 码表示形式

    B．按接入 Internet 的局域网所规定的名称

    C．按接入 Internet 的局域网的大小所规定的名称

    D．按分层的方法为 Internet 中的计算机所取的直观的名字

22. 一座大楼内的一个计算机网络系统属于（　　）。

    A．PAN　　　　　　　B．LAN　　　　　　　C．MAN　　　　　　D．WAN

23. 将域名地址转换为 IP 地址的协议是（　　）。

    A．DNS　　　　B．ARP　　　　C．RARP　　　　D．ICMP

24. 下面协议中，用于 WWW 传输控制的是（　　）。

    A．URL　　　　B．SMTP　　　　C．HTTP　　　　D．HTML

25. 某公司申请到一个 C 类网络，由于有地理位置上的考虑，必须划分成 5 个子网，请问子网掩码要设为（　　）。

    A．55.255.255.224　　　　B．255.255.255.192　　　　C．255.255.255.254　　D．255.285.255.240

26. 下面协议中，用于电子邮件 E-mail 传输控制的是（　　）。

    A．SNMP　　　　　　B．SMTP　　　　　　　C．HTTP　　　　　　D．HTML

27. 在 IP 地址方案中，159.226.181.1 是一个（　　）。

    A．A 类地址　　　　　B．B 类地址　　　　　　C．C 类地址　　　　　D．D 类地址

28. 如果一个 C 类网络用掩码 255.255.255.192 划分子网，那么会有（　　）个可用的子网。

　　A. 2 　　　　　　　　　B. 4 　　　　　　　　　C. 6 　　　　　　　　　D. 8

29. 网络是分布在不同地理位置的多个独立的（　　）的集合。

　　A. 局域网 　　　　　　　B. 多协议路由器 　　　　C. 操作系统 　　　　　　D. 自治计算机

30. "www.nwu.edu.cn" 是 Internet 中主机的（　　）。

　　A. 硬件编码 　　　　　　B. 密码 　　　　　　　　C. 软件编码 　　　　　　D. 域名

三、简答题

1. 什么是计算机网络？计算机网络由哪几部分组成？

2. 常用计算机网络的拓扑结构有几种？

3. UTP 是什么？STP 是什么？

4. 简述因特网的体系结构。

5. 接入因特网有哪几种基本形式？各有什么特点？

6. WWW 资源有什么特点？

7. 简述邮件的收发过程。

8. 用户可以通过哪几种方式使用 FTP 资源。

第6章 网络安全

网络安全涉及计算机科学技术、网络技术、通信技术、密码技术、信息安全技术等多个学科。从本质上讲，网络安全就是网络上的信息安全。

6.1 网络安全概述

随着计算机技术的迅速发展，系统的连接能力也在不断提高。与此同时，基于网络连接的安全问题也日益突出。从网络运行和管理者角度看，他们希望对本地网络信息的访问操作受到保护和控制；对于安全保密部门来说，他们希望对非法的、有害的或涉及国家机密的信息进行过滤和防堵，避免机要信息泄露；从社会教育角度来讲，网络上不健康的内容会对社会的稳定和人格培养造成阻碍。因此，计算机网络安全应该做到防患于未然。

6.1.1 网络安全的含义与特征

1．网络安全

网络安全是指网络系统的硬件、软件及系统中的数据受到保护，不因偶然或恶意的原因而遭受到破坏、更改、泄露，系统连续、可靠、正常地运行，网络服务不中断。从广义来说，凡是涉及网络上信息的保密性、完整性、可用性、真实性和可控性的相关技术和理论都是网络安全的研究领域。

2．基本特征

网络安全具有以下 4 个方面的特征。

① 保密性：信息不泄露给非授权用户、实体或过程。

② 完整性：数据未经授权不能进行改变，即信息在存储或传输过程中保持不被修改、不被破坏和丢失。

③ 可用性：在任意时刻满足合法用户的合法需求。

④ 可控性：对信息的传播及内容具有控制能力。

6.1.2 网络安全的层次结构

网络安全主要包括三个层次：物理安全、安全控制和安全服务，其结构如图6.1所示。

图 6.1 网络安全层次结构

1. 物理安全

物理安全是指在物理介质层次上的安全保护，它是网络信息安全的基本保障。建立物理安全体系结构应从 4 个方面考虑。

① 防止自然灾害，诸如地震、火灾、洪水等。

② 防止物理损坏，诸如硬盘损坏、设备使用到期、外力损坏等。

③ 防止设备故障，诸如停电断电、电磁干扰等。

④ 防止用户误操作，诸如格式硬盘、线路拆除、意外疏漏等。

所以，为了保证网络系统的物理安全，除在网络规划和场地、环境方面有要求之外，还要防止系统信息在空间的扩散。为此，通常在物理上采取一定的防护措施，来减少或干扰扩散出去的空间信号，这是核心部门、军队、金融机构在建设信息中心时要遵守的首要条件。

2. 安全控制

安全控制是指在网络信息系统中对存储和传输信息的操作和进程进行控制和管理，其核心是在信息处理层次上对信息进行初步的安全保护。安全控制可以分为三个层次。

① 操作系统的安全控制。通过操作系统进行初步的安全控制，主要包括对用户的合法身份进行核实，对文件存取的控制。

② 网络接口设备的安全控制。在网络环境下对来自其他机器的网络通信进程进行安全控制，主要包括身份认证、客户权限设置与判别、审计日志等。

③ 网络互连设备的安全控制。对整个子网内所有主机的传输信息和运行状态进行安全监测和控制，此类控制主要通过网管软件或路由器配置实现。

3. 安全服务

安全服务是指在应用程序层对网络信息的保密性、完整性和信源的真实性进行保护和鉴别，满足用户的安全需求，防止和抵御各种安全威胁和攻击手段。安全服务可以在一定程度上弥补和完善现有操作系统和网络系统的安全漏洞。安全服务的主要内容包括：安全机制、安全连接、安全协议、安全策略等。

（1）安全机制

安全机制主要利用加密算法对重要、敏感的数据进行加密处理。安全机制是安全服务乃至整个网络信息安全系统的核心和关键，现代密码学在安全机制的设计中扮演着重要的角色。常见的安全机制有：

① 以保护网络信息保密性为目标的数据加密；

② 以保证网络信息来源真实性和合法性为目标的数字签名；

③ 保护网络信息完整性，防止和检测数据被修改、插入、删除和改变的信息认证等。

（2）安全连接

安全连接是为保证系统安全而在网络通信方之间进行的连接过程。安全连接主要包括会话密钥的分配和生成及身份验证。

（3）安全协议

安全协议使网络环境下互不信任的通信方能够相互配合，并通过安全连接和安全机制的来保证通信过程的安全性、可靠性和公平性。

（4）安全策略

安全策略是安全机制、安全连接和安全协议的有机组合，是网络信息系统安全性的完整解决方案。安全策略决定了网络信息安全系统的整体安全性和实用性。不同的网络信息系统和不同的应用环境需要不同的安全策略。

6.1.3 影响网络安全性的因素

网络存在一些安全隐患，影响网络安全性的因素主要有以下几个方面。

1．网络结构因素

局域网的网络拓扑结构有 3 种：星形、总线形和环形。一个单位在建立自己的内部网之前，各部门可能已经建造了自己的局域网，所采用的拓扑结构也可能完全不同。在建造内部网时，往往要牺牲一些安全机制的设置来实现异构网络间的通信。

2．网络协议因素

用户为了节省开支，在建造内部网时必然会保护原有的网络基础设施。另外，网络协议的兼容性也越来越高，使众多厂商的协议能互连、兼容和通信。这在给用户和厂商带来利益的同时，也带来了安全隐患。

3．用户因素

企业建造内部网的目的是加快信息交流，更好地适应市场需求。用户范围的扩大给网络的安全性带来了威胁。这就需要对用户进行必要的安全教育，制订出具体措施，提高安全意识。

4．计算机系统因素

构建网络时，为了便于资源共享，将需要的计算机和设备都连入网中。这就导致了在网中可能存在多种操作系统，某个操作系统出现漏洞都可能成为整个网络的隐患。

6.2 网络安全攻击

对网络安全构成的威胁叫网络威胁，网络威胁付诸行动就称为网络安全攻击，根据攻击的形式不同，网络安全攻击可分为主动攻击和被动攻击。

6.2.1 主动攻击

主动攻击时，攻击者主动地做一些不利于系统的事情，所以很容易被发现。主动攻击包含对数据流的某些修改，或者生成一个假的数据流，它可分为以下 4 类。

1．伪装

伪装是一个实体假装成另外一个实体。伪装攻击经常和其他的主动攻击一起进行。

2．重放

重放攻击包含数据单元的被动捕获，随之再重传这些数据，从而产生一个非授权的效果。

3．修改

修改报文攻击意味着合法报文的某些部分已被修改，或者报文的延迟和重新排序，从而产生非授权的效果。

4．拒绝服务

拒绝服务攻击就是阻止或禁止通信设施的正常使用和管理。这种攻击可能针对专门的目标，也可能破坏整个网络，使网络拥塞或超负荷，从而降低性能。

很难绝对阻止主动攻击，因为要防止主动攻击就要对所有通信设施、通路在任何时间都进行完全保护，这显然是不可能的。因此，应对主动攻击的方法是检测并从破坏中恢复。

6.2.2 被动攻击

被动攻击主要是收集信息而不是进行访问，数据的合法用户对这种活动很难觉察。被动攻击包括窃听、通信流量分析等。

1. 窃听

窃听、监听都具有被动攻击的本性，攻击者的目的是获取正在传输的信息。窃听会使报文内容泄露，一次电话通信、一份电子邮件报文、正在传送的文件都可能包含敏感信息或秘密信息，因此要防止非法用户获悉这些传输的内容。

2. 通信流量分析

通过加密技术可以防止窃听，因为即使这些内容被截获，也无法从这些报文中获得信息。然而即使通过加密保护内容，攻击者仍有可能观察到传输的报文形式。攻击者可能确定通信主机的位置和标识，也可能观察到正在交换的报文频度和长度。而这些信息对于猜测正在发生的通信特性是有用的。

对被动攻击的检测十分困难，因为被动攻击并不涉及数据的任何改变。因此，对于被动攻击，强调的是阻止而不是检测。

6.3　网络安全技术

网络安全技术致力于解决如何有效进行介入控制，以及如何保证数据传输的安全性，主要包括数据加密技术、数字签名技术、认证技术等。

6.3.1 数据加密技术

数据加密是指将原始的信息进行重新编码，将原始信息称为明文，经过加密的数据称为无法识别的密文。密文即便在传输中被第三方获取，也很难从得到的密文破译出原始的信息，接收端通过解密得到原始数据信息。加密技术不仅能保障数据信息在公共网络传输过程中的安全性，同时也是实现用户身份鉴别和数据完整性保障等安全机制的基础。

加密技术包括两个元素：算法和密钥。算法是将普通的文本（或可以理解的信息）与一串数字（密钥）运算，产生不可理解的密文的步骤。在安全保密中，可通过适当的密钥加密技术和管理机制来保证网络的信息通信安全。加密技术的基本原理如图6.2所示。

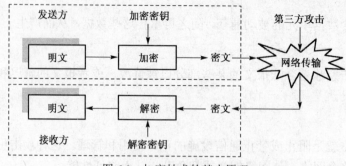

图 6.2　加密技术的基本原理

根据加密和解密的密钥是否相同，加密算法可分为对称密码体制和非对称密码体制。

1. 对称加密

对称加密采用了对称密码编码技术，它的特点是文件加密和解密使用相同的密钥。除了数据加密标准算法（DES）外，另一个常见的对称密钥加密系统是国际数据加密算法（IDEA），它比 DES 的加密性好，而且对计算机功能要求也不高。IDEA 加密标准由 PGP（Pretty Good Privacy）系统使用。对称加密又称常规加密，其基本原理如图 6.3 所示。

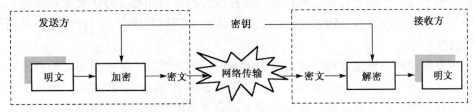

图 6.3　对称加密的基本原理

① 明文：作为算法输入的原始信息。

② 加密算法：加密算法可以对明文进行多种置换和转换。

③ 共享的密钥：共享的密钥也是算法的输入。算法实际进行的置换和转换由密钥决定。

④ 密文：作为输出的混合信息，由明文和密钥决定，对于给定的信息来讲，两种不同的密钥会产生两种不同的密文。

⑤ 解密算法：是加密算法的逆向算法。它以密文和同样的密钥作为输入，并生成原始明文。

对称加密速度快，适合于大量数据的加密传输。但是，对称加密必须首先解决对称密钥的发送问题，而且对加密有两个安全要求：

① 需要强大的加密算法；

② 发送方和接收方必须使用安全的方式来获得密钥的副本，必须保证密钥的安全。如果有人发现了密钥，并知道了算法，则使用此密钥的所有通信便都是可读取的。

2. 非对称加密

与对称加密算法不同，非对称加密算法需要两个密钥：公钥和私钥。两个密钥成对出现，互不可推导。如果用公钥对数据进行加密，只能用对应的私钥才能解密。如果用私钥对数据进行加密，那么只能用对应的公钥才能解密。因为加密和解密使用的是两个不同的密钥，所以这种算法叫做非对称加密算法。

非对称密码体制有两种基本的模型：一种是加密模型，如图 6.4 所示；另一种是认证模型，如图 6.5 所示。

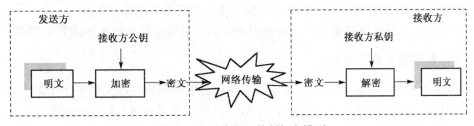

图 6.4　非对称密码体制加密模型

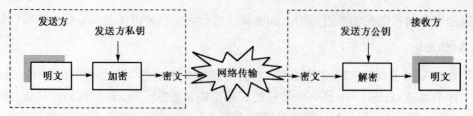

图 6.5 非对称密码体制认证模型

在加密模型中，发送方在发送数据时，用接收方的公钥加密（公钥大家都知道），而信息在接收方只能用接收方的私钥解密，由于解密用的密钥只有接收方自己知道，从而保证了信息的机密性。

认证主要解决网络通信过程中通信双方的身份认可。通过认证模型可以验证发送者的身份、保证发送者不可否认。在认证模型中，发送者必须用自己的私钥加密，而解密者则必须用发送者的公钥解密，也就是说，任何一个人，只要能用发送者的公钥解密，就能证明信息是谁发送的。

6.3.2 数字签名技术

网络通信中，希望能有效防止通信双方的欺骗和抵赖行为。简单的报文鉴别技术只能使通信免受来自第三方的攻击，无法防止通信双方之间的互相攻击。例如，Y 伪造一个消息，声称是从 X 收到的；或者 X 向 Z 发了消息，但 X 否认发过该消息。为此，需要有一种新的技术来解决这种问题，数字签名技术为此提供了一种解决方案。

数字签名将信息发送人的身份与信息传送结合起来，可以保证信息在传输过程中的完整性，并提供信息发送者的身份认证，以防止信息发送者抵赖行为的发生，目前利用非对称加密算法进行数字签名是最常用的方法。

1. 数字签名的功能

数字签名是对现实生活中笔迹签名的功能模拟，能够用来证实签名的作者和签名的时间。对消息进行签名时，能够对消息的内容进行鉴别。同时，签名应具有法律效力，能被第三方证实，用以解决争端。

2. 直接数字签名

数字签名技术可分为两类：直接数字签名和基于仲裁的数字签名。其中，直接数字签名方案具有以下特点：

① 实现比较简单，在技术上仅涉及通信的源点 X 和终点 Y 双方；
② 终点 Y 需要了解源点 X 的公开密钥；
③ 源点 X 可以使用其私钥对整个消息报文进行加密来生成数字签名；
④ 更好的方法是使用发送方私钥对消息报文的散列码进行加密来形成数字签名。

3. 直接数字签名的工作流程

直接数字签名的基本过程是：数据源发送方通过散列函数对原文产生一个消息摘要，用自己的私钥对消息摘要进行加密处理，产生数字签名，数字签名与原文一起传送给接收者。签名过程如图6.6所示。

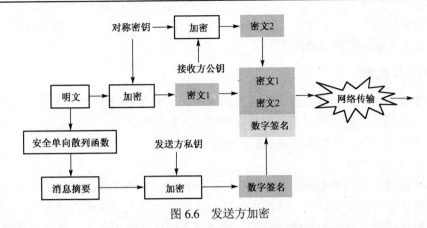

图 6.6 发送方加密

　　接收者使用发送方的公钥解密数字签名得到消息摘要，若能解密，则证明信息不是伪造的，实现了发送者认证。然后用散列函数对收到的原文产生一个摘要信息，与解密的摘要信息对比，如果相同，则说明收到的信息是完整的，在传输过程中没有被修改，否则说明信息被修改过，因此数字签名能够验证信息的完整性。接收方解密过程如图6.7所示。

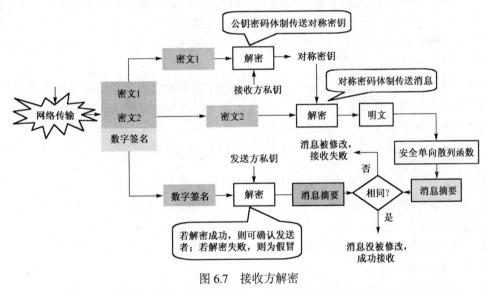

图 6.7 接收方解密

　　数字签名技术是网络中确认身份的重要技术，完全可以代替现实中的亲笔签字，在技术和法律上有保证。在数字签名应用中，发送者的公钥可以很方便地得到，但他的私钥则需要严格保密。

　　数据内容的完整性保障是网络安全的另一个重要方面，利用数字签名技术可以实现数据的完整性，但由于文件内容太大，加密和解密速度慢，目前主要采用消息摘要技术，通过消息摘要技术可以将较大的报文生成较短的、长度固定的消息摘要，然后仅对消息摘要进行数字签名，而接收方对接收的报文进行处理产生消息摘要，与经过签名的消息摘要比较，便可以确定数据在传输中的完整性。

6.3.3　认证技术

　　所谓认证，是指证实被认证对象是否属实和是否有效的一个过程。其基本思想是通过验证被认证对象的属性来确认被认证对象是否真实有效。认证常常被用于通信双方相互确认身份，以保证通信的安全。一般可以分为两种：身份认证和消息认证，身份认证用于鉴别用户身份；消息认证用于保证信息的完整性。

1. 身份认证技术

当服务器提供服务时，需要确认来访者的身份，访问者有时也需要确认服务提供者的身份。身份认证是指计算机及网络系统确认操作者身份的过程。身份认证技术的发展，经历了从软件认证到硬件认证、从静态认证到动态认证的过程。

（1）基于口令的认证

传统的认证技术主要采用基于口令的认证。当被认证对象要求访问提供服务的系统时，认证方要求被认证对象提交口令，认证方收到口令后，将其与系统中存储的用户口令进行比较，以确认被认证对象是否为合法访问者。基于口令的认证实现简单，不需要额外的硬件设备，但易被猜测。

（2）一次口令机制

一次口令机制采用动态口令技术，是一种让用户的密码按照时间或使用次数不断动态变化，且每个密码只使用一次的技术。它采用一种称之为动态令牌的专用硬件来产生密码，因为只有合法用户才持有该硬件，所以只要密码验证通过就可以认为该用户的身份是可靠的。用户每次使用的密码都不相同，即使黑客截获了一次密码，也无法利用这个密码来仿冒。

（3）生物特征认证

生物特征认证是指采用每个人独一无二的生物特征来验证用户身份的技术，常见的有指纹识别、虹膜识别等。从理论上说，生物特征认证是最可靠的身份认证方式，因为它直接使用人的物理特征来表示每一个人的数字身份。

2. 消息认证技术

消息认证就是一定的接收者能够检查收到的消息是否真实的方法。消息认证又称为完整性校验，它在银行业称为消息认证，在 OSI 安全模式中称为封装。消息认证的内容主要包括：

① 证实消息的信源和信宿；

② 消息内容是否受到偶然或有意的篡改；

③ 消息的序号和时间性是否正确。

消息认证实际上是对消息本身产生一个冗余的消息认证码，它对于要保护的信息来说是唯一的，因此可以有效地保护消息的完整性，以及实现发送方消息的不可抵赖和不能伪造。消息认证技术可以防止数据的伪造和被篡改，以及证实消息来源的有效性。

6.3.4 防火墙技术

防火墙是在网络之间执行安全控制策略的系统，用于保证本地网络资源的安全，通常是包含软件部分和硬件部分的一个系统或多个系统的组合。设置防火墙的目的是保护内部网络资源不被外部非授权用户使用，防止内部网络受到外部非法用户的攻击。

1. 防火墙的一般形式

防火墙通过检查所有进出内部网络的数据包的合法性，判断是否会对网络安全构成威胁，为内部网络建立安全边界。一般而言，防火墙系统有两种基本形式：包过滤路由器和应用级网关。最简单的防火墙由一个包过滤路由器组成，而复杂的防火墙系统由包过滤路由器和应用级网关组合而成。在实际应用中，由于组合方式有多种，防火墙系统的结构也有多种形式。防火墙一般形式如图6.8所示。

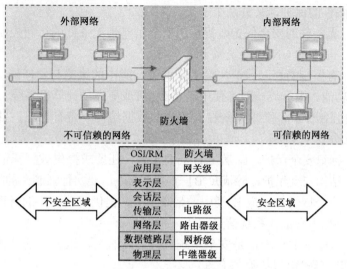

图 6.8 防火墙一般形式

2. 防火墙的作用

Internet 防火墙能增强机构内部网络的安全性。防火墙不仅是网络安全的设备的组合，更是安全策略的一个部分。

Internet 防火墙允许网络管理员定义一个中心"扼制点"来防止非法用户，如防止黑客、网络破坏者等进入内部网络，禁止存在安全脆弱性的服务进出网络，并抗击来自各种路线的攻击。Internet 防火墙能够简化安全管理，网络的安全性在防火墙系统上得到了加固。

在防火墙上可以很方便地监视网络的安全性，并产生报警。Internet 防火墙是审计和记录 Internet 使用量的一个最佳地方。网络管理员可以在此向管理部门提供 Internet 连接的费用情况，查出潜在的带宽瓶颈的位置，并根据机构的核算模式提供部门级计费。

3. 防火墙的不足

对于防火墙而言，能通过监控所通过的数据包来及时发现并阻止外部对内部网络系统的攻击行为。但是防火墙技术是一种静态防御技术，也有不足之处：

① 防火墙无法理解数据内容，不能提供数据安全；

② 防火墙无法阻止来自内部的威胁；

③ 防火墙无法阻止绕过防火墙的攻击；

④ 防火墙无法防止病毒感染程序或文件的传输。

6.3.5 操作系统加固技术

1. 系统安全级别

美国国家安全局（NSA）下属的国家计算机安全中心（NCSC）致力于研制计算机安全技术标准，其于 1983 年提出了"可信计算机系统评测标准"（Trusted Computer System Evaluation Criteria，TCSEC），规定了安全计算机的基本准则。在 TCSEC 准则中，将计算机系统的安全分为四类七个级别，从低到高依次为 D、B、C 和 A，每一类又分若干子类。其安全性由低到高依次为：D、C1、C2、B1、B2、B3、A。

① D 类：最小的保护。这是最低的一类，不再分级，这类是那些通过评测但达不到较高级别安全要求的系统。早期商用系统属于这一类。

② C 类：无条件的保护，又分两个子类。

● C1 子类：无条件的安全保护，提供的安全策略是无条件的访问控制，具有识别与授权的责任。早期的 UNIX 系统属于这一类。

● C2 子类：有控制的存取保护，除了提供 C1 类中的策略与责任外，还有访问保护和审计跟踪功能。银行界一般都使用满足 C2 级或更高的计算机系统。

③ B 类：属强制保护，要求系统在其生成的数据结构中带有标记，并要求提供对数据流的监视，B 类又分三个子类。

● B1 子类：标记安全保护，除满足 C 类要求外，还要求提供数据标记。

● B2 子类：结构安全保护，除满足 B1 子类要求外，要实行强制性的控制。

● B3 子类：安全域保护，是 B 类中的最高子类，提供可信设备的管理和恢复，即使计算机崩溃，也不会泄露系统信息。

④ A 类：经过验证的保护，是安全系统等级最高的类，这类系统可建立在具有结构、规范和信息流密闭的形式模型基础之上。

2. 操作系统加固的概念

操作系统加固技术（Reinforcement Operating System Technique，ROST）是一项利用安全内核来提升操作系统安全等级的技术。这项技术的核心就是在操作系统的核心层重构操作系统的权限访问模型，实现真正的强制访问控制。使操作系统达到 B1 级的安全技术要求，对操作系统上层的各种现有的大型应用起到很好的安全支撑作用。

3. 针对系统的基本安全攻击

针对系统的基本安全攻击主要有以下几种。

① 病毒。主流操作系统中有一个超级用户，它的身份鉴别机制是密码，所以这是非可信的。一旦病毒获得了该权限，那么就意味着它控制了整个系统，可以往系统文件里写病毒的复制代码，这是病毒感染系统的基本原理。

② 蠕虫。蠕虫的目的在于攻陷目标机器，这个攻陷的标志就是拿到该机器的最高权限，这和病毒的道理是一样的，因为这个最高权限变得非可信而导致的系统安全问题。

③ 黑客攻击。黑客攻击主要综合以上的技术及利用一些错误配置、密码等的入侵系统。所以，现有的问题归根到底是由操作系统自身的弱点所决定的。

4. 重构操作系统的两个基本思路

重构操作系统有以下两个基本思路。

① 重构操作系统源代码技术。通过改写系统源代码，从而达到 B1 级的技术要求，优点是比较彻底，操作系统层的安全控制做得比较好；缺点是对上层应用兼容性不好。

② 内核模块技术。内核模块技术即操作系统加固技术，是指在驱动层加上安全内核模块，拦截所有的内核访问路径，从而达到 B1 级的技术要求。安全效果和重构操作系统源代码技术相当，优点在于不会影响客户的业务连续性，对上层的所有应用都支持，对下层所有系统和机器都支持，而且能在操作系统粒度上保证上层应用的安全。

6.3.6 入侵检测系统

防火墙和操作系统加固技术都是静态安全防御技术，对网络环境下的攻击手段缺乏主动的响应，不能提供足够的安全性。入侵检测技术可以很好地解决这一问题，入侵检测技术是指在网络环境中发现和识别未经授权的或恶意的攻击和入侵，是为保证计算机系统的安全而设计和配置的一种能够及时发现并报告系统中未授权或异常现象的技术。

1．入侵检测系统的构成

进行入侵检测的软件和硬件的组合便是入侵检测系统。主要作用包括监视、分析用户和系统的运行状况，查找非法用户和合法用户的越权行为等。它的目的是监测和发现可能存在的攻击行为，包括来自系统外部的入侵行为和来自内部用户的非授权行为，并且采取相应的防护手段。入侵检测系统框架结构如图6.9所示。

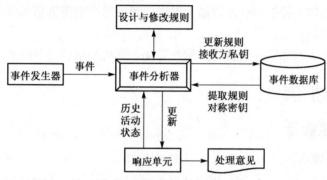

图 6.9　入侵检测系统框架结构

入侵检测系统的运行方式有两种：一种是在目标主机上运行以监测其本身的通信信息；另一种是在一台单独的机器上运行以监测所有网络设备的通信信息，如 Hub、路由器。

2．入侵检测系统的功能

入侵检测能力是衡量一个防御体系是否完整、有效的重要因素，强大、完整的入侵检测体系可以弥补防火墙静态防御的不足，可以对各种网络行为进行实时检测，及时发现各种可能的攻击企图，并采取相应的措施。

入侵检测系统集入侵检测、网络管理和网络监视功能于一身，能实时捕获内外网之间传输的所有数据，利用内置的攻击特征库，使用模式匹配和智能分析的方法，检测网络上发生的入侵行为和异常现象，并在数据库中记录有关事件，作为网络管理员事后分析的依据。如果情况严重，系统可以发出实时报警，使管理员能够及时采取应对措施。

6.3.7 隐患扫描技术

隐患扫描技术也是一种网络防御技术。隐患扫描技术采用模拟黑客攻击的形式对目标可能存在的安全漏洞和弱点进行逐项扫描和检查，根据扫描结果向系统管理员提供周密、可靠的安全性分析报告。隐患扫描技术能自动发现网络系统的弱点，扫描目标可以

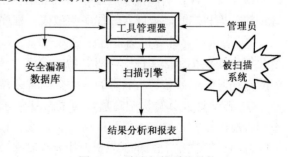

图 6.10　隐患扫描系统结构

是工作站、服务器、交换机、数据库应用等各种对象。隐患扫描系统结构如图6.10所示。

（1）安全漏洞数据库

安全漏洞数据库包括：安全性漏洞原理描述、危害程度、所在的系统和环境等信息；采用的入侵方式、入侵的攻击过程、漏洞的检测方式；发现漏洞后建议采用的防范措施。

（2）安全漏洞扫描引擎

安全漏洞扫描引擎与安全漏洞数据库相对独立，可对数据库中记录的各种漏洞进行扫描；支持多种 OS，以代理形式运行于系统中的不同探测点，受管理器的控制；实现多个扫描过程的调度，保证迅速、准确地完成扫描检测，减少资源占用；有准确、清晰的扫描结果输出，便于分析和后续处理。

（3）结果分析和报表生成

能够对目标网络中存在的安全性弱点进行总结；对目的网络系统的安全性进行详细描述，为用户确保网络安全提供依据；向用户提供修补这些弱点的建议和可选择的措施；能就用户系统安全策略的制定提供建议，以最大限度地帮助用户实现信息系统的安全。

（4）安全扫描工具管理器

安全扫描工具管理器能够提供良好的用户界面，实现扫描管理和配置。

6.4　知识扩展

6.4.1　计算机病毒

1. 计算机病毒概述

计算机病毒是人为设计的程序，通过非法入侵而隐藏在可执行程序或数据文件中，当计算机运行时，它可以把自身完全精确复制或有修改地复制到其他程序体内，具有很大的破坏性。

计算机病毒是一种人为蓄意制造的、以破坏为目的的程序。它寄生于其他应用程序或系统的可执行部分，通过部分修改或移动其他的程序，将自身复制加入其中或占据原程序的部分并隐藏起来，在条件适当时发作，对计算机系统起破坏作用。计算机病毒具有生物病毒的某些特征：破坏性、传染性、寄生性和潜伏性。

计算机病毒具有以下几个主要特点。

① 寄生性。计算机病毒寄生在其他程序之中，当执行这个程序时，病毒就起破坏作用，而在未启动这个程序之前，不易被人发觉。

② 传染性。计算机病毒不但本身具有破坏性，更有害的是具有传染性，一旦病毒被复制或产生变种，其速度之快令人难以预防。是否具有传染性是判别一个程序是否为计算机病毒的最重要条件。病毒程序通过修改磁盘扇区信息或文件内容并把自身嵌入到其中，进而使病毒的传染和扩散，被嵌入的程序叫做宿主程序。

③ 潜伏性。计算机病毒程序进入系统之后一般不会马上发作，可以在几周或几个月甚至几年内隐藏在合法文件中，对其他系统进行传染，而不被人发现。潜伏性愈好，其在系统中的存在时间就会愈长，病毒的传染范围就会愈大。

④ 破坏性。计算机中毒后，可能会导致正常的程序无法运行，使计算机内的文件受到不同程度的损坏。通常表现为：增、删、改、移。

⑤ 可触发性。病毒的触发机制用来控制感染和破坏频率。病毒具有预定的触发条件，这些条件可能是时间、日期、文件类型或某些特定数据等。病毒运行时，触发机制检查预定条件是否满足，如果满足，启动感染或破坏动作，病毒进行感染或攻击；如果不满足，病毒继续潜伏。

2．计算机病毒的危害

可以把病毒的破坏目标和攻击部位归纳为以下几个方面。

① 攻击内存。内存是计算机病毒最主要的攻击目标。计算机病毒在发作时额外地占用和消耗系统的内存资源，导致系统资源匮乏，进而引起死机。病毒攻击内存的方式主要有占用大量内存、改变内存总量、禁止分配内存和消耗内存等。

② 攻击文件。文件也是病毒主要攻击的目标。当一些文件被病毒感染后，如果不采取特殊的修复方法，文件很难恢复原样。病毒对文件的攻击方式主要有删除、改名、替换内容、丢失部分程序代码、内容颠倒、假冒文件、丢失文件族或丢失数据文件等。

③ 攻击系统数据区。对系统数据区进行攻击通常会导致灾难性后果，攻击部位主要包括硬盘主引导扇区、Boot 扇区、FAT 表和文件目录等，当这些地方被攻击后，普通用户很难恢复其中的数据。

④ 干扰系统正常运行。病毒会干扰系统的正常运行，主要表现方式有：不执行命令、干扰内部命令的执行、虚假报警、打不开文件、内部栈溢出、占用特殊数据区、重启动、死机、强制游戏及扰乱串并行口，影响计算机运行速度。

⑤ 瘫痪网络。计算机病毒的另一个破坏是造成网络瘫痪。例如，蠕虫（WORM）病毒通过分布式网络来扩散特定的信息或错误，进而造成网络服务器遭到拒绝并发生死锁。蠕虫病毒由两部分组成：一个是主程序；另一个是引导程序。主程序一旦在计算机中得到建立，就去收集与当前机器连网的其他机器的信息。并通过读取公共配置文件检测当前机器的连网状态信息，尝试利用系统的缺陷在远程机器上建立引导程序，从而把蠕虫病毒带入了它所感染的每一台机器中。在网络环境下，蠕虫病毒可以按指数增长模式进行传染。蠕虫病毒侵入计算机网络，可以导致计算机网络效率急剧下降、系统资源遭到严重破坏，短时间内造成网络系统的瘫痪。

⑥ 窃取用户数据。有些病毒还会窃取网络用户数据，其典型代表就是木马病毒。木马病毒与一般的病毒不同，它不会自我繁殖，也并不刻意地去感染其他文件，它通过伪装自身吸引用户下载执行，向施种木马者提供打开被种者计算机的门户，使施种者可以任意毁坏、窃取被种者的文件，甚至远程操控被种者的计算机。

木马通过一段特定的程序（木马程序）来控制另一台计算机。木马通常有两个可执行程序：一个是客户端（控制端）；另一个是服务端（被控制端）。植入被种者计算机的是"服务器"部分，黑客利用"控制器"进入运行"服务器"。木马的设计者为了防止木马被发现，采用多种手段隐藏木马，使普通用户很难在中毒后发觉。木马的服务一旦运行并被控制端连接，其控制端将享有服务端的大部分操作权限。例如，给计算机增加口令，浏览、移动、复制、删除文件，修改注册表，更改计算机配置等。

3．计算机病毒的产生和发展

（1）病毒的产生

计算机病毒的产生是计算机技术和以计算机为核心的社会信息化进程发展到一定阶段的必然产物，究其产生的原因，主要有以下几种。

① 病毒制造者对病毒程序的好奇与偏好。有的人为了满足自己的表现欲，故意编制出一些特殊的计算机程序，让别人的计算机出现一些动画或播放声音，或者提出问题让使用者回答。而此种程序流传出去就演变成计算机病毒，此类病毒破坏性一般不大。

② 个别人的报复心理。如中国台湾的学生陈盈豪，就属于此种情况。他因为曾经购买

的一些杀病毒软件的性能并不如厂家所说的那么强大，出于报复目的，自己编写了一个能避过当时各种杀病毒软件并且破坏力极强的 CIH 病毒，曾一度给全球的计算机用户造成了巨大灾难和损失。

③ 一些商业软件公司的软件保护措施。一些商业软件公司为了不让自己的软件被非法复制和使用，在软件上运用了加密和保护技术，并编写了一些特殊程序附在正版软件上，如遇到非法使用，则此类程序将自动激活并对盗用者的计算机系统进行干扰和破坏，这实际上也是一类新的病毒，如巴基斯坦病毒。

④ 恶作剧的心理。有些编程人员在无聊时出于游戏的心理编制了一些具有一定破坏性的小程序，并用此类程序相互制造恶作剧，于是形成了一类新的病毒，如最早的"磁芯大战"就是这样产生的。

⑤ 用于研究或实验某种计算机产品而设计的有"专门用途"的程序。比如远程监控程序代码，就是由于某种原因失去控制而扩散出来的，经过用心不良的人改编后会成为具有很大危害的木马病毒程序。

⑥ 攻击目的。由于政治、经济和军事等特殊目的，一些组织或个人编制的一些病毒程序用于攻击敌方计算机，给敌方造成灾难或直接性的经济损失。

（2）病毒的发展

在病毒的发展史上，病毒的出现是有规律的。一般情况下一种新的病毒技术出现后，病毒迅速发展，接着反病毒技术的发展会抑制其流传。操作系统升级后，病毒也会调整为新的方式，产生新的病毒技术。计算机病毒大致经历了如下几个发展阶段。

① DOS 阶段。1987 年，计算机病毒主要是引导型病毒，具有代表性的是"小球"和"石头"病毒。1989 年，可执行文件型病毒出现，它们利用 DOS 系统加载执行文件的机制工作，代表为"耶路撒冷"。1990 年发展为复合型病毒，可感染.COM 和.EXE 文件。1994 年，随着汇编语言的发展，同一功能可以用不同的方式进行实现，这些方式的组合使一段看似随机的代码产生相同的运算结果，幽灵病毒就利用了这个特点，每感染一次就产生不同的代码，加大了查毒的难度。

② 蠕虫阶段。1995 年，随着网络的普及，病毒开始利用网络进行传播。在非 DOS 操作系统中，"蠕虫"是典型的代表，它不占用除内存以外的任何资源，不修改磁盘文件。利用网络功能检索网络地址，将自身向下一地址传播，有时也在网络服务器和启动文件中存在。

③ 视窗阶段。1996 年，随着 Windows 和 Windows 95 的日益普及，利用 Windows 进行工作的病毒开始发展，它们修改文件，典型的代表是 DS.3873。这类病毒的机制更为复杂，它们利用保护模式和 API 调用接口工作，解除方法也比较复杂。1996 年，随着 Windows Word 功能的增强，使用 Word 宏语言也可以编制病毒，这种病毒使用类 BASIC 语言，编写容易，感染 Word 文档等文件，在 Excel 和 AmiPro 中出现的相同工作机制的病毒也属于此类，由于 Word 文档格式没有公开，这类病毒查解比较困难。

④ 互联网阶段。1997 年，随着因特网的发展，各种病毒也开始利用因特网进行传播。一些携带病毒的数据包和邮件越来越多，如果不小心打开了这些邮件，机器就有可能中毒。同时，利用 Java 语言进行传播和资料获取的病毒开始出现，典型的代表是 JavaSnake 病毒。还有一些利用邮件服务器进行传播和破坏的病毒，如 Mail-Bomb 病毒，它们都会严重影响因特网的效率。

4．计算机病毒的分类

按照计算机病毒的特点及特性，计算机病毒的分类方法有许多种。

（1）按照其破坏情况分类

① 良性病毒。良性病毒是指其不包含立即对计算机系统产生直接破坏作用的代码。这类病毒为了表现其存在，只是不停地进行扩散，从一台计算机传染到另一台，并不破坏计算机内的数据。有些人对这类计算机病毒的传染不以为然，认为这只是恶作剧。其实良性、恶性都是相对而言的。良性病毒取得系统控制权后，会导致整个系统运行效率降低，系统可用内存总数减少，使某些应用程序不能运行。这不仅消耗掉大量宝贵的磁盘存储空间，而且整个计算机系统也由于多种病毒寄生而无法正常工作。

② 恶性病毒。恶性病毒就是指在其代码中包含损伤和破坏计算机系统的操作，在其传染或发作时会对系统产生直接的破坏作用。这类病毒是很危险的，应当注意防范。

（2）按传染方式分类

① 引导区型病毒。主要是用计算机病毒的全部或部分来取代正常的引导记录，而将正常的引导记录隐蔽在磁盘的其他存储空间。

② 文件型病毒。文件型病毒与引导区型病毒工作的方式完全不同，在各种 PC 的病毒中，文件型病毒的数目最大，传播最广。文件型病毒对源文件进行修改，使其成为新的文件。文件型病毒分两类：一种是将病毒加在 COM 前部，另一种是将病毒加在文件尾部。文件型病毒传染的对象主要是.COM 和.EXE 文件。

③ 混合型病毒。混合型病毒是具有引导型病毒和文件型病毒寄生方式的计算机病毒，它的破坏性更大，传染的机会也更多，杀灭也更困难。这种病毒扩大了病毒程序的传染途径，它既感染磁盘的引导记录，又感染可执行文件。因此在检测、清除复合型病毒时，必须全面彻底地根治。

④ 宏病毒。宏病毒是指利用 BASIC 语言编写的、寄生在 Office 文档上的宏代码。宏病毒影响用户对文档的各种操作。

5. 计算机病毒的传播方式

计算机病毒之所以称之为病毒是因为其具有传染性的本质，其传播渠道通常有以下几种。

① 通过存储介质。通过存储介质传播包括通过磁盘、光盘、U 盘等。例如，将带有病毒的机器移到其他地方使用、维修。光盘容量大，存储了大量的可执行文件，以谋利为目的非法盗版软件的制作过程中，不可能为病毒防护担负专门责任，也不会有真正可靠可行的技术保障来避免病毒的传入、传染、流行和扩散。当前，盗版光盘的泛滥给病毒的传播带来了很大的便利。

② 通过网络。随着 Internet 的普及，病毒的传播又增加了新的途径。Internet 带来两种不同的安全威胁，一种威胁来自文件下载，这些被浏览或被下载的文件可能带有病毒；另一种威胁来自电子邮件，大多数 Internet 邮件系统提供了在网络间传送附带格式化文档的功能，因此，遭受病毒的文档或文件就可能通过网关和邮件服务器进入企业网络。

6. 计算机染毒的主要症状

病毒来源多种多样，计算机受到病毒感染后，会表现出不同的现象，下边把一些经常遇到的现象列出来，供参考。

① 机器不能正常启动。加电后机器根本不能启动，或者可以启动，但所需要的时间比原来的启动时间长，有时会突然出现黑屏现象。

② 运行速度降低。在运行某个程序时，读/写数据的时间比原来长。

③ 磁盘空间迅速变小。由于病毒程序要进驻内存，而且又能繁殖，因此，会使内存空间迅速变小甚至变为 0，用户信息无法存储。

④ 文件内容和长度有所改变。一个文件存入磁盘后，它的长度和内容都不会改变。可是，由于病毒的干扰，文件长度可能改变，文件内容也可能出现乱码，有时文件内容无法显示或显示后又消失。

⑤ 经常出现死机现象。正常的操作是不会造成死机的，即使是初学者，命令输入不对也不会死机。如果机器经常死机，那可能是由于系统被病毒感染。

⑥ 外部设备工作异常。外部设备受系统的控制，如果机器被病毒感染，外部设备在工作时可能会出现一些异常情况，出现一些用理论或经验无法解释的现象。

以上仅列出一些比较常见的病毒表现形式，肯定还会遇到一些其他的特殊现象，这需要由用户自己判断。注意：这些仅是受到感染的常见迹象。但是，硬件或软件问题也可能引起这些迹象，而这这些问题与计算机病毒无关。

7. 计算机病毒的预防措施

计算机病毒是可以防范的，只要在思想上有反病毒的警惕性，依靠反病毒技术和管理措施，病毒就不能广泛传播。计算机病毒的预防措施是安全使用计算机的要求，所以，需要制定一套严格的防病毒管理措施，坚持执行并能根据实际情况不断地进行调整和监督。计算机病毒的常见预防措施有以下几种。

① 对新购置的计算机系统用检测病毒软件检查已知病毒，用人工检测方法检查未知病毒，并经过实验，证实没有病毒传染和破坏迹象后再使用。

② 新购置的硬盘或出厂时已格式化好的软盘中都可能有病毒。对硬盘可以进行检测或进行低级格式化。

③ 新购置的计算机软件也要进行病毒检测。有些著名软件厂商在发售软件时，软件已被病毒感染或存储软件的磁盘已受感染。检测时要用软件查已知病毒，也要用人工检测和实际实验的方法检测。

④ 定期与不定期地进行磁盘文件备份工作，确保每一过程和细节的准确、可靠。万一系统崩溃，能最大限度地恢复系统原样，减少可能的损失。重要的数据应当时进行备份，当然，备份前要保证没有病毒。

⑤ 确认工作用计算机或家用计算机设置了使用权限及专人使用的保护机制，禁止来历不明的人和软件进入系统。

⑥ 在引入和使用新的系统和应用软件之前，使用最新、最好的反毒软件检测。

⑦ 选择使用公认质量最好、升级服务最及时、对新病毒响应和跟踪最迅速有效的反病毒产品，定期维护和检测计算机系统。

⑧ 仔细研究所使用的反病毒软件的各项功能，不同模块各担负什么样的职责，都有哪些应用组合，不同的运行命令行（或选项设置）参数具有怎样不同的查杀效果等，最大限度地发挥反病毒工具的作用。另外，需要注意的是，不同厂家的不同产品肯定有各自的强项和长处，建议用户使用不止一种反病毒产品。通常，使用一种以上具有互补特点的反病毒工具往往会收到事半功倍的效果。

⑨ 及时升级反病毒产品。每天都会有新的病毒产生，反病毒产品必须适应病毒的发展，不断升级，才能为系统提供真正安全的环境。

8．杀毒软件的工作原理

一般来讲，杀毒软件的杀毒机制有 3 种。

（1）特征码法

特征码法相当于一个黑名单，它记录着杀毒软件已知的病毒的特征。根据这个特征，杀毒软件会对照每一个被扫描的程序，如果与特征相符，就认定为病毒。特征码的优点是误杀低，缺点是滞后性，先出现病毒才会出现相应的特征码。目前的大多数杀毒软件采用的方法主要是特征码查毒方案与人工解毒并行，即在查病毒时采用特征码查毒，在杀病毒时采用人工编制解毒代码。

但是，特征码查毒方案也具有极大的局限性：一是并非所有病毒都可以描述其特征码，很多病毒都难以描述甚至无法用特征码进行描述；二是特征码的描述取决于人的主观因素，从长达数千字节的病毒体中获取十几字节的病毒特征码，需要对病毒进行跟踪、反汇编及其他分析。另外，由于对特征码的描述各不相同，特征码方法在国际上很难得到广泛支持。

（2）虚拟机技术

虚拟机技术的原理是能够运行具有一定规则的描述语言探测病毒。虚拟机在反病毒软件中应用范围广，并成为目前反病毒软件的一个趋势。一个比较完整的虚拟机，不仅能够识别未知病毒，而且能够清除未知病毒。虚拟机必须提供足够的虚拟，以完成或近似完成病毒的"虚拟传染"。

目前虚拟机的处理对象主要是文件型病毒。对于引导型病毒、宏病毒、木马程序，在理论上都是可以通过虚拟机来处理的，但目前的水平仍相距甚远。虽然虚拟机也会在实践中不断得到发展，但由于 PC 的计算能力有限，反病毒软件的制造成本也有限，让虚拟技术获得更加实际的功效并以此为基础来清除未知病毒，难度很大。

（3）主动防御机制

主动防御机制其实是启发式的深入，它监控每个程序的运行，发现有损计算机安全的举动就立即终止并进行相应的清理操作。

主动防御机制的工作原理：恶意软件的敏感行为可以被杀毒软件拦截，然后把这些敏感行为报告给用户，让用户加以选择，没有通过确认的行为无法作用于系统。同时，发生敏感行为的恶意程序样本还会被发送给杀毒软件开发商，经过反病毒工程师的分析，发布升级病毒库。这就是基于行为监控的主动防御机制的工作原理。

主动防御机制实际上是对抗木马的第一层保护，因为绝大多数的木马都无法通过主动防御机制。为了防止木马盗取用户的隐私数据，可以在杀毒软件当中开发隐私数据保护功能，用户利用这项功能可以设置属于自己的隐私数据库。因为恶意软件盗取用户的隐私数据之后，最终还要通过网络发送出去，在发送过程中，可以被隐私保护模块所截获。隐私保护模块首先把将要发送的这些数据和用户的个人隐私数据库进行匹配，一旦发现匹配，就说明是用户的隐私数据，这时候隐私保护模块提示用户，供用户选择，如果用户拒绝发送，木马偷取到的隐私数据是无法被发送出去的。

9．常见的杀毒软件

（1）瑞星杀毒软件

瑞星杀毒软件是北京瑞星科技股份有限公司开发的杀毒软件（简称 RAV）。瑞星 2011 使用界面如图6.11所示。

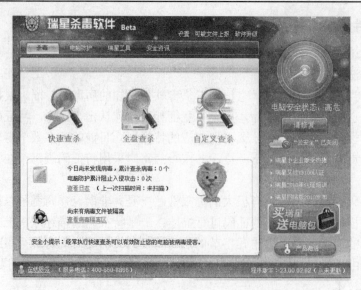

图 6.11 瑞星 2011 使用界面

瑞星采用第八代杀毒引擎，能够快速、彻底查杀病毒，是目前国内外同类产品中最具实用价值和安全保障的杀毒软件产品。瑞星全功能安全软件是一款基于瑞星"云安全"系统设计的新一代杀毒软件。"云安全"通过网状的大量客户端对网络中软件行为的异常监测来获取互联网中木马、恶意程序的最新信息，传送到服务端进行自动分析和处理，再把病毒和木马的解决方案分发到每一个客户端。整个互联网变成了一个超级的杀毒软件，这就是"云安全"计划的目标。

主动防御较好地弥补了传统杀毒软件采用"特征码查杀"相对滞后的技术弱点，可以在病毒发作时进行主动而有效的全面防范，从技术层面上有效应对未知病毒。瑞星杀毒软件采用的主动防御技术包含三个层次：资源访问规则控制、资源访问扫描、进程活动行为判定。其中，尤其以进程活动行为判定最为关键。

第一层：资源访问规则控制层。通过对系统资源（注册表、文件、特定系统 API 的调用、进程启动）等进行规则化控制，阻止病毒、木马等恶意程序对这些资源的使用，从而达到抵御未知病毒、木马攻击的目的。

第二层：资源访问扫描层。通过监控对一些资源（如文件、引导区、邮件、脚本）的访问，并使用拦截的上下文内容（文件内存、引导区内容等）进行威胁扫描识别的方式，来处理已经经过分析的恶意代码。

第三层：进程活动行为判定层。进程活动行为判定层自动收集从前两层传来的进程动作及特征信息，并对其进行加工判断。瑞星的主动防御智能恶意行为判定引擎无须用户参与就可以自动识别出具有有害动作的未知病毒、木马、后门等恶意程序。

目前，市面上的一些主动防御软件只做了三层结构中的部分功能，而只有全面实现三个层级的主动防御，才是真正意义上的"主动防御功能"。如果用户使用不完全的主动防御，将带来严重的安全风险。

（2）江民杀毒软件

北京江民新科技有限公司是国内知名的计算机反病毒软件公司，研发和经营范围涉及单机、网络反病毒软件；单机、网络黑客防火墙；邮件服务器防病毒软件等一系列信息安全产品。江民杀毒软件采用全新动态启发式杀毒引擎，融入指纹加速功能，杀毒功能更强、速度更快。江民 KV2011 使用界面如图6.12所示。

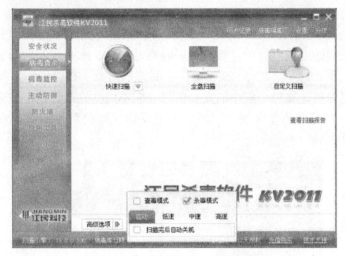

图 6.12　江民 KV2011 使用界面

用户计算机系统频繁中毒，主要的原因在于其系统存在病毒入侵的通道。病毒及木马利用恶意网页，通过系统或第三方工具软件漏洞入侵计算机，俗称"网页挂马"。如果能够堵住所有的病毒入侵通道，则再强大的病毒也无法威胁用户的数据及网上各种密码的安全。

江民杀毒在智能主动防御、内核级自我保护、云安全防毒系统、启发式扫描等核心杀毒技术基础上，采用"前置威胁预控"安全模式。"前置威胁预控"理念的核心在于：通过分析系统所有病毒可能入侵的入口，检测网页、邮件等病毒入侵通道，判断这些入口是否有相应的安全防护并提供加固和解决方案。同时可以抵御"网页挂马"、网上银行盗号等网络威胁，为用户的系统把好安全关口。

（3）卡巴斯基反病毒软件

卡巴斯基（Kaspersky Labs）是国际著名的信息安全厂商，部设在俄罗斯首都莫斯科，公司为个人用户、企业网络提供反病毒、防黑客和反垃圾邮件产品。卡巴斯基拥有独特的知识和技术，该公司的旗舰产品，著名的卡巴斯基反病毒软件 AVP（Anti Viral Toolkit Pro）被众多计算机专业媒体及反病毒专业评测机构誉为病毒防护的最佳产品。

卡巴斯基的产品因其顶尖的性能在全球获得了大量的重要用户。许多大型企业选择卡巴斯基保护数据安全，包括空中客车公司、Stemcor、BBC Worldwide、Tatneft、Telecom Italia Mobile、Faber-Castell、法国电信等。

卡巴斯基具有以下基本特点。

① 对病毒上报反应迅速，卡巴斯基具有全球技术领先的病毒运行虚拟机，可以自动分析 70％左右未知病毒的行为，每小时升级病毒库。

② 随时修正自身错误，杀毒分析有可能犯错，只要用户指出，误杀误报会立刻得到纠正。

③ 卡巴斯基具有超强的脱壳能力，无论怎么加壳，只要程序体还能运行，卡巴斯基均能检测出并清除。

④ 卡巴斯基反病毒软件单机版可以基于SMTP/POP3 协议来检测进出系统的邮件，可实时扫描各种邮件系统的全部接收和发出的邮件，检测其中的所有附件，包括压缩文件和文档、嵌入式 OLE 对象及邮件体本身。

⑤ 新增个人防火墙模块，可有效保护运行 Windows 操作系统的 PC，探测对端口的扫描，封锁网络攻击并报告。系统可在隐形模式下工作，封锁所有来自外部网络的请求，使用户安全地在网上邀游。

卡巴斯基安全软件 2011（KIS 2011）是新一代的信息安全解决方案，更强的反病毒数据库引擎和更快的扫描速度可以保护计算机免受病毒、蠕虫、木马和其他恶意程序的危害，它实时监控文件、网页、邮件、ICQ/MSN 协议中的恶意对象。扫描操作系统和已安装程序的漏洞，应用程序过滤将计算每个程序的安全值以分配不同的安全级别，安全免疫区可以让用户在该区运行可疑程序和不安全网站。增强的双向防火墙将阻止所有不安全的网络活动。KIS2011 使用界面如图6.13所示。

图 6.13　KIS 2011 使用界面

（4）诺顿

诺顿是 Symantec 公司个人信息安全产品之一，该产品发展至今，除了原有的防毒外，还有防间谍等网络安全风险的功能。诺顿反病毒产品包括：诺顿网络安全特警、诺顿反病毒、诺顿 360、诺顿计算机大师等产品。

诺顿的主要技术有以下几项。

① BloodHound 技术。辨别一个可疑程序是否具有威胁性，"启发式技术"是最简单而有效的办法，启发可以虚拟一个主机环境，并在不影响实机的情况下诱发恶意程序现形，这项技术在诺顿被称为 Bloodhound。 BloodHound 会制造一个虚拟的安全环境，使病毒展现出它的不良企图，而不会影响到本身计算机运作的稳定性。

② 行为防御技术。倘若病毒木马不幸进入实体主机，就利用"行为防御技术"，行为防御会分析可疑程序的行为，并事先阻拦。一般的行为防御十分被动，只有在恶意程序对外连接时才会运作。诺顿则采取"主动"出击，每次文件读/写都会立刻扫描，大大降低了风险。

③ 漏洞防护。漏洞防护针对系统漏洞进行防堵，让威胁入侵无法进入。比起繁杂庞大的病毒码，直接管理漏洞显然更有效率。诺顿的做法为：严加看管最常遭到黑客攻击的浏览器漏洞，无论是 IE 还是 Firefox，都能获得完善的保护。

④ 身份防护。网络安全软件最终是为了保护计算机本身及存储在计算机中的文件数据。在线账号密码最重要却也最容易被窃取，一旦泄露，往往造成财物上的重大损失。诺顿的名片式身份防护提供了很好的防护措施，每次上线都通过名片自动登录，无须键盘输入。

⑤ 智能扫描。诺顿 2009 年新增了 Norton Insight 技术，简单来说是一种白名单（但名单规则并不存于软件当中，而是通过 Symantec 另有的平台随时更新）技术，其原理为只扫描不被信任的文件或网站，并略过知名或安全的文件及网站，该项技术可让扫描速度大幅提高，并降低误判率。

6.4.2　黑客常用的信息收集工具

信息收集是突破网络系统的第一步。黑客可以使用下面几种工具来收集所需信息。

1．SNMP 协议

简单网络管理协议（SNMP）用来查阅非安全路由器的路由表，从而了解目标机构网络拓扑的内部细节。SNMP 是 Internet 工程任务组织（IETF)为了解决 Internet 上的路由器管理问题而提出的。SNMP 被设计成与协议无关，所以，它可以在 IP、IPX、AppleTalk、OSI 及其他传输协议上使用。

2．TraceRoute 程序

TraceRoute 程序能够得出到达目标主机所经过的网络数和路由器数。它能让用户看到数据报从一台主机传到另一台主机所经过的路由，Traceroute 程序还可以让用户使用 IP 源路由选项，让源主机指定发送路由。

3．Whois 协议

Whois 协议是一种信息服务，能够提供有关所有 DNS 域和负责各个域的系统管理员数据。Whois 协议的基本工作过程是：先向服务器的 TCP 端口 43 建立一个连接，发送查询关键字并加上回车换行，然后接收服务器的查询结果。

4．Finger 协议

Finger 协议能够提供特定主机上用户的详细信息（注册名、电话号码、最后一次注册的时间等）。

5．Ping 程序

Ping 程序可以用来确定一个指定的主机的位置并确定其是否可达。可以用 Ping 扫描网络上每个可能的主机地址，从而构造出实际驻留在网络上的主机清单。Ping 程序工作原理是：网络上的机器都有唯一确定的 IP 地址，给目标 IP 地址发送一个数据包，对方就要返回一个同样大小的数据包。根据返回的数据包可以确定目标主机的存在，可以初步判断目标主机的操作系统等，当然，Ping 程序也可用来测定连接速度和丢包率。

6.4.3　电子商务的安全性

电子商务以电子技术为手段，以商务为核心，把原来传统的销售、购物渠道移到互联网上，打破地域限制，使生产企业达到全球化、网络化、无形化、个性化、一体化。电子商务可应用于小到家庭理财、个人购物，大至企业经营、国际贸易等诸方面。具体地说，其内容大致可以分为三个方面：企业间的商务活动、企业内的业务运作及个人网上服务。

电子商务的一个重要技术特征是利用计算机技术来传输和处理商业信息。在开放的网络上处理交易，如何保证传输数据的安全成为电子商务能否普及的最重要的因素之一。电子商务安全问题的对策从整体上可分为计算机网络安全措施和商务交易安全措施两大部分。

1. 计算机网络安全措施

网络安全措施主要包括保护网络安全、保护应用服务安全和保护系统安全三个方面。各个方面都要综合考虑安全防护的物理安全、防火墙、信息安全、Web 安全、媒体安全等。

① 保护网络安全。网络安全就是保护商务各方网络端系统之间通信过程的安全性。保证机密性、完整性、认证性和访问控制性是网络安全的重要因素。

② 保护应用服务安全。保护应用服务安全主要是针对特定应用（如 Web 服务器、网络支付专用软件系统）所建立的安全防护措施，它独立于网络的其他安全防护措施。虽然有些防护措施可能是网络安全业务的一种替代或重叠，如 Web 浏览器和 Web 服务器在应用层上对网络支付结算信息包的加密，都通过 IP 层加密，但是许多应用还有自己特定的安全要求。由于电子商务中的应用层对安全的要求最严格、最复杂，应用层上的安全业务可以涉及认证、访问控制、机密性、数据完整性、不可否认性、Web 安全性、EDI 和网络支付等应用的安全性。

③ 保护系统安全。保护系统安全是指从整体电子商务系统或网络支付系统的角度进行安全防护，它与网络系统硬件平台、操作系统、各种应用软件等互相关联。

2. 商务交易安全

商务交易安全紧紧围绕传统商务在互联网上应用时产生的各种安全问题，在计算机网络安全的基础上，如何保障电子商务过程的顺利进行。各种商务交易安全服务都是通过安全技术来实现的，主要包括加密技术、认证技术和电子商务安全协议等。

① 加密技术。加密技术是电子商务采取的基本安全措施，交易双方可根据需要在信息交换阶段使用。

② 认证技术。认证技术是用电子手段证明发送者和接收者身份及其文件完整性的技术，即确认双方的身份信息在传送或存储过程中未被篡改过。认证技术包括数字签名技术、数字证书等。

③ 电子商务的安全协议。除前面提到的各种安全技术之外，电子商务的运行还有一套完整的安全协议。目前，比较成熟的协议有 SSL、SET 等。

a. 安全套接层协议（SSL）。SSL 协议位于传输层和应用层之间，由 SSL 记录协议、SSL 握手协议和 SSL 警报协议组成。SSL 握手协议在客户与服务器真正传输应用层数据之前建立安全机制。当客户与服务器第一次通信时，双方通过握手协议在版本号、密钥交换算法、数据加密算法和 Hash 算法上达成一致，然后互相验证对方身份，最后使用协商好的密钥交换算法产生一个只有双方知道的秘密信息，客户和服务器各自根据此秘密信息产生数据加密算法和 Hash 算法参数。SSL 记录协议根据 SSL 握手协议协商的参数，对应用层送来的数据进行加密、压缩、计算消息鉴别码 MAC，然后经网络传输层发送给对方。SSL 警报协议用来在客户和服务器之间传递 SSL 出错信息。

b. 安全电子交易协议（SET）。SET 协议是专为电子商务系统设计的。它位于应用层，其认证体系十分完善，能实现多方认证。SET 协议用于划分与界定电子商务活动中消费者、网上商家、交易双方银行、信用卡组织之间的权利与义务关系，给定交易信息传送流程。SET 主要由三个文件组成，分别是 SET 业务描述、SET 程序员指南和 SET 协议描述。SET 协议保证了电子商务系统的机密性、数据的完整性、身份的合法性。

习 题 6

一、填空题

1. 网络安全具有以下四个方面的特征_____、_____、_____、_____。

2. 网络安全主要包括三个层次：_____、_____、_____。

3. 网络安全攻击，根据攻击的形式不同可分为_____、_____。

4. _____主要是收集信息而不是进行访问，数据的合法用户对这种活动无法觉察。

5. 数据加密的基本过程就是将可读信息译成_____的代码形式。

6. 密码体制可分为_____和_____两种类型。

7. _____采用了对称密码编码技术，它的特点是文件加密和解密使用相同的密钥。

8. 在公开密钥体制中，每个用户保存着一对密钥，是_____和_____。

9. 在网络环境中，通常使用_____来模拟日常生活中的亲笔签名。

10. _____指的是证实被认证对象是否属实和是否有效的一个过程。

11. 设置_____的目的是保护内部网络资源不被外部非授权用户使用，防止内部受到外部非法用户的攻击。

12. _____是一种主动检测系统，是用于检测计算机网络违反安全策略行为的技术。

13. _____采用模拟黑客攻击的形式对目标可能存在的已知安全漏洞和弱点进行逐项扫描和检查，根据扫描结果向系统管理员提供周密可靠的安全性分析报告。

二、选择题

1. 以下哪些属于系统的物理故障（　　）。
   A. 硬件故障与软件故障　　　　　　　　　B. 计算机病毒
   C. 人为的失误　　　　　　　　　　　　　D. 网络故障和设备环境故障

2. 计算机网络按威胁对象大体可分为两种：一是对网络中信息的威胁；二是（　　）。
   A. 人为破坏　　　　B. 对网络中设备的威胁　　C. 病毒威胁　　D. 对网络人员的威胁

3. 为了防御网络监听，最常用的方法是（　　）。
   A. 采用物理传输　　　B. 信息加密　　　　C. 无线网　　　D. 使用专线传输

4. 在以下认证方式中，最常用的认证方式是（　　）。
   A. 基于账户名/口令认证　　　　　　　　　B. 基于摘要算法认证
   C. 基于 PKI 认证　　　　　　　　　　　　D. 基于数据库认证

5. 以下（　　）技术不属于预防病毒技术的范畴。
   A. 加密可执行程序　　　B. 系统监控与读/写控制　　　C. 引导区保护　　　D. 校验文件

6. 防火墙是一种（　　）网络安全措施。
   A. 被动的　　　　　　　　　　　　　　　B. 主动的
   C. 能够防止内部犯罪的　　　　　　　　　D. 能够解决所有问题的

7. 网络的以下基本安全服务功能的论述中，（　　）是有关数据完整性的论述。
   A. 对网络传输数据的保护　　　　　　　　B. 确定信息传送用户身份真实性
   C. 保证发送、接收数据的一致性　　　　　D. 控制网络用户的访问类型

8. 公钥加密体制中，没有公开的是（　　）。
   A. 明文　　　　　　　B. 密钥　　　　　　C. 公钥　　　　D. 算法

9. 防止他人对传输的文件进行破坏需要（　　）。

  A．数字签字及验证 B．对文件进行加密   C．身份认证 D．时间戳

10. 以下关于数字签名的说法正确的是（　　）。

  A．数字签名是在所传输的数据后附加上一段和传输数据毫无关系的数字信息

  B．数字签名能够解决数据的加密传输，即安全传输问题

  C．数字签名一般采用对称加密机制

  D．数字签名能够解决篡改、伪造等安全性问题

11. 以下不属于防火墙作用的是（　　）。

  A．过滤信息   B．管理进程   C．清除病毒   D．审计监测

12. 计算机病毒是一段可运行的程序，它一般（　　）保存在磁盘中。

  A．作为一个文件 B．作为一段数据 C．不作为单独文件 D．作为一段资料

13. 在大多数情况下，病毒侵入计算机系统以后，（　　）。

  A．病毒程序将立即破坏整个计算机软件系统

  B．计算机系统将立即不能执行用户的各项任务

  C．病毒程序将迅速损坏计算机的键盘、鼠标等操作部件

  D．一般并不立即发作，等到满足某种条件的时候，才会出来活动、破坏

14. 能修改系统引导扇区，在计算机系统启动时首先取得控制权的病毒属于（　　）。

  A．文件病毒   B．引导型病毒   C．混合型病毒   D．恶意代码

15. 目前使用的防毒软件的主要作用是（　　）。

  A．检查计算机是否感染病毒，清除已被感染的病毒

  B．杜绝病毒对计算机的侵害

  C．查出计算机已感染的任何病毒，清除其中一部分

  D．检查计算机是否被已知病毒感染，并清除该病毒

三、简答题

1. 计算机网络安全主要包括哪几个方面的问题？

2. 从层次上分析，网络安全可以分成哪几层，每层有什么特点？

3. 简述对称加密算法加密和解密的过程。

4. 简述计算机病毒的特点及计算机感染病毒后的常见症状。

实践应用篇

第 7 章　Windows 操作系统

操作系统是计算机必不可少的系统软件，是计算机正常运行的指挥中枢。它有效地管理计算机系统的所有硬件和软件资源，合理地组织整个计算机的工作流程，为用户提供高效、方便、灵活的使用环境。常用的微机操作系统有 Windows、Linux、OS/2 等操作系统。

Windows 操作系统是美国微软（Microsoft）公司专为微型计算机的管理而推出的操作系统，它以简单的图形用户界面、良好的兼容性和强大的功能而深受用户的青睐。目前，在微型计算机中安装的操作系统大多都是 Windows 系统。

本章主要介绍 Windows XP 的基本操作、文件管理和系统设置三方面内容。

7.1　Windows XP 的基本操作

Windows XP 是一个单用户多任务操作系统，采用图形用户界面，提供了多种窗口（最常用的是资源管理器窗口和对话框窗口），利用鼠标和键盘通过窗口完成文件、文件夹、存储器等操作及系统的设置等。

7.1.1　Windows XP 简介

1. Windows XP 版本

Windows XP 中文全称为视窗操作系统体验版，发行于 2001 年 10 月，它功能强而且稳定，得到了广泛的使用。有关 Windows XP 版本的情况说明如表 7.1 所示。

表 7.1　Windows XP 版本情况说明

版　　本	说　　明
Windows XP Professional （专业版）	为企业用户设计，提供了高级别的扩展性和可靠性，添加了面向商业设计的网络认证。支持两个处理器
Windows XP Home Edition （家庭版）	有针对数字媒体的最佳平台，适宜于家庭用户和游戏玩家。支持 1 个 CPU，但可以多核（如双核、四核）
Windows XP Media Center Edition （媒体中心版本）	为拥有开启 Windows XP Media Center 上的媒体的功能而设计，并捆绑在这些计算机上销售
Windows XP Tablet PC Edition	为平板可旋转式的笔记本电脑（Tablet PC）设计，并捆绑在这些计算机上销售
Windows XP Embedded （嵌入式）	嵌入式操作系统

2008 年，微软推出 Windows XP SP3 补丁包，同年 6 月 30 日，微软停止 Windows XP 的发售。针对 Windows XP 的主要支持延至 2014 年 4 月 8 日。Windows XP 的后续版本操作系统有 Windows Vista（NT6.0）、Windows 7（NT 6.1）等。后续版本操作系统在很大程度

上解决了 Windows XP 的安全问题并可提供全新的桌面体验，同时对应的配置要求有所提升。Windows 8（又称 Windows 2013，NT7.0）发布时，Windows XP 将被彻底淘汰。

2．Windows XP 的最低系统要求

Windows XP 推荐计算机使用时钟频率为 300 MHz 或更高的处理器，至少需要 233 MHz（单个或双处理器系统）；推荐使用 Intel Pentium/Celeron 系列、AMD K6/Athlon/Duron 系列或兼容的处理器；推荐使用 128 MB RAM 或更高（最低支持 64 MB，可能会影响性能和某些功能），1.5 GB 可用硬盘空间，Super VGA（800×600）或分辨率更高的视频适配器和监视器，CD-ROM 或 DVD 驱动器，键盘和 Microsoft 鼠标或兼容的指针设备。

图 7.1　Windows XP 桌面

3．Windows XP 的启动

在安装了 Windows XP 操作系统的计算机上，每次启动计算机都会自动引导该系统，当在屏幕上出现 Windows XP 的桌面如图 7.1 所示时，表示系统启动成功。但是在启动的过程中，会在屏幕上显示出能登录到该 Windows XP 系统的用户名列表供用户选择，当选择一个用户后，还必须输入密码，若正确才可进入 Windows XP 系统。

4．Windows XP 的退出

Windows XP 是一个多任务的操作系统，有时前台运行某一程序的同时，后台也运行几个程序。在这种情况下，如果因为前台程序已经完成而关掉电源，后台程序的数据和运行结果就会丢失。另外，由于 Windows XP 运行的多任务特性，在运行时可能需要占用大量磁盘空间保存临时数据，这些临时性数据文件在正常退出时将自动删除，以免浪费磁盘空间资源。如果非正常退出，将使 Windows XP 不会自动处理这些工作，从而导致磁盘空间的浪费。因此，应正常退出 Windows XP 系统。

退出之前，用户应关闭所有执行的程序和文档窗口。如果用户不关闭，系统将会询问用户是否要结束有关程序的运行。

Windows XP 为用户提供了注销和关机两种退出方法。

① 注销。在"开始"菜单的最下面一组选项中可以找到"注销…"命令，该命令会使当前用户退出，允许其他用户进入，如图7.2所示。

② 关机。在"开始"菜单中选择"关机"命令，将弹出"关闭"对话框，如图7.3所示，该对话框中提供了待机、关闭和重新启动 3 种退出方式供用户选择。其中待机并不关机，也不退出系统，它只是暂停系统的工作。如果用户忘记了保存某些文件，系统会提示用户是否保存修改过的文件。同时 Windows XP 还会保存一些设置信息和高速缓存中的信息。

图 7.2　Windows XP 注销用户对话框

图 7.3　Windows XP 关闭对话框

7.1.2　鼠标和键盘基本操作

1．鼠标基本操作

鼠标器是计算机的输入设备，它的左右两个按钮（称为左键和右键）及其移动可以配合起来使用，以完成特定的操作。Windows XP 支持的基本鼠标操作方式有以下几种。

① 指向。将鼠标移到某一对象上，一般用于激活对象或显示工具提示信息。

② 单击。包括单击左键（通常称为单击）和单击右键（也称为右击），前者用于选择某个对象、按钮等，后者则往往会弹出对象的快捷菜单或帮助提示。本书中除非特别指明单击右键，用到的"单击"都是指单击左键。

③ 双击。快速连击鼠标左键两次（连续两次单击），用于启动程序或打开窗口。

④ 拖动。按住鼠标左键并移动鼠标，到另一个地方释放左按键。常用于滚动条操作、标尺滑动操作或复制对象、移动对象的操作中。

2．键盘操作

当文档窗口或对话框中出现闪烁着的插入标记（光标）时，就可以直接通过键盘输入文字。

快捷键方式就是在按下控制键的同时按下某个字母键，来启动相应的程序。如用 Alt+F 组合键打开窗口菜单栏中的"文件"菜单。

在菜单操作中，可以通过键盘上的箭头键来改变菜单选项，按回车键来选取相应的选项。

也可以按 Alt+Tab 组合键来在已打开的窗口中选择某一窗口作为当前窗口，即在不同的窗口之间进行切换。

7.1.3　Windows XP 界面及操作

Windows XP 提供了一个友好的用户操作界面，主要有桌面、窗口、对话框、消息框图标、任务栏、开始菜单等。同时，Windows XP 的操作方式是：先选中、后操作的过程，即先选择要操作的对象，然后选择具体的操作命令。

1．桌面

桌面是 Windows 提供给用户进行操作的台面，相当于日常工作中使用的办公桌的桌面，用户的操作都是在桌面内进行的。桌面可以放一些经常使用的应用程序、文件和工具，这样用户就能快速、方便地启动和使用它们。

2．图标

图标代表一个对象，可以是一个文档、一个应用程序等。

（1）图标类型

Windows XP 针对不同的对象使用不同的图标，可分为文件图标、文件夹图标和快捷方式图标三大类。

① 文件图标。文件图标是使用最多的一种图标。Windows XP 中，存储在计算机中的任何一个文件、文档、应用程序等都使用这一类图标表示，并且根据文件类型的不同用不同的图案显示。通过文件图标可以直接启动该应用程序或打开该文档。

② 文件夹图标。文件夹图标是表示文件系统结构的一种提示，通过它可以进行文件的有关操作，如查看计算机内的文件。

③ 快捷方式图标。这种图标的左下角带有弧形箭头，它是系统中某个对象的快捷访问方式。它与文件图标的区别是：删除文件图标就是删除文件，而删除快捷方式图标并不删除文件，只是将该快捷访问方式删除。

早期的 Windows 系统安装好后，都会在桌面放上"我的电脑"、"回收站"、"网上邻居"、"我的文档"等文件图标，因而当删除这些图标时，就会将相应的应用程序删除。从 Windows XP 开始，当安装完操作系统后，桌面就不再放这些图标了，用户要自己建立这些常用应用程序的快捷方式图标。因而，当用户误删后，就不会删除应用程序，只需重新建立一个快捷方式图标即可。

（2）桌面图标的调整

① 添加新对象（图标）。可以从其他文件夹窗口中通过鼠标拖动的办法拖来一个新的对象，也可以通过右击桌面空白处并在弹出的快捷菜单中选择"新建"级联菜单中的某项命令来创建新对象。

② 删除桌面上的对象（图标）。Windows XP 提供了以下 4 种删除选中的对象的基本方法。

a. 右击想要删除的对象，从弹出的快捷菜单中选择"删除"命令；

b. 选择删除的对象，按 Del 键；

c. 拖动对象放入"回收站"图标内；

d. 选择想要删除的对象，按 Shift + Del 组合键（注：该方法直接删除对象，而不放入回收站）。

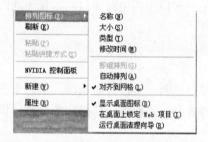

图 7.4　桌面快捷菜单及排列图标级联菜单

③ 排列桌面上的图标对象（图标）。可以用鼠标把图标对象拖放到桌面上的任意地方；也可以右击桌面的空白处，在弹出的快捷菜单中选择"排列图标"子菜单中的某项排列方法或单击快捷菜单中的"对齐到网格"命令，重新对齐所有图标，如图7.4所示。

如果选中"自动排列"命令、即该选项前面有"√"符号，这种情况下，用户在桌面上拖动任意图标时，该图标都将会自动排列整齐。

3. 任务栏

任务栏通常处于屏幕的下方，如图7.5所示。

图 7.5　Windows XP 任务栏

任务栏包括"链接"、"语言栏"、"桌面"和"快速启动"子栏等。通常这些子栏并不全显示在任务栏上，用户根据需要选择了的栏才显示。具体操作方法：右击任务栏的空白处，弹出快捷菜单，指向快捷菜单上的"工具栏"项，在"工具栏"的级联菜单中选择，如图7.6所示。

任务栏的主要功能是用标签（或图标）显示用户正在进行的任务名称，用户通过标签名（或图标）可以与正在进行的任务进行交流，如显示出任务窗口或结束任务。

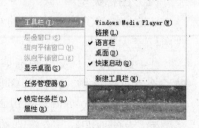

图 7.6　Windows XP 任务栏

4．窗口

窗口是与完成某种任务的一个程序相联系的，是运行的程序与人交换信息的界面。

（1）窗口类型及结构

在 Windows XP 中，窗口主要有文件夹窗口、应用程序窗口和文档窗口三类。如图 7.7 所示的是应用程序窗口（外面）和文档窗口（内部），从中可以看到内部的文档窗口没有菜单栏、工具栏等，只有标题栏，所以它不能独立存在，只能隶属于某个应用程序窗口。

图 7.7　应用程序窗口和文档窗口

窗口主要由标题栏、菜单栏、工具栏、状态栏和滚动条组成。

（2）窗口操作

窗口基本操作包括移动窗口，改变窗口大小，滚动窗口内容，最大化、最小化、还原和关闭窗口，窗口的切换，排列窗口，复制窗口。

① 移动窗口。将鼠标指针指向"标题栏"，按下左键并移动鼠标（屏幕上会有一个虚线框随鼠标而移动）至所需要的地方，松开鼠标左键，窗口就被移动了（最大化的窗口是不能移动的）。

② 改变窗口大小。窗口周围有一圈灰色的边框。将鼠标指针指向窗口边框的某一边或某一个角，鼠标指针自动变成双向箭头，按下左键并移动，就可以改变窗口大小了。

③ 滚动窗口内容。将鼠标指针移到窗口滚动条的滚动块上，按住左键拖动滚动块，窗口中的内容也随着滚动。另外，单击滚动条上的上箭头或下箭头按钮，可以上滚或下滚窗口内容一行。

④ 最大化、最小化、还原和关闭窗口。最大化、最小化和关闭窗口按钮在窗口的右上角。利用这些按钮可以快速设置窗口的大小，恢复原来大小、隐去窗口或关闭窗口。

窗口最小化：单击最小化按钮，窗口从桌面上消失，且运行的程序由系统转到后台运行，不与用户进行交互。用户若要再次与该程序进行交互，可以通过单击任务栏上对应的标签名，即可将该程序从后台转到前台运行，并显示出窗口。

窗口最大化：单击最大化按钮，窗口扩大到整个桌面。当窗口被最大化之后，最大化按钮变成了还原按钮。

在最大化的窗口中，原最大化按钮已变为还原按钮，单击它可以使窗口恢复成原来的大小。

窗口关闭：单击关闭按钮，窗口在屏幕中消失，并且标签名（或图标）也从任务栏上消失，表示关闭了该窗口所代表的应用程序。

注意：双击标题栏上的空白处，也可以实现窗口的最大化和还原操作。

⑤ 窗口的切换。如果同时运行了多个应用程序，在屏幕上就会有多个窗口，切换窗口最简单的方法是：在所需要的窗口没有被完全挡住时，单击所需要的窗口；如果在屏幕上不能看到要切换的窗口，只需用鼠标单击任务栏上的相应窗口标签即可；也可使用快捷键切换窗口，即用 Alt+Tab 组合键在应程序图标上选择，也可用 Alt+Esc 组合键在所有窗口之间切换。

图 7.8　排列窗口快捷菜单

⑥ 排列窗口。运行了多个应用程序之后，一些窗口会遮住另外的一些窗口。为了更好地进行操作，可以将窗口排列成层叠、横向平铺和纵向平铺三种方式。具体操作：用鼠标右击"任务栏"空白处，弹出如图7.8所示的快捷菜单，然后选择其中一种排列方式。

⑦ 复制窗口。如果希望把当前窗口作为图像复制到另一些文档或图像中去，可按下 Alt + Print Screen 组合键，将当前活动窗口及内容以图像的形式复制到剪贴板中，然后在文档或图像文件中使用"粘贴"命令，则可将复制的窗口及内容以图像方式粘贴到该文件或图像中。如果想以整个屏幕作为图像来复制，直接按 Print Screen 键即可以图像的形式将整个屏幕复制到剪贴板中。

5. 对话框

在 Windows XP 或其他应用程序窗口中，当选择带有省略号的菜单命令时，会弹出一个对话框。对话框是一种简单的窗口，通过它可以实现程序和用户的信息交流，为了获得用户信息，运行的程序会弹出对话框向用户提问，用户可以通过回答问题来完成对话，Windows 也使用对话框显示附加信息和警告，或解释没有完成操作的原因。也可以通过对话框对 Windows XP 或应用程序进行设置。如图7.9所示是 Windows XP 的"显示 属性"对话框。

对话框中主要包含选项卡、文本框、数值框、列表框、下拉列表框、单选按钮、复选按钮、滑标、命令按钮、帮助按钮等对象。通过这些对象实现程序和用户的信息交流。

图 7.9　"显示 属性"对话框

7.1.4　Windows XP 菜单命令

Windows 操作系统的功能和操作基本上体现在菜单命令中，只有正确使用菜单才能用好计算机。Windows XP 提供 4 种类型的菜单命令，它们分别是"开始"菜单、菜单栏菜单、快捷菜单和控制菜单。

1．开始菜单

单击屏幕左下角任务栏上的"开始"按钮，在屏幕上会出现如图7.10所示的开始菜单。
通过"开始"菜单可以启动一个应用程序。

注意：若在菜单中某项右侧有向右的三角形箭头时，则
鼠标指向该选项时会自动打开其级联菜单（如"开始"菜单
中的"所有程序"选项）。若在菜单中某项右侧有省略号"…"，
则单击该选项就会出现一个对话框（如"运行"选项）。

用户还可以通过 Ctrl+Esc 组合键打开"开始"菜单。此
法在任务栏处于隐藏状态的情况下用较为方便。

2．菜单栏菜单

Windows 系统的每一个窗口中几乎都有菜单栏菜单，其
中包含"文件"、"编辑"及"帮助"等菜单项。菜单栏命令
只作用于本窗口中的对象，对窗口外的对象无效。

菜单栏命令的操作方法是：先选择窗口中的对象，然后
再选择一个相应的菜单命令。注意，有时系统有默认对象，

图 7.10　"开始"菜单

此时直接选择菜单命令就会对默认对象执行其操作。如果没有选择对象，则菜单命令是虚的，
即不执行所选择的命令。

对于菜单栏中的菜单命令，可以用鼠标选择，也可以用快捷键选择，方法是：在按下 Alt
键的同时按下菜单名右边括号中的英文字母，如打开"查看（V）"菜单用 Alt + V 组合键。
也可以按 Alt 键或 F10 键来激活菜单栏，用键盘左右方向键选择菜单名，再按回车键，即打
开下拉菜单，用上、下方向键选择菜单中的选项，再按回车键。

3．快捷菜单

当右击一个对象时，Windows 系统就弹出作用于该对象的快捷菜单。快捷菜单命令只
作用于右击的对象，对其他对象无效。注意：右击对象不同，其快捷菜单命令也不同。

4．控制菜单

Windows XP 中每一个窗口的标题栏最左边有一个小图标，这个小图标就是控制菜单按
钮。单击这个按钮就可以打开控制菜单命令。控制菜单命令主要提供对窗口进行移动、改变
大小、最大化、最小化、还原和关闭窗口操作的命令，其中移动窗口要用键盘按键操作。

7.1.5　工具栏

Windows XP 应用程序窗口和文件夹窗口都有工具栏。工具栏提供了一种方便、快捷地
选择常用的操作命令形式，当鼠标指针停留在工具栏某个按钮上时，会在旁边显示该按钮的

功能提示，单击就可选中并执行该命令。当然，对于工具栏上的命
令，在菜单栏中都有相对应的菜单命令。

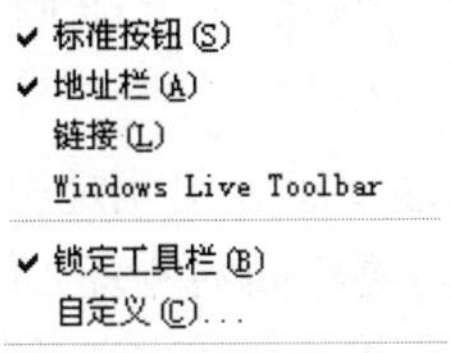

窗口的工具栏既可以显示又可以隐藏起来，方法是：单击菜单
栏中的"查看"项，然后指向"工具栏"，系统显示如图7.11所示的
子菜单（右击某个工具栏空白处也可显示）。在子菜单中有多个选项，
如"标准按钮"、"地址栏"、"链接"和"自定义"。使用前四个选项

图 7.11　工具栏设置菜单

可以分别打开或关闭相应的工具栏。"自定义"选项可实现在工具栏上调整按钮的先后顺序、增加新按钮和取消已有按钮。

7.2 Windows XP 文件管理

Windows XP 操作系统将用户的数据以文件的形式存储在外存储器中进行管理，同时给用户提供"按名存取"的访问方法。因此，必须正确掌握文件的概念、命名规则、文件夹结构和存取路径等相关内容，才能以正确的方法进行文件的管理。

7.2.1 Windows 文件系统概述

1．文件和文件夹的概念

（1）文件的概念

文件是有名称的一组相关信息集合，任何程序和数据都是以文件的形式存放在计算机的外存储器（如磁盘）上的，并且每一个文件都有自己的名字，叫文件名。文件名是存取文件的依据，对于一个文件来讲，它的属性包括文件的名字、大小、创建或修改时间等。

（2）文件夹的概念

外存储器存放着大量的不同类型的文件，为了便于管理，Windows XP 系统将外存储器组织成一种树形文件夹结构，这样就可以把文件按某一种类型或相关性存放在不同的"文件夹"里。这就像在日常工作中把不同类型的文件资料用不同的文件夹来分类整理和保存一样。在文件夹里除了可以包含文件外，还可以包含文件夹，包含的文件夹称为"子文件夹"。

2．文件和文件夹的命名

（1）命名规则

Windows XP 使用长文件名，最长可达 256 个字符，其中可以包含空格，分隔符"."等，具体文件名的命名规则如下。

① 文件和文件夹的名字最多可使用 256 个字符。

② 文件和文件夹的名字中除开头以外的任何地方都可以有空格，但不能有下列符号：

　　? \ / * " < > | :

③ Windows XP 保留用户指定名字的大小写格式，但不能利用大小写区分文件名。如 Myfile.doc 和 MYFILE.DOC 被认为是同一个文件名。

④ 文件名中可以有多个分隔符，但最后一个分隔符后的字符串用于指定文件的类型。如 nwu.computer.file1.doc，表示文件名是"nwu.computer,file1"，而".doc"则表示该文件是一个 word 类型的文件。

⑤ 汉字可以是文件名的一部分，每一个汉字占两个字符。

（2）文件查找中的通配符

文件操作过程中有时希望对一组文件执行同样的命令，这时可以使用通配符"*"或"?"来表示该组文件。

若在查找时文件名中含有"?"，则表示该位置可以代表任何一个合法字符。也就是说，该操作对象是在当前路径所指的文件夹下除"?"所在位置之外其他字符均要相同的所有文件。

若在文件名中含有"*"，则表示该位置及其后的所有位置上可以是任何合法字符，包括没有字符。也就是说，该操作对象是在"*"前具有相同字符的所有文件。例如，A*.*表示访问所有文件名以 A 开始的文件，*.BAS 表示所有扩展名为 BAS 的文件，*.*表示所有的文件。

3．文件和文件夹的属性

在 Windows 环境下，文件和文件夹都有其自身特有的信息，包括文件的类型、在存储器中的位置、所占空间的大小、修改时间和创建时间，以及文件在存储器中存在的方式等，这些信息统称为文件的属性。

一般，文件在存储器中存在的方式有只读、存档、隐藏等属性。右击文件或文件夹，在弹出的快捷菜单中选择"属性"命令，弹出"属性"对话框，从中可以改变一个文件的属性。其中的只读是指文件只允许读、不允许写；存档是指普通的文件；隐藏是指将文件隐藏起来，这样在一般的文件操作中就不显示这些隐藏起来的文件信息。

4．文件夹的树形结构

（1）文件夹结构

Windows XP 采用了多级层次的文件夹结构，如图 7.12 所示。对于同一个外存储器来讲，它的最高一级只有一个文件夹（称为根文件夹）。根文件夹的名称是系统规定的，统一用"\"表示。根文件夹内可以存放文件，也可以建立子文件夹（下级文件夹）。子文件夹的名称是由用户按命名规则指定的。子文件夹下又可以存放文件和再建立子文件夹。这就像是一棵倒置的树，根文件夹是树的根，各子文件夹是树的枝杈，而文件则是树的叶子，叶子上是不能再长出枝杈来的，所以把这种多级层次文件夹结构称为树形文件夹结构。

（2）访问文件的语法规则

访问一个文件时，必须告诉 Windows 系统三个要素：文件所在的驱动器、文件在树形文件夹结构中的位置（路径）和文件的名字。

① 驱动器表示。Windows XP 的驱动器用一个字母后跟一个冒号表示。例如，A:为 A 盘的代表符，C:为 C 盘的代表符，D:为 D 盘的代表符等。

② 路径。文件在树形文件夹中的位置可以用从根文件夹出发、至到达该文件所在的子文件夹之间依次经过的一连串用反斜线隔开的文件夹名的序列描述，这个序列称为路径。如果文件名包括在内，该文件名和最后一个文件夹名之间也用反斜线隔开。

例如，要访问图7.12所示的 s01.doc 文件，则可用如图7.13所示的方法描述。

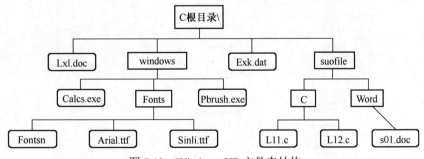

图 7.12　Windows XP 文件夹结构

路径有绝对路径和相对路径两种表示方法。绝对路径就是上面的描述方法，即从根文件夹起到文件所在的文件夹为止的写法。相对路径是指从当前文件夹起到文件所在的文件夹为止的写法。当前文件夹指的是系统正在使用的文件夹。例如，假设当前文件夹是如图 7.12 所示 suofile 文件夹，要访问 L12.c 文件，则可用 "C:\suofile \C\L12.c" 绝对路径描述方法，也可以用 "C\L12.c" 相对路径描述方法。

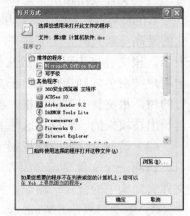

C:\suofile\Word\s01.doc

驱动器　路径　文件名

图 7.13　访问 s01.doc 文件的语法描述

注意：在 Windows 系统中，由于使用鼠标操作，所以上述规则通常是通过三个操作完成的，即先在窗口中选择驱动器；然后在列表中选择文件夹及子文件夹；最后选择文件或输入文件名。如果熟练掌握访问文件的语法规则描述，那么可直接在地址栏输入路径来访问文件。

7.2.2　文档与应用程序关联

关联是指将某种类型的文件同某个应用程序通过文件扩展名联系起来，以便在打开任何具有此类扩展名的文件时，自动启动该应用程序。通常在安装新的应用软件时，应用软件自动建立与某些文档之间的关联。例如，安装 Word 应用程序时，就会将 ".doc" 文档与 Word 应用程序建立关联，当双击此类文档（.doc）时，Windows 系统就会先启动 Word 应用程序，然后再打开该文档。

如果一个文档没有与任何应用程序相关联，则双击该文档，就会弹出一个请求用户选择打开该文档的 "打开方式" 对话框，如图 7.14 所示，用户可以从中选择一个能对文档进行处理的应用程序，之后 Windows 系统就启动该应用程序，然后打开该文档。如果选中如图 7.14 所示对话框中的 "始终使用选择的程序打开这种文件" 复选框，就建立了该类文档与所选应用程序的关联。

"打开方式" 对话框也可以通过右击一个文件并在快捷菜单中选择 "打开方式" 命令弹出。这种方法使用户可以重新定义一个文件关联的应用程序。

图 7.14　"打开方式" 对话框

7.2.3　通过资源管理器管理文件

Windows 资源管理器是一个管理文件和文件夹的重要工具，它清晰地显示出整个计算机中的文件夹结构及内容，如图 7.15 所示。使用它能够方便地进行文件打开、复制、移动、删除或重新组织等操作。

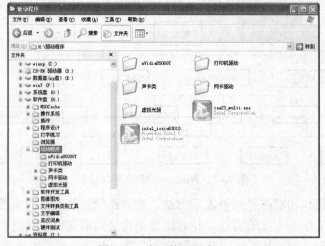

图 7.15　资源管理器窗口

1．资源管理器的启动

方法 1：打开"开始菜单"，将鼠标指针指向"所有程序"及"附件"，在"附件"级联菜单中选择"Windows 资源管理器"命令。

方法 2：右击"我的电脑"，从快捷菜单中选择"资源管理器"命令。

方法 3：右击任一驱动器或文件夹对象，从快捷菜单中选择"资源管理器"命令。

方法 4：右击"开始"按钮，从弹出的菜单中选择"资源管理器"命令。

无论使用哪种方法启动资源管理器，都会打开 Windows 资源管理器窗口，如图7.15所示。

2．资源管理器操作

在 Windows 资源管理器窗口上部有"工具栏"和"菜单栏"；中部有两个区域，即左窗格和右窗格，用鼠标拖动左、右窗格中间的分隔条，可以调整左、右窗格的大小。左窗格有一棵文件夹树，显示计算机资源的结构组织，最上方是"桌面"图标，计算机所有资源都组织在这个图标下。右窗格中显示的是左窗格中选定对象所包含的内容。左窗格可以关闭，通过单击左窗格右上角的关闭按钮来完成，若要显示左窗格，单击工具栏的"文件夹"按钮即可。

（1）选择文件和文件夹

要选择文件和文件夹，首先要确定该文件或文件夹所在的驱动器或文件（或文件夹）所在的文件夹。即在左窗格中，从上到下一层一层地单击所在驱动器和文件夹，然后在右窗格中选择所需的文件或文件夹。如果要找的文件（或文件夹）所在的文件夹没有显示在资源管理器窗口的左窗格中，则拖动左窗格滑动块滚动屏幕。在资源管理器窗口的左窗格中选定了一个文件夹之后，在右窗格中会显示出该文件夹下包含的所有子文件夹和文件，在其中选定所要确定的文件和文件夹。左窗格确定的是文件和文件夹的路径，右窗格中显示的是被选定文件夹的内容。对右窗格中文件和文件夹的选取有以下几种方法。

① 选定单个文件夹或文件：单击所要选定的文件或文件夹。

② 选择多个连续的文件或文件夹：单击所要选定的第一个文件或文件夹，然后用鼠标指向最后一个文件或文件夹上，按住 Shift 键并单击鼠标左键。

③ 选定多个不连续的文件或文件夹。按住 Ctrl 键不放，然后逐个单击要选取的文件或文件夹。

④ 全部选定文件或文件夹

选择"编辑"菜单中的"全部选定"命令，则选定资源管理器右窗格中的所有文件或文件夹（或用快捷键 Ctrl+A）。

（2）展开和折叠文件夹

在资源管理器窗口的左窗格中，文件夹中可能包含子文件夹。用户可展开文件夹，显示子文件夹，也可以折叠文件夹列表，不显示子文件夹。为了能够清楚地知道某个文件夹中是否含有子文件夹，在左窗格中用图标进行标记。

文件夹图标中含有"+"时，表示该文件夹中含有子文件夹，可以展开；文件夹图标中含有"–"时，表示该文件夹已被展开，可以折叠；文件夹图标中不含有"+"和"–"时，表示该文件夹中既没有子文件夹也无法展开和折叠。

为了展开含有"+"的文件夹，单击文件夹图标前的"+"即可；为了折叠含有"–"的文件夹，也可单击其图标前的"–"。

3. 文件和文件夹管理

（1）复制文件或文件夹

鼠标拖动法：源文件或文件夹图标和目标文件夹图标都要出现在桌面上，选定要复制的文件或文件夹，按住 Ctrl 键不放，用鼠标将选定文件或文件夹拖动到目标盘或目标文件夹，如果在不同的驱动器上复制，只要用鼠标拖动文件或文件夹即可，不必使用 Ctrl 键。

命令操作法：在右窗格中用单击选定要复制的文件夹或文件，选择"编辑"菜单中的"复制"命令，这时已将文件或文件夹复制到剪贴板中；然后打开目标盘或目标文件夹，选择"编辑"菜单中的"粘贴"命令。关于"复制"和"粘贴"命令也可直接使用工具栏中的相应按钮。即操作步骤为：选择→复制→确定目标→粘贴。

（2）移动文件或文件夹

用鼠标拖动法：源文件（或文件夹）和目标文件夹都要出现在桌面上，选定要移动的文件（或文件夹），按住 Shift 键，用鼠标将选定的文件或文件夹拖动到目标盘或文件夹中。如果是同一驱动器上移动非程序文件（或文件夹），只需用鼠标直接拖动文件或文件夹，不必使用 Shift 键。注意：在同一驱动器上拖拉程序文件是建立该文件的快捷方式，而不是移动文件。

用命令操作法：同复制文件的方法。只需将选择"复制"命令改为选择"剪切"命令即可。即选择→剪切→确定目标→粘贴的操作步骤。

（3）删除文件或文件夹

选定要删除的文件或文件夹，余下的步骤与删除图标的方法相同。如果想恢复刚刚被删除的文件，则选择"编辑"菜单中的"撤销"命令。

注意：删除的文件或文件夹留在"回收站"中并没有节约磁盘空间。因为文件或文件夹并没有真正从磁盘中删除。若删除的是 U 盘和移动盘上的文件和文件夹，将直接删除，不会放入"回收站"。

（4）查找文件或文件夹

当用户创建的文件或文件夹太多时，如果想查找某个文件或某一类型文件，而又不知道文件存放位置，Windows XP 提供了检索文件和文件夹的功能。单击资源管理器窗口中工具栏上的"检索"按钮（或从"开始"菜单里选择"检索"命令），打开检索资源界面如图7.16所示，首先选择查找对象的类型，然后设置检索条件，最后选择"检索"按钮，系统开始查找所要找的文件，并将检索的结果显示在"检索"窗口的右部。

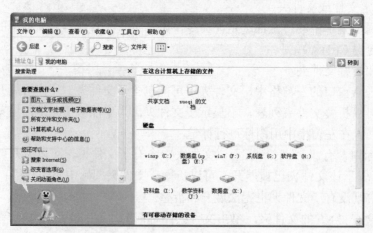

图 7.16　检索资源界面

4．用"我的电脑"管理文件

"我的电脑"窗口中显示了用户计算机中的基本软、硬件资源。利用"我的电脑"可以完成的基本操作有格式化磁盘、复制磁盘、浏览磁盘内容；创建文件夹；复制、移动、删除文件和文件夹及文件或文件夹的重命名等。其中文件和文件夹的复制、移动、删除和重命名操作方法同"资源管理器"的操作。

（1）存储器格式化

使用外存储器前需要进行格式化。如果要格式化的存储器中有信息，则格式化会删除原有的信息。操作方法：右击要格式化的存储器，在弹出的快捷菜单上选择"格式化"命令，在弹出的"格式化"对话框中进行相应的格式设置，按"确定"按钮即可。

（2）创建新的文件夹

选定要新建文件夹所在的文件夹（即新建文件夹的父文件夹）并打开；用鼠标指向"文件"菜单中的"新建"命令，在级联菜单中选择"文件夹"命令（或右击窗口空白处，在弹出的快捷菜单中选择"文件夹"命令），窗口中出现带临时名称的文件夹，输入新文件夹的名称后，按 Enter 键或用鼠标单击其他任何地方。

7.2.4　剪贴板的使用

剪贴板是 Windows 操作系统中一个非常实用的工具，它是一个在 Windows 程序和文件之间用于传递信息的临时存储区。剪贴板不但可以存储正文，还可以存储图像、声音等其他信息。通过它可以把多个文件的正文、图像、声音粘贴在一起，形成一个图文并茂、有声有色的文件。

剪贴板的使用步骤是：先将对象复制或剪切到剪贴板这个临时存储区，然后将插入点定位到需要放置对象的目标位置，再使用粘贴命令将剪贴板中信息传递到目标位置中。

在 Windows 中，可以把整个屏幕或某个活动窗口作为图像复制到剪贴板上。

（1）复制整个屏幕：按下 Print Screen 键。

（2）复制窗口、对话框：先将窗口选择为活动窗口，然后按 Alt+Print Screen 组合键。

复制、剪切和粘贴命令都有对应的快捷键，分别是 Ctrl+C、Ctrl+X 和 Ctrl+V。在工具栏中也有相对应的按钮，只要正确使用，会更方便地达到同样的结果。

7.3　系统管理

Windows XP 在控制面板里提供了许多应用程序，这些程序主要用于完成对计算机系统的软、硬件的设置和管理。其启动的方式是先打开控制面板，然后选择一个类别（如图 7.17 所示），再在该类别中选择一个任务或图标（如图 7.18 所示），这样就可以启动相应的应用程序窗口或对话框，最后完成设置操作。

7.3.1　应用程序的安装和删除

打开"控制面板"窗口，选择"添加/删除程序"类别，弹出"添加/删除程序属性"对话框，按对话框上的提示进行操作即可。

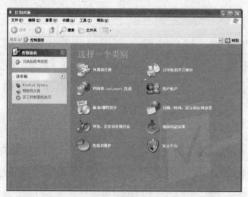

图 7.17 "控制面板"窗口   图 7.18 选择一个任务或图标窗口

7.3.2 更改 Windows XP 设置

1. 设置日期和时间

打开"控制面板"窗口，选择"日期、时间、语言和区域设置"类别，然后选择"日期/时间"图标，弹出如图 7.19 所示的"日期和时间 属性"对话框，按对话框上的提示进行日期、时间设置即可。

2. Windows XP 桌面设置

Windows XP 提供了一个显示属性设置程序，通过它可以对 Windows XP 桌面的背景、屏幕保护、外观等进行设置。

打开"控制面板"窗口，选择"外观和主题"类别，然后选择"显示"图标，弹出如图7.20所示的"显示 属性"对话框，按对话框上的提示进行相应的设置即可。

图 7.19 "日期和时间 属性"对话框   图 7.20 "显示 属性"对话框

3. 键盘和鼠标设置

打开"控制面板"窗口，选择"打印机和其他硬件"类别，然后选择"键盘或鼠标"图标，在随后弹出的"键盘或鼠标"对话框中按提示进行相应的设置即可。

4. 输入语言设置

右击任务栏中的输入法指示框，在快捷菜单中选择"设置"命令，弹出"文字服务和输入语言"对话框（也可以通过控制面板打开，方法是：在"控制面板"窗口中选择"日期、时间、语言和区域设置"类别，然后选择"区域和语言"图标，在弹出的"区域和语言"对话框中选择"语言"标签，再在其中单击"详细信息"按钮即可），如图7.21所示。

在"文字服务和输入语言"对话框中可以完成添加、删除某种输入法及其他相关设置。具体操作按对话框提示进行即可。

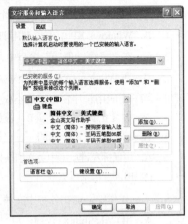

7.3.3　用户管理

在 Windows XP 安装过程中，系统将自动创建一个默认名为 Administrator 的账号，该账号拥有对本机资源的最高管理权限，即计算机管理员特权。用户可以在系统安装完成后，利用该账号登录本计算机，通过"控制面板"中的"用户账号"图标添加新用户账号、删除和修改已有的用户账号。

图 7.21　"文字服务和输入语言"对话框

Windows XP 的用户管理功能可以使多个用户公用一台计算机，而且每个用户有设置自己的用户界面和使用计算机的权利。

权限和用户权利通常授予组。通过将用户添加到组，可以将指派给该组的所有权限和用户权利授予这个用户。"用户"组中的成员可以执行完成其工作所必需的大部分任务，如登录到计算机、创建文件和文件夹、运行程序及保存文件的更改。但是，只有 Administrators 组的成员可以将用户添加到组、更改用户密码或修改大多数系统设置。

在 Windows XP 中通过"控制面板"的"用户账号"图标添加、删除和修改用户账号非常简单，只要按提示一步一步操作即可完成。

习　题　7

一、填空题

1. 要将当前窗口作为图像存入剪贴板，应按_____键。

2. 要将整个桌面作为图像存入剪贴板，应按_____键。

3. 通过_____可恢复被误删除的文件或文件夹。

4. 复制、剪切和粘贴命令都有对应的快捷键，分别是_____、_____和_____。

5. Windows XP 是一个_____的操作系统。

6. Windows XP 针对不同的对象，使用不同的图标，但可分为_____、_____和_____三大类图标。

7. 快捷方式图标是系统中某个对象的_____。

8. Windows 资源管理器是一个管理_____的重要工具，它清晰地显示出整个计算机中的文件夹结构及内容。

9. 剪贴板是 Windows 中一个非常实用的工具，它是一个在 Windows 程序和文件之间用于传递信息的_____。剪贴板不但可以存储正文，还可以存储图像、声音等其他信息。

10. Windows XP 在控制面板里提供了许多应用程序，这些程序主要用于完成_____设置和管理。

二、选择题

1. 在 Windows XP 桌面上，不能打开"我的电脑"窗口的操作是（　　）。

　　A. 在"资源管理器"中选取

　　B. 用鼠标左键双击"我的电脑"图标

　　C. 用鼠标右键单击"我的电脑"图标，然后在弹出的快捷菜单中选择"打开"命令

　　D. 用鼠标左键单击"开始"按钮，然后在系统菜单中选取

2. 下列叙述中，不正确的是（　　）。

　　A．Windows XP 中打开的多个窗口，既可平铺又可层叠

　　B．Windows XP 中可以利用剪贴板实现多个文件之间的复制

　　C．在"资源管理器"窗口中，用鼠标左键双击应用程序名即可运行该程序

　　D．在 Windows XP 中不能对文件夹进行更名操作

3. 当一个应用程序窗口被最小化后，该应用程序将（　　）。

　　A．被终止执行　　　　B．被删除　　　　C．被暂停执行　　　　D．被转入后台执行

4. 在输入中文时，下列的_____操作不能进行中英文切换。

　　A．用鼠标左键单击中英文切换按钮　　　　B．用 Ctrl 键+空格键

　　C．用语言指示器菜单　　　　　　　　　　D．用 Shift 键+空格键

5. 下列操作中，能在各种中文输入法切换的是（　　）。

　　A．用 Ctrl+Shift 组合键　　　　　　　　B．用鼠标左键单击输入法状态框"中/英"切换按钮

　　C．用 Shift+空格键　　　　　　　　　　　D．用 Alt+Shift 组合键

6. 在下列情况中能创建新文件夹的操作，错误的是（　　）。

　　A．在桌面快捷菜单中的新建

　　B．在显示属性对话框中操作

　　C．在资源管理器窗口中的"文件"菜单中选择"新建"命令

　　D．用"我的电脑"窗口的"文件"菜单中选择"新建"命令

7. 下列操作中，（　　）不能查找文件或文件夹。

　　A．用"开始"菜单中的"查找"命令

　　B．用鼠标右键单击"我的电脑"图标，在弹出的菜单中选择"检索"命令

　　C．用鼠标右键单击"开始"按钮，在弹出的菜单中选择"检索"命令

　　D．在资源管理器窗口中单击"检索"按钮

8. 用鼠标拖放功能实现文件或文件夹的快速移动时，正确的操作是（　　）。

　　A．用鼠标左键拖动文件或文件夹到目的文件夹上

　　B．用鼠标右键拖动文件或文件夹到目的文件夹上，然后在弹出的菜单中选择"移动到当前位置"命令

　　C．按住 Ctrl 键，然后用鼠标左键拖动文件或文件夹到目的文件夹上

　　D．按住 Shift 键，然后用鼠标右键拖动文件或文件夹到目的文件夹上

9. 在 Windows XP 的资源管理器窗口中，如果想一次选定多个分散的文件或文件夹，正确的操作是（　　）

　　A．按住 Ctrl 键，用鼠标右键逐个选取　　　　B．按住 Ctrl 键，用鼠标左键逐个选取

　　C．按住 Shift 键，用鼠标右键逐个选取　　　　D．按住 Shift 键，用鼠标左键逐个选取

10. 在 Windows 应用程序中，某些菜单中的命令右侧带有"…"表示（　　）

　　A．是一个快捷键命令　　　　　　　　　　B．是一个开关式命令

　　C．带有对话框以便进一步设置　　　　　　D．带有下一级菜单

三、简答题

1. 简述 Windows XP 进行用户账号设置的方法。

2. 请简述 Windows XP 桌面的基本组成元素及功能。

3. 简述访问文件的语法规则。

4. 在 Windows XP 中，运行应用程序有哪几种方式？

5. 简述 Windows XP 的文件命名规则。

第8章 文字处理

当今，计算机技术在文字处理方面广泛应用，计算机排版代替了过去的手工排版，计算机的外部设备代替了过去的印刷机，使排版印刷工作量减少、出版周期缩短、印刷质量提高。而纸张上表示信息的只是文字、图形或图像。怎样用计算机来编辑和排版文字、图形，这就产生了办公自动化文字处理软件，包括文字处理软件、桌面出版系统、电子邮件编辑器及超文本的文档生成软件，它们取代了笔与打字机，并得到迅速发展，成为文档制作的主要手段，如 Word 文字处理软件、WPS 文字处理软件、记事本等。

总之，不管是纸张上的文字，还是屏幕上的文字，文字格式和版面都是特别重要的。在现实生活中，一篇完美的文章仅仅内容精彩是远远不够的，应该做到形式与内容的统一，包括文章的结构、文章的布局，也包括文章的外部展现方法、手段等。排版正是文章的一种外部展现形式，无论从哪个角度来讲，这种形式都应被重视。

8.1 文字处理软件简介

文字信息是多元化信息中使用最普遍的一种信息表现形式。因此，在现代信息社会中，文字信息处理的应用范围也十分广泛，从文稿编辑、排版印刷到各种事务管理、办公自动化，都涉及文字信息处理技术。

文字信息处理，简称字处理，就是利用计算机对文字信息进行加工处理，其处理过程大致包括以下三个阶段：文字录入、加工处理和文字输出。

① 在文字录入阶段，用键盘或其他输入手段将文字信息输入到计算机内部，即将普通文字信息转换成计算机"认识"的数字信息，便于计算机的识别和加工处理。

② 在加工处理阶段，利用计算机中的文字信息处理软件对文字信息进行编辑、排版、存储、传输等处理，制作成人们需要的表现形式。

③ 在文字输出阶段，将制作好的机内表现形式用计算机的输出设备转换成普通文字形式输出给用户。

8.1.1 文字处理软件的基本功能

1．文档编辑、格式设置功能

对录入的文字等对象能够进行复制、移动、删除等基本编辑操作；对页面大小、页边距等进行设置；对文本的字体、字形、字号和颜色等进行设置；对选择的文本进行空心、加粗、下画线等效果设置。

2．自动检查、更正和自动输入功能

在输入文字的同时，自动检查，更正语法和拼写错误；自动创建编号和项目符号；提供了自动套用格式、信函向导等一套丰富的自动功能，使用户轻松完成文档的输入工作。

3．表格处理功能

表格制作、内容填充、计算、美化等各种操作。

4．图形处理功能

绘制图形、图形放大等简单的编辑功能。

8.1.2 常见的字处理软件

利用计算机处理文字信息，需要有相应的文字信息处理软件。目前微型计算机上常用的字处理软件有微软公司的 Word、Windows 所带的写字板、金山公司的 WPS 等。

1．Word 文字处理软件

1993 年，Microsoft 公司第一次推出可进行汉字处理的文字处理软件中文 Word 5.0，1995年，中文 Word 6.0 推入市场。

Word 是 Microsoft 公司推出的办公自动化套装软件 Office 中的字处理软件，是目前使用最广泛的字处理软件。使用 Word 软件，可以进行文字、图形、图像等综合文档编辑工作，可以和其他多种软件进行信息交换，可以编辑出图文并茂的文档。它界面友好、直观，具有"所见即所得"的特点，深受用户青睐。

Word 软件先后推出了多个版本，有 Word 5.0、Word 6.0、Word 97（包含在 Office 97 套装软件中的字处理软件）、Word 2003，最新的 Word 软件包含在 Office 2007 中。随着 Word 软件的不断升级，其功能不断增强，Word 2007 提供了一套完整的工具，用户可以在新的界面中创建文档并设置格式，从而帮助制作具有专业水准的文档。丰富的审阅、批注和比较功能有助于快速收集和管理反馈信息。高级的数据集成功能可确保文档与重要的业务信息源时刻相连。

尽管 Word 软件在不断升级，但操作界面大同小异，掌握了其中一个版本的基本操作，再学习新版本就非常容易了。

2．WPS 文字处理软件

WPS 是金山公司开发的字处理软件。在中文 Word 推出之前，WPS 是使用最广泛的中文字处理软件。但由于没有及时推出适用于 Windows 操作系统的版本，WPS 大幅失去中文字处理的市场。1997 年，为适应操作系统市场的变化，金山公司推出适用于 Windows 操作系统的版本 WPS 97，并继而在 2000 年推出更新的 WPS 2000。 WPS 2000 是纯 32 位软件，具有很强的编辑排版、文字修饰、表格和图像处理功能，兼容多种文件格式（如 WRI、DOC、RTF、HTML 等格式文件），可以编辑处理文字、表格、多媒体、图形、图像等多种对象。它同时具有字处理、多媒体演示、电子邮件发送、公式编辑、对象框处理、表格应用、样式管理、语音控制等诸多功能，是一套非常实用的大型集成办公系统。

3．写字板软件

写字板是 Windows 所带的一种简易字处理软件。利用写字板可以建立对版面要求不是很高的文件。写字板不但可以对纯文本文件进行编辑，还可以设置字体和段落格式，更重要的是它可以在文档中插入图形、图像等多媒体信息。它具有字处理的基本功能，但不具有表格处理功能，不能控制行距，排版功能较弱。

8.1.3 Word 的启动和退出

Word 的启动方法很多，常用的方法是：在"开始"菜单中选择"开始/程序/Microsoft Office/Microsoft Word 2003"命令。

Word 的退出方法是：在"文件"菜单中选择"退出"命令。

8.2 文档内容编辑

要将文字资料变成电子文档，首先要建立文档，然后输入文字或插入图形等，编辑排版，并保存为文件。在 Word 2003 文字处理软件中，Word 文档保存为文件的默认扩展名是.doc。

8.2.1 文档的基本操作

1．新建文档

创建新文档的方法有多种。

① 每次启动 Word 时，系统自动创建一个文件名为"文档 1"的新文档，用户可在编辑区输入文本。

② 选择"文件→新建"命令，则打开"新建文档"窗口，选择"空白文档"，即可新建一个空白文档，在标题栏上显示文件名为"文档 n"（n 为一个整数）。

③ 单击工具栏中的"新建"按钮，也可建立空白文档。

2．Word 窗口

Word 窗口主要由标题栏、菜单栏、工具栏、标尺、编辑区、状态栏、滚动条等组成，如图8.1所示。

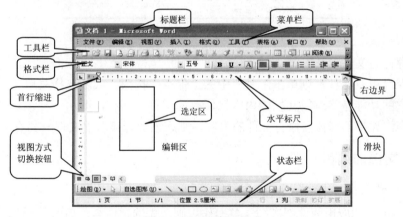

图 8.1 Word 窗口组成

8.2.2 输入文档内容并保存

如果需要建立一个文档，首先要将文档的内容输入到计算机，然后在计算机上针对这些内容进行结构与文字的修改，最后设置文档的外观并输出。

1．输入文档内容

① 确定光标位置。在编辑区确定光标的位置，因为光标位置决定要输入内容的位置。若是空文档，则光标在编辑区的左上角。

② 选择输入法。尤其是输入汉字时，先要选择合适的输入法。

③ 段落结束符。在输入一段文字时，无论这一段文字有多长（中间会自动换行），只有当这段文字全输入完成之后才输入一个段落结束符，即按回车键，表示一个段落的结束。

④ 特殊符号的输入。文档中如果要插入特殊符号，先确定光标位置，再选择菜单"插入→符号"命令或"插入→特殊符号"命令，弹出"符号"对话框，在这个对话框中将鼠标箭头指向所需插入的字符并单击，表示选择了该字符。再单击"插入"按钮，字符便插入到光标处。

2．保存文档

（1）第一次保存文档

文档内容录入完毕或录入一部分就需保存文档。第一次保存文档需要选择菜单"文件→另存为"（或"文件→保存"）命令，弹出如图 8.2 所示的对话框。在"另存为"对话框中要指定保存位置和文件名。一般在默认情况下，所保存的文件类型是以.doc 为扩展名的 Word 文档类型。

图 8.2 "另存为"对话框

（2）保存已有文件

如果是保存已有文件，则单击工具栏中的"保存"按钮，或者选择菜单"文件→保存"命令即可。它的功能是将编辑文档的内容以原有的文件名保存，即用正在编辑的内容覆盖原有文件的内容。如果不想覆盖原有文件的内容，则应该选择菜单"文件→另存为"命令。

8.2.3 文档的编辑

1．选定文档内容

Windows 平台的应用软件都遵循一条操作规则：先选定内容，后对其操作。被选定的内容呈反向显示（黑底白字）。多数情况下是利用鼠标选定文档内容的，常用方法如下。

① 选定一行：鼠标指针移至选定区（即行左侧的空白区），指针呈箭头状，并指向右上时，单击左键。

② 选定一段：鼠标指针移至选定区，指针呈箭头状，并指向右上时，双击左键。

③ 选定整个文档：鼠标指针移至选定区，指针呈箭头状，并指向右上时，三击鼠标左键或按住 Ctrl 键并单击左键，还可以选择菜单"编辑/全选"命令。

④ 选定需要的内容：在需要选定的内容起始位置单击鼠标左键，并拖动鼠标到需要选定内容的末尾，即可选定文档内容。

⑤ 取消选定：单击鼠标左键。

2．删除文档中的内容

常用的删除文档中的内容方法如下：

① 选定欲删除文件的内容；

② 按 Del 键或选择菜单"编辑→清除→内容"命令，即可删除选定的内容；

③ 如果要删除的仅是一个字，只要将光标移到这个字的前边或后边，按 Del 键即可删除光标后边的字，按 Backspace 键可以删除光标前边的字。

如果发生误删除，可选择菜单"编辑/撤销键入"命令，或单击工具栏的"撤销键入"按钮。

3．移动或复制文档中的内容

移动或复制文档中内容的步骤如下：

① 选定欲移动或复制文档的内容；

② 选择菜单"编辑→剪切（或复制）"命令，或者单击工具栏的"剪切"按钮或"复制"按钮；

③ 将鼠标指针移到欲插入内容的目标处，单击左键（移动光标到目标处）；

④ 选择菜单"编辑→粘贴"命令或单击工具栏上的"粘贴"按钮，便实现了移动或复制文档内容的操作。

如果文档内容移动距离不远，则可使用"拖动"的方法进行移动或复制。按住 Ctrl 键的同时"拖动"选定的内容则可实现复制；如果直接"拖动"选定的内容，则可实现移动。另外，剪切 、复制、粘贴操作也可分别用组合键 Ctrl+X、Ctrl+C、Ctrl+V 实现。

4．在文档中复制格式

在文档中复制格式的步骤如下：

① 选定被复制格式的内容；

② 如果仅复制一次，单击工具栏上的"格式刷" 按钮，如果需要多次复制，双击"格式刷"按钮，这时，鼠标指针呈"刷子"形状；

③ 将鼠标指针移动至目标位置，拖动鼠标，则拖动过的文本格式与原来所选的格式相同。

5．插入状态和改写状态

当状态栏的"改写"按钮为淡灰色时，Word 系统处于插入状态，此时输入的文字会使光标后面的文字自动右移。当双击"改写"按钮时，Word 系统便转换成改写状态，按钮由灰色转换成黑色，这时输入的内容替换了原有的内容。再次双击该按钮，又回到插入状态。也可以按键盘上的 Insert 键来切换。

6．查找与替换

（1）查找

通过查找功能，可以在文档中查找到指定内容，查找步骤如下：

① 选择菜单"编辑→查找"命令，弹出"查找和替换"对话框，如图 8.3 所示，在"查找和替换"对话框中，打开"查找"选项卡；

② 在"查找内容"右边的文本框中输入要查找的内容，如"计算机网络"；

③ 单击"查找下一处"按钮，计算机开始从光标处往后查找，找到第一个"计算机网络"则暂停并呈反向显示；

④ 若要继续查找，则单击"查找下一处"按钮，这时计算机从刚找到的位置再查找下一处出现的"计算机网络"。

在检索到需要查找的内容后，可进行修改、删除等操作。

注意，若要取消查找，可以按 Esc 键。若要关闭对话框，则可以单击"取消"按钮。

（2）替换

利用替换功能，可以将整个文档中给定的文本内容全部替换掉，也可以在选定的范围内进行替换。替换步骤如下：

① 选择菜单"编辑→替换"命令，或打开"查找和替换"对话框中的"替换"选项卡，如图8.4所示。

图 8.3 "查找和替换"对话框中"查找"选项卡

图 8.4 "查找和替换"对话框中"替换"选项卡

② 在"查找内容"文本框中输入要查找的内容（如"计算机网络"），在"替换为"文本框中输入要替换的内容（如"国际互联网"）。

③ 单击"全部替换"按钮，则所有符合条件的内容全部替换；如果需要选择性替换，则单击"查找下一处"按钮，找到后若需要替换，则单击"替换"按钮，若不需要替换，则继续单击"查找下一处"按钮，反复执行，直至文档结束。

8.3 基本排版技术

8.3.1 字符格式设置

字符格式设置是指对英文字母、汉字、数字和各种符号进行格式编辑，以实现所要求的屏幕显示和打印效果。字符格式的设置也称字符格式化，包括以下几方面的内容。

字体、字号（中文字号从初号到八号、英文字号的磅值范围 5～72）、字形（常规、倾斜、加粗、加粗倾斜）。另外，还有字符背景、下画线、字体颜色、上标下标、空心、阴影等的设置，Word 2003 默认的字体、字号为宋体、5 号。

图 8.5 "字体"对话框

字符格式编辑同样遵循"先选定，后操作"的原则。字体的设置方法主要有两种。

① 利用格式工具栏中的按钮。对于一些基本的字符格式进行设置，利用格式工具栏中的按钮，包含字体、字号和字形的设置。

② 选择菜单"格式→字体"命令，弹出"字体"对话框，"字体"对话框中包含设置字符格式的所有设置，如图8.5所示。

8.3.2 段落格式设置

在 Word 2003 的文档编辑中，用户每输入一个回车符，表示一个段落输入完成，同时在屏幕上出现一个回车标记"↵"，也称为段落标记。段落设置包括：段落的文本对齐方式、段落的缩进、段落中的行距、段落间距、首字下沉、分栏等。段落设置也称为段落格式化。

在对段落设置的操作中，必须遵循这样的规律：如果对一个段落进行格式设置，只需在设置前将光标置于段落中间即可，如果对几个段落进行设置，必须先选定设置范围，再进行段落的设置操作。段落格式设置的方法也有两种：一种是利用格式工具栏中的按钮（如图8.6所示）；另一种是选择菜单"格式→段落"命令，弹出"段落"对话框（如图 8.7 所示），利用这个对话框进行设置。要注意以下两个问题。

图 8.6　格式工具栏中的段落设置按钮　　　　图 8.7　"段落"对话框

① 文本的对齐方式。文本的对齐方式有 5 种：左对齐、两端对齐、居中、右对齐、分散对齐。

② 文本的缩进方式。在 Word 窗口中，在编辑区的上边和左边各有一标尺栏。通过"视图"菜单的"标尺"命令可使标尺显示或隐藏。若"标尺"命令前有标志"√"，则窗口中显示标尺，否则隐藏。标尺上有 4 个缩进标记（如图8.8所示的标尺和缩进实例）。

a．首行缩进"▽"：拖动该标志，控制段落中第一行第一个字的起始位置，一般在输入文档的第一段时，就将首行缩进定位，以后只要按回车键就可以自动缩进。

b．悬挂缩进"△"：拖动该标志，控制段落中首行以外的其他行的起始位置。

c．左缩进"□"：拖动该标志，控制段落左边界缩进的位置，包括首行。

d．右缩进"△"：水平标尺的右边，拖动该标志，控制段落右边界缩进的位置。

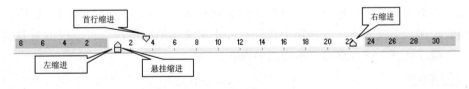

图 8.8　"段落缩进"按钮

8.3.3　复制格式

1．复制文字格式

复制文字格式的步骤如下：

① 选定被复制格式的文本；

② 单击"常用"工具栏上的"格式刷"按钮，此时鼠标指针显示为"I"形，旁边有一个刷子图案；

③ 将鼠标指针移动至目标位置，拖动鼠标，则拖动过的文本格式与原来所选的格式相同。

2．复制段落格式

在处理 Word 文档的过程中，常常需要将某一个段落样式复制到其他段落，即需要复制段落格式（对齐方式、缩进、行距等）。在 Word 文档处理中，可通过格式刷和组合快捷键两种方法实现复制段落格式。

① 选中要引用格式的整个段落（可以不包括最后的段落标记），或将光标定位到此段落内，也可以仅选中此段落末尾的段落标记。

② 单击"常用"工具栏上的"格式刷"按钮，鼠标指针变成刷子形状。

③ 在目标段落中单击应用该段落格式。即在应用该段落格式的段落中单击，如果同时要复制段落格式和文本格式，则需拖动鼠标选中整个段落（可以不包括最后的段落标记）。

注意，单击"格式刷"按钮，使用一次后，按钮将自动弹起，不能继续使用；如要连续多次使用，可双击"格式刷"按钮。如果要停止使用，可按键盘上的 Esc 键，或再次单击"格式刷"按钮。

8.3.4 文档的显示方式

文档的显示方式也称视图。编辑好文档后，以怎样的形式表现在屏幕上，依靠视图才能看到。每当打开文档，也就选择了一种视图模式。Word 软件提供了多种视图模式，根据需要选择其中的一种，也可以在多种视图模式之间转换，分别完成不同的任务。当然，视图模式的改变并不影响文档的编辑操作。

这些显示方式的选择是通过"视图"菜单来实现的，也可以通过屏幕左下角的 ≡ ⬚ |▤| ⬚ ⬚ 按钮（普通、Web 版式、页面、大纲视图、阅读版式）改变当前的显示方式。

1．普通视图

新建的文档即是文档的普通视图，普通视图是 Word 软件默认的文本输入和编辑模式。在普通视图模式中，只显示文档的正文格式，即普通视图表示了一种最简化的页面布局。在这种视图模式下，文档内容连续显示，分页符用一条虚线分隔，而且屏幕的左边不出现标尺，可以快速地编辑文档。

2．大纲视图

如果希望纵览整篇文档的全局，可以采用大纲模式。大纲视图是一种显示文档框架结构的视图模式。在大纲视图下，文档由多级标题和正文文字组成层次，可以根据需要显示相应的层次，隐藏或展开文档，逐级显示文档的内容。

3．页面视图

文档显示选择页面视图模式，则显示效果和打印出来的效果基本一致。

页面视图是显示文档页面布局的视图模式，既可以显示文档的正文格式，又可以显示文档的页眉、页脚、栏、图文框等格式的布局，也显示每页的页边界、标尺、隐藏文字、批注、域代码等内容。因此，页面视图最接近于打印效果，它以实际的尺寸和位置显示页面与正文等对象，是一种真实的视图模式。它分别在页面的首、尾部空出规定的距离，显示的页面也是实际的分页结果。

4．全屏显示视图

全屏显示视图是显示最大正文区的视图模式。使用这种视图模式，在显示时清除操作界面上的一切工具及辅件，充分地体现文档的效果。

5. 文档结构图

文档结构图既方便浏览文档的结构，又方便浏览文档的内容。文档结构图将屏幕划分为左、右两部分，左侧是由标题样式组成的大纲形式的文档目录，右侧则是左侧选定目录的文档内容。

8.4 高级排版技术

8.4.1 页面设置

文档一般要打印输出到适当大小的纸面上，为保证文档的排版及打印能够顺利完成，必须设置合适的页面格式。页面设置的主要内容是确定纸张大小、确定页边距、版面格式、页眉页脚、页号等。

1. 设置页边距

通过调整页边距把文本定位在页面上的不同位置。

设置页边距的具体操作方法如下：

① 选择"文件"菜单中的"页面设置"命令；

② 在弹出的"页面设置"对话框中打开"页边距"选项卡；

③ 在"页边距"栏中输入上、下、左、右边距的值，如图8.9所示；

④ 单击"确定"按钮。

上、下、左、右页边距的含义如图8.10所示。

图 8.9 "页面设置"对话框

图 8.10 "页面设置"中页边距的含义

2. 纸张大小和方向

可以设置打印纸的尺寸。打印页面的方向有纵向和横向两种。有些打印机没有横向打印功能，这时即使将打印方向设为横向，打印机还是按纵向输出。

设置纸张大小和方向的具体操作步骤如下。

① 选择"文件"菜单中的"页面设置"命令。

② 在弹出的"页面设置"对话框中打开"纸张"选项卡。

③ 在该对话框中可进行下列纸张类型的设置。

方法一：在"纸张大小"栏中的"纸张规格"列表框中选择标准的打印纸张的尺寸，如A4纸，在"宽度"、"高度"文本框中自动显示该纸张的尺寸。

方法二：若在"纸张大小"栏中的"纸张规格"列表框中选择"自定义"，用户需在"宽度"、"高度"文本框中输入自定义的纸张尺寸。

④ 单击"确定"按钮。

3. 页眉或页脚操作

（1）插入页眉或页脚

页眉是指在编辑文档上方的一些简单标记文字。页脚是指在编辑文档下方的一些简单标记文字。

在文档中插入页眉或页脚的具体操作步骤如下：

① 在"视图"菜单中选择"页眉和页脚"命令；

② 此时光标出现在系统设置好的页眉位置上，用户可以直接输入页眉或页脚内容。

（2）删除或修改页眉和页脚

所插入的页眉或页脚文字实际上是文档编辑窗口中的一部分内容，用户可采用与文档中文字内容相同的操作方法删除或修改页眉和页脚，也可以对其进行各种字符格式化或段落格式化操作。

如果文档中每一页的页眉和页脚都相同，则在任意页面上直接修改页眉与页脚的内容时，系统将自动修改每一页。

如果页眉和页脚是奇数页和偶数页不同的，在任意奇数页上直接修改页眉与页脚的内容，系统自动修改所有奇数页面的内容；偶数页的修改方法相同。在删除页眉页脚时，要分别删除奇数页和偶数页的页眉和页脚。

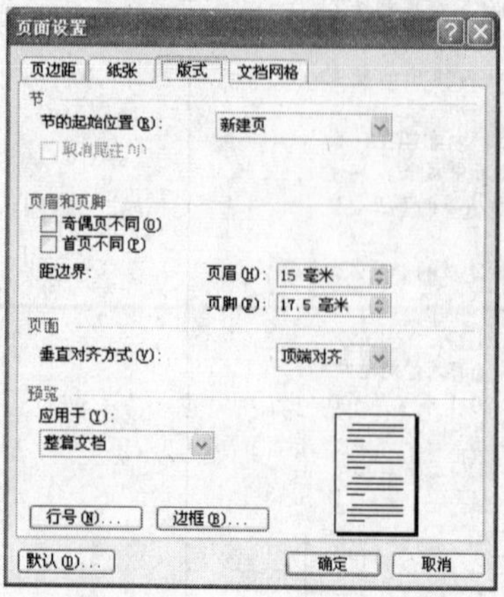

删除或修改页眉和页脚具体操作步骤如下：

① 在文档中选定页眉或页脚的内容。

② 按与文档中文字内容相同的操作方法删除或修改。

（3）设置页眉和页脚

设置页眉和页脚包括设置页眉和页脚的位置与大小、设置奇数页和偶数页不同的页眉和页脚、设置首页不打印的页眉和页脚。

① 在"文件"菜单中选择"页面设置"命令；

② 在弹出的"页面设置"对话框中打开"版式"选项卡，如图8.11所示，在"页眉和页脚"栏中设置。

图 8.11 "页面设置"对话框

4．插入页码

通过在页眉或页脚中插入页码，可以对文档中的各页编号，具体操作步骤如下：

① 将光标置于要插入页码的位置；

② 选择"插入"菜单中的"页码"命令，弹出"页码"对话框，如图8.12所示；

③ 在"页码"对话框中进行相关操作；

④ 单击"确定"按钮，则在文档中插入了页码。

5．页面背景

Word 文档窗口中默认使用单色的页面背景，看起来似乎有些单调，并且很难呈现出让人眼前一亮的效果。如果使用渐变颜色或图形作为 Word 文档页面背景，则可以使 Word 文档更富有层次感。在 Word 文档中设置页面背景的步骤如下。

① 单击"格式→背景"菜单，弹出级联菜单，如图8.13 所示。可以设置页面背景颜色、填充效果和水印。

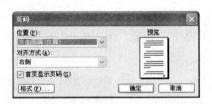

图 8.12 "页码"对话框

图 8.13 "背景"菜单

② 设置页面背景颜色、填充效果和水印。

页面背景颜色是指整个文档的背景颜色，默认状态是"无填充颜色"；填充效果可以是整个文档背景有"渐变"、"纹理"、"图案"和"图片"。

在许多重要文件中，常常要设置文档的背景，如一些隐约可见的文字或图案，通常把这些文字或图案称为"水印"。

设置"水印"具体方法为：选择菜单"格式→背景→水印"命令，弹出"水印"对话框，在其中设置。

在默认情况下，Microsoft Word 不会打印用户使用"格式"菜单上的"背景"命令创建的文档背景。如果要打印文档背景，则需要单击"工具"菜单上的"选项"按钮。在"打印"选项卡中选中"背景色和图像"复选框。

8.4.2 分栏

在编辑报纸、杂志时，经常需要对文章进行分栏排版以使版面活泼生动，增加可读性。一般横排文档的宽度在 20 cm 之内，采用单栏编排。超过 20 cm 时，分栏编排易于阅读。分栏设置步骤如下：

① 切换到页面视图；

② 选定需要分栏的段落；

③ 选择菜单"格式→分栏"命令，弹出"分栏"对话框，如图8.14所示；

④ 在"预设"栏内选择需要分的栏数，如果需要分更多栏，在"栏数"文本框内输入要分的栏数，在 Word 内最多可分 11 栏；

⑤ 选定栏数后，下面的"宽度和间距"栏内会自动列出每一栏的宽度和间距，可以重新输入数据修改栏宽，若选中"栏宽相等"复选框，则所有的栏宽均相同；

⑥ 若选中"分隔线"复选按钮，可以在栏与栏之间加上分隔线；

⑦ 在"应用于"文本框内，可以选择"整篇文档"、"插入点之后"、"所选文档"之一，然后单击"确定"按钮。

如果要取消分栏，需在"分栏"对话框中的"预设"栏内，单击"一栏"按钮，然后单击"确定"按钮。

8.4.3 段落首字下沉

报纸杂志的文章中，第一个段落的第一个字常常使用"首字下沉"的方式，以引起读者的注意，并从该字开始阅读。设置步骤如下：

① 先将光标定位在需要设定首字下沉的段落中；

② 选择菜单"格式→首字下沉"命令，弹出"首字下沉"对话框，如图8.15所示；

③ 在"位置"栏内选择下沉方式；

④ 在"选项"栏内，选择字体、下沉行数等，单击"确定"按钮。

如果要取消首字下沉，单击"首字下沉"对话框中"位置"栏内的"无"按钮，再单击"确定"按钮。

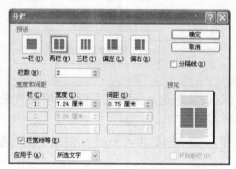

图 8.14 "分栏"对话框

图 8.15 "首字下沉"对话框

8.4.4 样式

样式是一组已命名的字符和段落格式的组合。例如，一篇文档有各级标题、正文、页眉和页脚等。它们都有各自的字体、字号和段落间距等，各以样式名存储它们以便使用。样式有两种：字符样式和段落样式。字符样式保存了字符的格式化，而段落样式保存了字符和段落的格式。使用样式有两个好处：若文档中有多个段落使用了某个样式，当修改了该样式后，即可改变文档中带有此样式的文本格式。使用样式有利于构造大纲和目录等。

1．应用样式

对于应用段落样式，将光标置于该段落的任意位置；对于应用字符样式，则选定所要设置的文字。然后在"格式"工具栏的"样式"下拉列表（选择菜单"格式→样式"命令）中选择所需的样式名字即可。

2．建立样式

选定已设置好格式的段落，单击"格式"工具栏的"样式"框，输入新的样式名，按回车键。

8.4.5 图文混排技术

1．插入剪贴画

Office 2003 提供的"Microsoft 剪辑库"包含了大量的剪贴画、图片等，利用这个强大的剪辑库，可以设计出多彩的文章。在 Word 文档中插入剪贴画的步骤如下：

① 定位光标；

② 选择菜单"插入→图片→剪贴画"命令，在"任务窗格"中弹出剪贴画对话框，在"剪贴画"对话框中，在"检索范围"下拉列表中选择 Office 收藏集，在"结果类型"下拉列表中选择剪贴画，单击"检索"按钮，这时"剪贴画"对话框中有许多剪贴图片出现；

③ 用鼠标指针指向选中的图片，该图片右边出现一个按钮，单击该按钮，弹出一个菜单，选择"插入"命令，这时图片（嵌入式图片）显示在光标处。

2．插入图形文件

在 Word 中，可以直接插入的图形文件有：.bmp、.wmf、.jpg 等。插入图形文件的步骤如下：

① 定位光标；

② 选择菜单"插入→图片→来自文件"命令，弹出"插入图片"对话框；

③ 在"插入图片"对话框中选择图形文件所在的文件夹和文件名；

④ 单击"插入"按钮，则所选图形显示在光标处。

3．编辑图形

对插入的图形可进行缩放、移动、剪裁、文字环绕等设置。对图片属性的设置有两种方法：一种是先选定图片，再利用图片工具栏（选择菜单"视图→工具栏→图片"命令）；另一种是先选定图片，再选择菜单"格式→图片"命令，弹出"设置图片格式"对话框，打开"图片"选项卡如图8.16所示。

① 缩放图形。使用鼠标可以快速缩放图形。在图形的任意位置单击，图形四周出现 8 个句柄；鼠标指针指向某个句柄时，指针变为双向箭头，按住鼠标

图 8.16 "设置图片格式"对话框

左键并拖动，图形四周出现虚线框，如果拖动的是四个角上的句柄之一，图形呈比例放大或缩小；拖动的是横方向或纵方向两个句柄中的一个，图形变宽或变窄，变长或变短。

② 图形裁剪。利用裁剪功能，可以把图片的主要部分凸显出来，次要的东西舍弃掉。选中图片后，单击"图片"工具栏上的"裁剪"按钮 ，鼠标指针也变成 形状，将其移到任一句柄上，按下鼠标左键拖动句柄，向内裁剪、向外复原部分图片。

4．改变图形的位置和图文混排

浮动式图片可在页面上自由移动，移动时只需选中该图片，鼠标指针呈十字交叉的双箭头状，图片周围出现虚框，按住鼠标左键，拖动图片，移动到所需位置，释放鼠标左键即可。

图文混排是 Word 提供的一种重要的排版功能。图文混排就是设置文字在图形周围的一种分布方式。Word 不能在嵌入式图片的周围环绕文字。

若要设置图文混排，可按如下步骤操作。

选中图片，单击图片工具栏中的"文字环绕"按钮 ，打开如图8.17所示的文字环绕菜单，在下拉菜单中选择环绕方式，如选择"紧密型环绕"，则效果如图8.18环绕图例中所示。

图8.17 文字环绕菜单

图8.18 图形紧密环绕实例

5．改变图片的颜色、亮度、对比度和背景

利用"图片"工具栏（如图8.19所示），可以很方便地改变图片的颜色、亮度、对比度和背景这些特性，也可以通过"设置图片格式"对话框的有关选项卡来设置。

图8.19 "图片"工具栏

（1）改变颜色

单击"图片"工具栏中的"颜色"按钮，打开下拉菜单，共有四个选项：自动、灰度、黑白、冲蚀。其中"自动"表示图片原始颜色；"灰度"表示将彩色图片转换成黑白图片，每一种彩色转换成相应的灰度级别；"黑白"是纯黑白图片；"冲蚀"适宜作为水印效果的亮度和对比度的淡浅色图形。

（2）改变亮度和对比度

"图片"工具栏中"增加对比度"按钮可增加图片的饱和度和明暗度，颜色灰色减小；"降低对比度"按钮与其作用相反。"增加亮度"按钮使图片白色增加，颜色变亮；"降低亮度"按钮使图片黑色增加，颜色变暗。每单击一次对应的按钮，该按钮代表的含义改变一个级别。

（3）改变背景

图片的背景可以用不同的颜色渐变、纹理、图案和图片来填充。其操作方法如下：

① 单击"设置图片格式"按钮，在弹出的对话框中打开"颜色和线条"选项卡；
② 在"填充"区内的"颜色"列表框中选择"填充效果"选项，弹出"填充效果"对话框；
③ 在"填充效果"对话框中，打开"图案"选项卡，根据需要选择有关填充色和图案；
④ 单击"确定"按钮，再次单击"确定"按钮。

除了图案以外，还可以选择渐变和纹理，其操作方法类似于改变背景。

8.4.6 自选图形

在 Word 文档中除了可以插入剪辑画、来自文件的图形图片以外，还可以利用功能强大的"绘图"工具栏自绘图形，插入到文档之中。

1．绘制自选图形

Word 提供了一套现成的基本图形，共有七类：线条、连接符、基本形状、箭头总汇、流程图、星与旗帜、标注。在页面视图下可以方便地绘制、组合、编辑这些图形，也可以方便地将其插入到文档之中。操作步骤如下：

① 选择菜单"视图→工具栏→绘图"命令，出现"绘图"工具栏；

② 在"绘图"工具栏中单击"自选图形"按钮，在其列表中选择图形类型，在其子菜单中单击选中的图形；

③ 鼠标指针呈"十"字形，在需要插入图形处拖动鼠标，即可画出所选图形；

④ 可以利用图形周围的 8 个句柄来放大、缩小，可以利用黄色的菱形小方框修改图形的形状，这个黄色小菱形称为图形控制点。不同自选图形的控制点个数不同，最多的有 3 个，一般情况下只有 1 个；

⑤ 将鼠标指针移动到控制点上，指针的形状变成斜向左上角的三角形，按住鼠标左键，拖动鼠标，出现虚线，表示改变后自选图形的形状，释放鼠标，就得到修改后的自选图形。

2．多个图形组合为一个图形

要将多个图形组合为一个图形，首先选择多个图形，然后再组合。

选择多个图形的方法：单击"绘图"工具栏的"箭头"按钮，移动鼠标指针，从左上角拉向右下角，画一个矩形虚线框，将所有图形包含在内，则选择了所有图形。被选择的每个图形周围都显示 8 个句柄。

选择了所有图形之后，再选择"绘图"下拉菜单的"组合"命令，多个图形就组合成一个图形了，可以整体移动、放大、缩小、旋转等。

如果要撤销组合，单击"绘图"工具栏的"箭头"按钮，选择组合后的图形；选择"绘图"下拉菜单的"取消组合"命令即可。

8.4.7　艺术字和艺术图案

Word 提供了 30 种不同类型的艺术字体。为文字建立图形效果的功能，如变形、旋转等，还提供了 160 多种艺术图案，供页面边框使用。从而可显示或打印具有特殊效果的彩页。

1．建立艺术字

建立艺术字的步骤如下：

① 将光标定位于要加入艺术字的文档中；

② 选择菜单"插入→图片→艺术字"命令，弹出"艺术字库"对话框，选择所需的艺术字样，单击"确定"按钮；

③ 弹出"编辑'艺术字'文字"对话框，在"文字"文本框中输入内容，进行格式设置，如图 8.20 所示；

④ 单击"确定"按钮，艺术字以图形方式显示在文档中。

用户还可以利用"绘图"工具栏的"阴影"或"三维效果"按钮，产生阴影或三维艺术字效果。

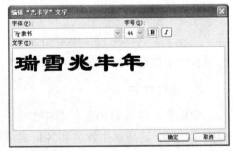

图 8.20　编辑"艺术字"文字对话框

2．页面边框插入艺术图案

页面边框插入艺术图案的步骤如下：

① 选择菜单"格式→边框和底纹"命令，弹出"边框和底纹"对话框；

② 打开"页面边框"选项卡；

③ 单击"艺术型"下拉列表框，选择所需图案；

④ 单击"应用于"下拉列表框，可以选择整篇文档、本节等；

⑤ 单击"确定"按钮。

8.4.8 文本框

文本框是将文字、表格、图形精确定位的有力工具。文本框如同容器，任何文档的内容，无论是一段文字、一张表格、一幅图形还是其综合体，只要被置于方框内，就可以随时被移动到页面的任何地方，也可以让正文环绕而过，还可以进行放大或缩小等操作。注意：对文本框进行操作时，在页面显示模式下才能显示其效果。

1. 插入文本框

选中要插入文本框的内容，单击"绘图"工具栏的"文本框"按钮或选择"插入"菜单的"文本框"命令；也可以先插入文本框，再向文本框中添加内容。

2. 编辑文本框

文本框具有图形的属性，对其操作类似于图形的格式设置，即利用菜单"格式→文本框"命令或快捷菜单的"设置文本框格式"命令进行颜色、线条、大小、位置、环绕等的设置。

8.4.9 Word 软件的工具使用

1. 自动更正错误

Word 中的自动更正功能可以自动更正常见的输入错误，如拼写错误，也可以创建、删除自动更正词条。

① 设置自动更正选项。选择"工具→自动更正选项→自动更正"命令，弹出"自动更正"对话框，可选中或取消"显示'自动更正'按钮"等 7 个复选框。

② 创建自动更正内容。如果在编辑文档时经常输错一些字词或字符，如"小题大做"输入成"小题大作"等，可以通过创建自动更正词条来进行更正。选择"工具→自动更正选项→自动更正"命令，弹出"自动更正"对话框，在"替换"和"替换为"文本框中分别输入"小题大作"和"小题大做"后，单击"添加"按钮。

注意：Word 给用户提供了很多自动更正词条，可以添加新词条，也可以删除已有的更正词条。

2. 拼写和语法检查

选择"工具→选项→拼写和语法"命令，弹出"选项→拼写和语法"对话框，在"拼写"选项卡中可以选中或取消 7 项功能按钮。在"语法"选项卡中可以选中或取消 4 项功能按钮。

3. 邮件合并

学期末，学校要为每位学生邮寄一份本学期学习成绩单，像这样内容的信件，主体内容和格式相同，只是学生姓名和各科成绩不同。需要制作一份公有内容和格式的信件，如图8.21 所示，该文件被称为"主文档"。再制作一份表格，在表格中存放学生姓名和各科成绩等内容，如表 8.1 所示，该表格被称为"数据源"。然后在"主文档"中加入"数据源"中的有关内容，如姓名和各科成绩。通过"邮件合并"功能，就可生成如图8.22 所示的学生成绩通知单。具体分为如下 4 个步骤。

（1）创建主文档

新建文档，选择"视图→工具栏→邮件合并"命令，打开"邮件合并"工具栏，在"邮件合并”工具栏中，单击“设置文档类型”按钮，弹出“主文档类型”对话框，在这个对话框中选中“信函”单选按钮，然后输入主文档内容并保存文档。

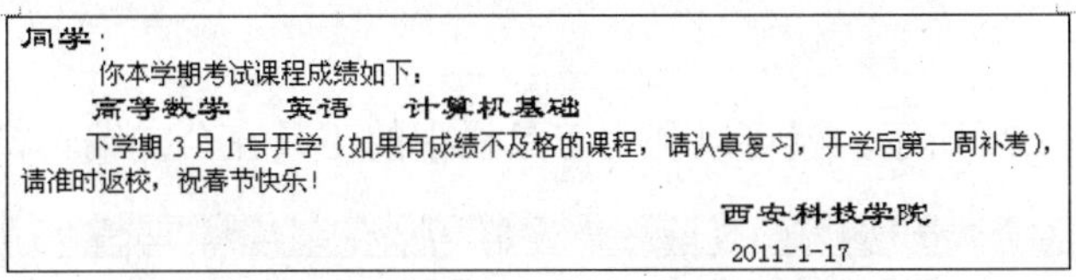
同学：
你本学期考试课程成绩如下：
高等数学　英语　计算机基础
下学期 3 月 1 号开学（如果有成绩不及格的课程，请认真复习，开学后第一周补考），请准时返校，祝春节快乐！
西安科技学院
2011-1-17

图 8.21　主文档

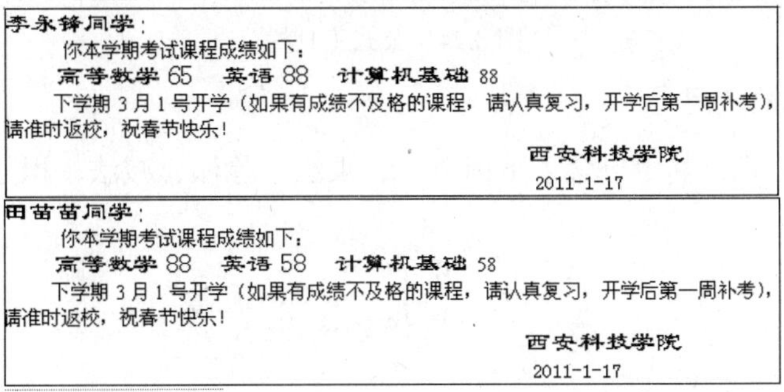
李永锋同学：
你本学期考试课程成绩如下：
高等数学 65　英语 88　计算机基础 88
下学期 3 月 1 号开学（如果有成绩不及格的课程，请认真复习，开学后第一周补考），请准时返校，祝春节快乐！
西安科技学院
2011-1-17

田苗苗同学：
你本学期考试课程成绩如下：
高等数学 88　英语 58　计算机基础 58
下学期 3 月 1 号开学（如果有成绩不及格的课程，请认真复习，开学后第一周补考），请准时返校，祝春节快乐！
西安科技学院
2011-1-17

图 8.22　邮件合并

（2）创建数据源

新建文档，直接建立表格，输入内容，如表 8.1 所示，最后保存文档。

表 8.1　数据源

姓名	性别	计算机基础	高等数学	英语
李永锋	男	88	65	88
田苗苗	女	58	88	58
杨晋松	男	98	65	60

（3）插入合并域

打开“主文档”，单击“合并邮件”工具栏中的“打开数据源”按钮，定位光标，单击“插入域”按钮，弹出“插入合并域”对话框，在域列表中选择要插入的域，如姓名、各门课成绩等，如图8.23所示。

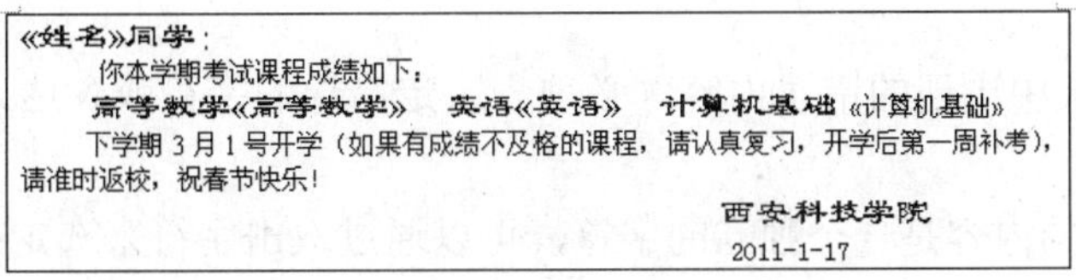
«姓名»同学：
你本学期考试课程成绩如下：
高等数学«高等数学»　英语«英语»　计算机基础 «计算机基础»
下学期 3 月 1 号开学（如果有成绩不及格的课程，请认真复习，开学后第一周补考），请准时返校，祝春节快乐！
西安科技学院
2011-1-17

图 8.23　插入合并域

（4）合并新文档

单击“合并邮件”工具栏中的“合并到新文档”按钮，弹出“合并到新文档”对话框，单击“全部”按钮，单击“确定”按钮。

8.4.10　公式编辑器

1．启动公式编辑器

需要编辑公式时，单击菜单“插入→对象”命令，弹出“对象”对话框，在“对象类型”中找到“Microsoft 公式 3.0”，选定后，单击“确定”按钮，在文档中就插入了公式编辑窗口，此时文字与公式处于混排状态，如果选中"显示为图标"前的复选框，在文档中插入的是"Microsoft 公式 3.0"的图标。

2. 公式工具栏

公式工具栏如图8.24所示，就可以利用工具栏中的工具在公式编辑窗口输入公式了。

图 8.24　公式工具栏

3. 公式编辑器的应用

编辑一个数学公式，其中包含了下标符号、乘法、除法、减法、积分算式等基本符号。公式的样式如下：

$$P_i = \frac{W}{V} \int_a^b \frac{x}{1-x} \mathrm{d}x$$

操作步骤如下。

① 显示"公式"工具栏。选择"插入"菜单中的"对象"命令，在"对象"对话框中，选择"Microsoft 公式 3.0"选项并单击"确定"按钮，弹出"公式"工具栏。

② 制作下标变量。单击"公式模板"工具栏上的"上标和下标模版"按钮，选择相应的公式模板，然后在字符框中输入"P"，在下标框中输入"i"。注意：当鼠标指针指向某公式模板时，系统将自动显示该模板的名称。

③ 制作分式。输入"="之后，单击"公式"工具栏的"分式和根式"按钮，在分子框中输入"w"，在分母框中输入"v"。

④ 制作积分表达式。单击"公式模板"工具栏的"积分"模板，在上限框中输入"b"，在下限框中输入"a"。

⑤ 单击"公式模板"工具栏的"分式和根式"按钮，在分子框中输入"xdx"；在分母框中输入"1−x"。

⑥ 单击数学公式工具栏以外的任何部位，结束公式编辑，并返回到 Word 文档的正常编辑状态。

如果要删除公式中出现的错误内容，必须先选定错误的字符或表达式。有下面两种选定的方式：

● 如果要删除的内容是一个独立的字符，可以通过双击字符来选定；
● 如果要删除的内容是多个字符或组合字符，需要拖动鼠标来选定对象。

8.5　表格处理

表格是一种简单明了的文档表达方式，具有整齐直观、简洁明了、内涵丰富、快捷方便等特点。在工作中，经常会遇到像制作财务报表、工作进度表与活动日程表等表格的使用问题。

在文档中插入的表格由"行"和"列"组成，行和列的交差组成的每一格称为"单元格"。生成表格时，一般先指定行数、列数，生成一个空表，再输入内容。

8.5.1 使用菜单生成表格

使用菜单生成表格步骤如下：

① 将光标移动到要插入表格的位置；

② 选择菜单"表格→插入→表格"命令，弹出"插入表格"对话框，如图8.25所示；

③ 在"表格尺寸"栏中输入表格的列数和行数；

④ 在"'自动调整'操作"栏中，选择"自动"，系统会自动地将文档的宽度等分给各个列。单击"确定"按钮。在光标处就生成了 5 行 5 列的表格。在水平标尺上有表格的列标记，可以拖动列标记改变表格的列宽。

图 8.25 "插入表格"对话框

8.5.2 文本转换成表格

如果希望将文档中的某些文本的内容以表格的形式表示，利用文字处理软件提供的转换功能，能够非常方便地将这些文字转换为表格数据，而不必重新输入。由于将文本转换为表格的原理是利用文本之间的分隔符（如段落标记、逗号或制表位等）来划分表格的行与列，

所以，进行转换之前，需要在选定的文本位置加入某种分隔符。例如，对于如下文本：

姓名	性别	计算机基础	高等数学	英语
李永锋	男	88	65	88
田苗苗	女	58	88	58
杨晋松	男	98	65	60

选中以上文本，单击"表格"菜单中"转换"下的"文本转换成表格"命令，弹出"将文字转换成表格"对话框，如图8.26所示。在其中设置，则生成如表 8.2 所示的表格。

图8.26 "将文字转换成表格"对话框

表8.2 结果表格

姓名	性别	计算机基础	高等数学	英语
李永锋	男	88	65	88
田苗苗	女	58	88	58
杨晋松	男	98	65	60

8.5.3 表格的编辑

表格编辑包括增加或删除表格中的行和列、改变行高和列宽、合并和拆分单元格等操作。

1．选定表格

像其他操作一样，对表格操作也必须"先选定，后操作"。在表格中有一个看不见的选择区。单击该选择区，可以选定单元格、选定行、选定列、选定整个表格。

① 选定单元格。当鼠标指针移近单元格内的回车符附近，指针指向右上方且呈黑色时，表明进入了单元格选择区，单击左键，反向显示，该单元格被选定。

② 选定一行。当鼠标指针移近该行左侧边线时，指针指向右上方呈白色，表明进入了行选择区，单击左键，该行呈反向显示，整行被选定。

③ 选定列。当鼠标指针由上而下移近表格上边线时，指针垂直指向下方，呈黑色，表明进入列选择区，单击左键，该列呈反向显示，整列被选定。

④ 选定整个表格。当鼠标指针移至表格内的任一单元格时，在表格的左上角出现"田"字形图案，单击图案"⊞"，整个表格呈反向显示，表格被选定。

2. 插入行、列、单元格

将光标移至要增加行、列的相邻的行、列，选择菜单"表格→插入"命令，单击子菜单中的命令，可分别在行的上边或下边增加一行，在列的左边或右边增加一列。

插入单元格。将光标移至单元格，选择菜单"表格→插入→单元格"命令，在弹出的"插入单元格"的对话框中选中相应的单选按钮后，再单击"确定"按钮。

如果是在表格的最末增加一行，只要把光标移到右下角的最后一个单元格，再按 Tab 键即可。

3. 删除行、列或表格

选定要删除的行、列或表格，选择菜单"表格→删除"命令，在其子菜单中，单击行、列或表格，即可实现相应的删除操作。

4. 改变表格的行高和列宽

用鼠标拖动法调整表格的行高和列宽，步骤如下：

① 将鼠标指针指向该行左侧垂直标尺上的行标记或指向该列上方水平标尺上的列标记，显示"调整表格行"或"移动表格列"；

② 按住鼠标左键，此时，出现一条横向或纵向的虚线，上下拖动可改变相应行的行高，左右拖动可改变相应列的列宽。

注意，如果在拖动行标记或列标记的同时按住 Shift 键不放，则只改变相邻的行高和列宽。表格的总高度和总宽度不变。

5. 合并与拆分单元格

在调整表格结构时，需要将一个单元格拆分为多个单元格，同时表格的行数和列数也增加了，称这样的操作为拆分单元格。相反地，有时又需要将表格中的数据做某种归并，即将多个单元格合并成一个单元格，这样的操作称为合并单元格。

（1）合并单元格

合并单元格就是将相邻的多个单元格合并成一个单元格，操作步骤如下：

① 选定所有要合并的单元格；

② 选择菜单"表格→合并单元格"命令，该命令使选定的单元格合并成一个单元格。

（2）拆分单元格

拆分单元格就是将一个单元格分成多个单元格，操作步骤如下：

① 选定要拆分的单元格；

② 选择菜单"表格→拆分单元格"命令，弹出"拆分单元格"对话框，输入要拆分的列数及行数，单击"确定"按钮。

6. 表格的拆分与合并

与拆分单元格一样，有时需要将表格按照某种条件拆分成两个或多个表格。拆分表格就是指将一个表格拆分成两个或多个表格。显然，拆分表格后，要对有关表格的边线进行适当的处理。

7. 绘制表头斜线

在中文表格中，有时为了更直观地表示表格的内容而绘制斜线表头。

绘制斜线表头是指将表格的表头（通常在左上角）用斜线进行分割，再在分割后的两侧填写相应的名称。绘制斜线表头主要是通过在表头单元格中使用直线和文本框来插入所需的各种类型的斜线和文本，如图8.27所示。

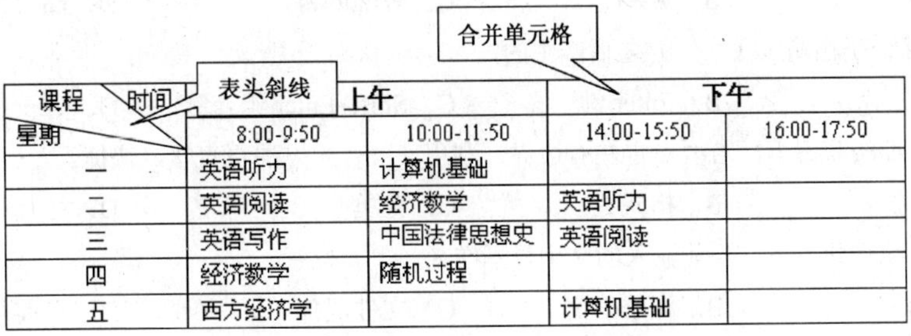

课程 时间 星期	上午		下午	
	8:00-9:50	10:00-11:50	14:00-15:50	16:00-17:50
一	英语听力	计算机基础		
二	英语阅读	经济数学	英语听力	
三	英语写作	中国法律思想史	英语阅读	
四	经济数学	随机过程		
五	西方经济学		计算机基础	

图 8.27 绘制表头斜线

习 题 8

一、填空题

1. 利用 Word 进行文档排版的字符格式化设置是通过使用______工具栏中的有关按钮，或______菜单中的______命令进行的。

2. 在 Word 中进行段落排版时，如果对一个段落操作，只需在操作前将光标置于______，若是对几个段落操作，首先应当______，再进行各种排版操作。

3. 使用 Word 对编辑的文档分栏时，必须切换到______显示方式，才能显示分栏效果。

4. 段落对齐方式可以有______、______、______、______、______5 种方式。

5. 和页面视图相比，在普通视图中，只出现______方向的标尺。

6. 水平标尺上的段落缩进有 4 个滑块，其功能分别是______、______、______、______。

7. 要复制已选定的文档，可以在按下______键的同时用鼠标拖动选定的文本到指定的目标位置来完成复制。

8. 如果按 Del 键误删除了文档，应执行______命令恢复所删除的内容。

9. 选择“文件”菜单中的______命令显示的文档和打印在纸上的效果相同。

10. 双击______按钮或按______键，可以在“插入”或“改写”状态之间转换。

11. 在 Word 编辑中，若看不到段落标记，可以通过单击工具栏上的______按钮来显示。

12. 在全角方式下输入一个字母，则该字母占______字节。

13. 启动 Word 后，Word 默认的临时文件主名和扩展名是______。

14. 在 Word 中，利用______可以快速调整页面的上、下、左、右页边距和表格的高度和宽度。

15. 在 Word 中，有时为了保持文档的可读性和美观，常常采用人工分页，实现人工分页的方法是：先将光标移到要分页处，再使用“插入”菜单的______命令。

16. Word 的默认字体是______。

17. Word 文档中的表格被取消表格线后，显示或隐藏虚框是由表格菜单中的命令决定的。用户可以通过表格菜单中_____命令为表格设置各种表格线和底纹来修饰表格。

18. 想查看文档中各标题或重新组织长文档时，运用_____视图最方便。

19. 为了防止意外死机造成文档丢失，可选择"工具"菜单中的"选项"命令，在_____选项卡中设置自动保存及时间。

二、选择题

1. 中文 Word 文字处理软件的运行环境是（   ）。

  A. DOS   B. WPS   C. Windows   D. 高级语言

2. 段落的标记是在输入（   ）之后产生的。

  A. 句号   B. Enter 键   C. Shift+Enter 组合键   D. 分页符

3. 在 Word 编辑状态下，若要设定左右边界，利用（   ）方法更直接、快捷。

  A. 工具栏   B. 格式栏   C. 菜单   D. 标尺

4. 在 Word 编辑状态下，当前输入的文字显示在（   ）位置。

  A. 光标   B. 无法确定   C. 文件尾部   D. 当前行尾部

5. 在 Word 编辑状态下，操作的对象经常是先选择内容，若鼠标指针在某行行首的左边选定区，下列（   ）操作可以仅选择光标所在的行。

  A. 单击鼠标左键   B. 三击鼠标左键   C. 双击鼠标左键   D. 单击鼠标右键

6. Word 文档文件的扩展名是（   ）。

  A. TXT   B. DOC   C. WPS   D. BLP

7. 在以下 Word 的选项中，没有"衬于文字下方"命令的是（   ）。

  A. "绘图"工具栏上拉菜单中的"叠放次序"命令

  B. 快捷菜单中选择"设置图片格式"命令的"版式"选项卡

  C. 图片工具栏中的"文字环绕"按钮

  D. 快捷菜单中选择"边框和底纹"命令

8. 在 Word 文档中，每个段落都有自己的段落标记，段落标记的位置在（   ）。

  A. 段落的首部   B. 段落的结尾处

  C. 段落的中间位置   D. 段落中，但用户找不到的位置

9. Word 具有分栏功能，下列关于分栏的说法正确的是（   ）。

  A. 最多可以设 4 栏   B. 各栏的宽度可以不同

  C. 各栏的宽度必须相同   D. 各栏之间的间距是固定的

10. 在 Word 编辑状态下，文档中有一行被选择，当按下 Del 键后（   ）。

  A. 删除了光标所在行   B. 删除了被选择行及其后的所有内容

  C. 删除了被选择的行   D. 删除了光标及其之后的所有内容

11. 欲将修改的 Word 文档保存在一张软盘上，则应该用（   ）。

  A. "文件"菜单中的"另存为"命令   B. "文件"菜单中的"保存"命令

  C. Ctrl+S 组合键   D. 工具栏中的"保存"命令

12. 在 Word 中打开了多个文档，实现多个文档之间的窗口切换，采取的方法（   ）。

  A. "工具"菜单的命令   B. "窗口"菜单的命令

  C. "文件"菜单的命令   D. "格式"菜单的命令

13. Word 窗口中　"文件"菜单底部显示的文件名所对应的文件是（　　）。

　　A．当前被操作的文件　　　　　　　　B．当前已打开的所有文件

　　C．最近被操作过的文件　　　　　　　　D．扩展名是.DOC 的文件

14. 在 Word 中，编排完一个文件后，要想知道其打印效果，可以（　　）。

　　A．选择"模拟显示"命令　　　　　　　　B．选择菜单"文件/打印预览"命令

　　C．按 F8 键　　　　　　　　　　　　　　D．选择"全屏幕显示"命令

15. 利用 Word 工具栏上的"显示比例"按钮，可以实现（　　）。

　　A．字符的缩放　　　　B．字符的缩小　　　　C．字符的放大　　　　D．以上均不正确

16. 如果要进行格式复制，在选定格式后，应单击或双击工具栏的（　　）按钮。

　　A．格式刷　　　　　　B．复制　　　　　　　C．剪切　　　　　　　D．粘贴

17. 用 Word 2000 编辑文本时，若要输入"10cm2"，这里的"2"可以采用上标形式，设置上标用（　　）命令。

　　A．"格式"菜单"上标"　　　　　　　　B．"工具"菜单"上标"

　　C．"格式"菜单"字体"　　　　　　　　D．"表格"菜单"公式"

18. 对插入到 Word 中的图形不可直接在 Word 文档编辑窗口进行（　　）操作。

　　A．放大　　　　　　　B．涂改　　　　　　　C．缩小　　　　　　　D．移位

19. 在 Word 中，下列有关文本框的叙述，（　　）是错误的。

　　A．文本框是存放文本的容器，且能与文字进行叠放，形成多层效果

　　B．用户创建文本框链接时，其下一个文本框应该为空文本框

　　C．当用户在文本框中输入较多的文字时，文本框会自动调整大小

　　D．文本框不仅可以输入文字，还可以插入图片

20. 在 Word 的编辑状态，当前文档中有一个表格，经过拆分表格操作后，表格被拆分成上、下两个表格，两个表格中间有一个回车符，当删除该回车符后，（　　）。

　　A．上、下两个表格被合并成一个表格　　　B．两表格不变，光标被移到下边的表格中

　　C．两表格不变，光标被移到上边的表格中　　D．两个表格被删除

三、上机实验题

1. 文档的基本编辑及排版。

实验目的：通过实验掌握 Word 文档的创建、保存与打开；掌握文本文字、特殊字符的录入；掌握文本的选定、删除、插入与改写、查找与替换、移动、复制；掌握文档格式设置（文字格式和段落格式）。

实验任务：自荐书的编辑与排版。

（1）输入"自荐书"的全部文字，如图 8.28 所示。

（2）保存到 d:\exam 文件夹中，文件名为"自荐书.doc"。

（3）编辑自荐书，对正文内容进行简单分段，设置纸张大小为 A4、标题为"楷体、一号字"，其他文字为"楷体、小四号字"，正文首行缩进 2 字符，标题居中，标题与正文之间空 1 行，正文行距为 1.5 倍行距，"自荐人"和"日期"都右对齐。

2. 设计一个插有水印的文档。

实验目的：掌握水印、首字下沉、艺术图案的应用。

实验任务：

（1）打开"自荐书.doc"文档。重新设置标题为小三号、粗体、加红色双下画线、加底纹、居中。

（2）将"西安师范学院"三个字的颜色设为蓝色、加粗倾斜。

（3）将第 2 段分成两栏。

（4）将"我还积极地参加各种社会活动……"首字下沉两行、宋体。

（5）在页面四周插入艺术图案。

（6）插入文字为"西安师范学院"的"水印"。

（7）将其保存到 d:\exam 文件夹内，文件名为"自荐书 1.doc"，样式如图 8.28 所示。

图 8.28　实验题 2 的结果

3．标题为"计算机名人"的文本编辑与排版练习。

实验目的：掌握页面设置、段落格式设置、边框与底纹的应用。

实验任务：

（1）将文档的纸张大小设置为自定义（宽：20 cm，高：21 cm）。

（2）将文档的页边距设置为上边距 2 cm、下边距 2 cm。

（3）将文档标题"计算机名人"字体属性设置为：黑体、小三、加粗，对齐方式为居中对齐。

（4）将正文各段落设置为：左右缩进各 1 个字符，段前、段后间距各为 1 行，首行缩进两个字符，固定行距 14 磅（提示：先在"工具→选项→常规"中设置度量单位，再设置行距）。

（5）将"冯·诺依曼　（John Von Neumann）"文字加波浪下画线，添加 10%底纹（应用范围为文字）。

（6）将"艾伦·图灵（Alan Turing）"文字加波浪下画线，添加 10%底纹（应用范围为段落）。

（7）在"高登·摩尔（Gordon Moore）"加上方框边框，20%底纹（应用范围为段落）。

（8）将正文最后一段分为等宽的两栏，栏间距 0.5 字符，加分隔线。

（9）设置正文最后一段首字的下沉行数为 2，字体为楷体_GB2312、距正文 0.2 cm。

（10）在输入的文字后面插入日期，格式为"****年**月**日"，右对齐。

（11）在文档的页脚中插入居中页码，格式为（a, b, c），最终效果如图 8.29 所示。

（12）保存到 d:\exam 文件夹中，文件名为"计算机名人.doc"。

计算机名人

计算机发展的历史上曾涌现出很多名人。这些人对计算机技术和人类的贡献是我们不应该忘记的。

冯·诺依曼（John Von Neumann）

1945 年，他写了一篇题为《关于离散变量自动电子计算机的草案》的论文，第一次提出了在数字计算机内部的存储器中存放程序的概念。这成为所有现代存储计算机的基础理论，被称为"冯·诺依曼结构"。如今，各式各样的电脑无论看起来差别多大，实质上绝大多数是属于冯·诺依曼结构的。

艾伦·图灵（Alan Turing）

英国科学家，他是计算机人工智能技术的鼻祖。1937 年他提出了能思考的计算机——图灵机的概念，推进了计算机理论的发展。图灵模型是一种抽象计算模型，用来精确定义可计算函数，是实现机器人的最基本的一个理论模型。1950 年，艾伦·图灵发表题为《计算机能思考吗》的论文，设计了著名的图灵测验，解决了如何判定机器人是否具有同人类相等的智力的问题。

高登·摩尔（Gordon Moore）

"每过 18 个月，计算机芯片依赖的集成电路由于内部晶体管数量的几何级数的增长，而使性能几乎提高一倍，同时集成电路的价格也恰好减少为原来的一半。"这就是计算机界著名的摩尔定律，它的发明人就是高登·摩尔。1968 年他与罗伯特·诺伊斯一起率领一群工程师创建了一家叫集成电子的公司，简称"Intel"，这就是当今名震世界的英特尔公司。

王选

作为中国人，我们在这有必要提到她。王选教授是中国现代印刷革命的奠基人，他所主持研制的汉字激光排版系统开创了汉字印刷的一个崭新时代。二十余年来，这一技术在王选教授的指导下，不断推陈出新，引发了我国报业和印刷出版业一场又一场的深刻变革。同时，王选教授的优秀品质和人格魅力也深深影响了方正的广大干部员工。今天，科教兴国成为我们国家的基本国策，方正也已成为中国知识经济崛起的一个典范。王选教授不仅是方正的骄傲，也是我们国家新一代知识分子的杰出代表。

2011 年 1 月 14 日

a

图 8.29　实验题 3 的结果

4. 加尾注。

按下列样式编辑排版，对《再别康桥》和徐志摩分别加上尾注，如图 8.30 所示。

再别康桥[①]

徐志摩[②]

轻轻的我走了，
　　正如我轻轻的来；
我轻轻的招手，
　　作别西天的云彩。

那河畔的金柳，
　　是夕阳中的新娘；
波光里的艳影，
　　在我的心头荡漾。

软泥上的青荇，
　　油油的在水底招摇；
在康河的柔波里，
　　我甘心做一条水草！

那榆荫下的一潭，
　　不是清泉，是天上虹；
揉碎在浮藻间，
　　沉淀着彩虹似的梦。

寻梦？撑一支长篙，
　　向青草更青处漫溯，
满载一船星辉，
　　在星辉斑斓里放歌。

但我不能放歌，
　　悄悄是别离的笙箫；
夏虫也为我沉默，
　　沉默是今晚的康桥。

悄悄的我走了，
　　正如我悄悄的来；
我挥一挥衣袖，
　　不带走一片云彩。

[①]康桥，即英国著名的剑桥大学所在地。1920 年 10 月—1922 年 8 月，诗人曾游学于此。1928 年，诗人故地重游。在归途的南中国海上，他吟成了这首传世之作。

[②]徐志摩（1896-1931），浙江海宁人，现代诗人、散文家。1923 年加入新月社，成为新月社诗派的代表诗人。

图 8.30　实验题 4

5. 个人简历的设计。

实验目的：掌握建立表格、编辑表格、设置表格格式、设置表格边框与底纹、拆分和合并单元格等技能。

实验任务：如图 8.31 所示，制作"个人简历"表格，并用"隶书"字体填写个人情况。

个人简历

姓名		性别		出生日期		照片
身份证件号码						
高中毕业学校						
高中毕业时间		年　月		现学专业		
通信地址						
小学学历			年　　月毕业于		学校	
初中学历			年　　月毕业于		学校	
个人简历	起止年月		在何地、任何职务（从小学开始填写）			

图 8.31　实验题 5

6. 设置文档"西安古城墙"。

实验任务：

（1）设置整篇文档的纸张为 22 cm×14 cm，纵向。

（2）设置标题文字：楷体_GB2312，小一号，加粗斜体，居中对齐，蓝色，阴文。

（3）设置标题以外的文字：宋体，四号。分栏，栏宽相等。有分隔线。

（4）为整篇文档设置 15 磅宽度的绿色的页面边框（艺术图案自选）。

（5）设置页脚中的页码，字号为四号，居中。

实验结果样式如图 8.32 所示。

图 8.32　实验题 6

7. 设置文档"西安钟楼"。

实验任务：

（1）设置整篇文档的纸张为 20 cm×20 cm。

（2）将文档的页眉文字设置为"古城西安"。

（3）设置标题文字：楷体_GB2312，二号，空心，斜体，居中对齐，绿色。

（4）设置标题以外的文字：楷体_GB2312，四号，设置首字下沉，下沉行数为 2 ，距正文 0.3 cm。

（5）设置整篇文档为 3 磅宽度的页面边框，页面边框距页边各 10 磅。

（6）在文中插入"钟楼"图片，其高度为 4.9 cm、宽度为 6.4 cm，并调整图片位置。

实验结果样式如图 8.33 所示。

图 8.33　实验题 6

8．加项目符号。

实验任务：

按下面提供的样文编辑排版，要求标题用 1 号宋体字并加粗。正文用宋体 5 号字，标点符号使用全角。插入玫瑰花图及制作表格。按样文格式录入并排版。

实验结果样式如图 8.34 所示。

图 8.34　实验题 8

9. 综合应用。

实验任务：

（1）将文档的纸张大小（版面尺寸）设置为自定义（宽：19 cm，高：20 cm）。

（2）将文档的版心位置页面边距（版心位置）设置为上边距 2.54 cm、下边距 2.54 cm，左边距 3.17 cm、右边距 3.17 cm。

（3）输入文字内容，将文档标题"国家体育场（鸟巢）简介"插入到竖排文本框中，设置字体属性为：隶属、小一、加粗，设字符缩放 80%。文本框属性为：线条颜色为深黄，线型为 3 磅双线，环绕方式为四周环绕。正文字体为：宋体、五号。

（4）从网上下载鸟巢夜景图，四周环绕插入文中。

（5）设置页眉内容为"国家体育场（鸟巢）简介"，字体为隶属，字号为小五。

（6）设置页脚内容为"注：文字、照片来自：国家体育场官方网站 http://www.n-s.cn/cn/"。

实验结果样式如图 8.35 所示。

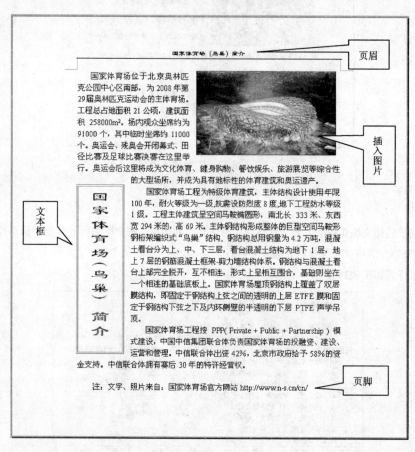

图8.35　实验题9

第9章 电子表格

用户采用电子表格软件可以制作各种复杂的表格，在表格中可以输入数据、显示数据，进行数据计算，并能对表格的数据进行各种统计运算，还能将表格数据转换为图表显示出来，极大地增强了数据的可读性。另外，电子表格还能将各种统计报告和统计图打印输出。

9.1 电子表格软件简介

9.1.1 电子表格软件的基本功能

一般电子表格软件都具有三大基本功能：制表、计算、统计图。

1．制表

制表就是画表格，是电子表格软件最基本的功能。电子表格具有极为丰富的格式，能够以各种不同的方式显示表格及其数据，操作简便易行。

2．计算

表格中的数据常常需要进行各种计算，如统计、汇总等，因而计算是电子表格软件必不可少的一项功能，电子表格的计算功能十分强大，内容也丰富，可以采用公式或函数计算，也可直接引用单元格的值。为了方便计算，电子表格提供了各类丰富的函数。尤其是各种统计函数，为用户进行数据汇总提供了很大的便利。

3．统计图

图形的方式能直观地表示数据之间的关系。电子表格软件提供了丰富的统计图功能，能以多种图表表示数据，如直方图、饼图等。电子表格中的统计图所采用的数据直接取自工作表，当工作表中的数据改变时，统计图会自动随之变化。

9.1.2 常见的电子表格软件

电子表格软件大致可分为两种形式：一种是为某种目的或领域专门设计的程序，如财务程序，适于输出特定的表格，但其通用性较弱；另一种是所谓的"电子表格"，它是一种通用的制表工具，能够满足大多数制表需求，它面对的是普通的计算机用户。

1979 年，美国 Visicorp 公司开发了运行于苹果 II 上的 VISICALE，这是第一个电子表格软件。其后，美国 Lotus 公司于 1982 年开发了运行于 DOS 下的 Lotus 1-2-3，该软件集表格、计算和统计图表于一体，成为国际公认的电子表格软件的代表。进入 Windows 时代后，微软公司的 Excel 逐步取而代之，成为目前普及最广的电子表格软件。

在中国，DOS 时代也曾经出现过 CCED 等代表性的电子表格软件，但在进入 Windows 时代后，电子表格软件的开发一度大大落后于国际水平，进而影响了电子表格软件在我国的普及。直到 2000 年 7 月，北京海迅达科技有限公司推出了"HiTable 制表王"，使国产电子表格软件达到了一个新高度，其具有丰富易用的性能、与 Excel 高度兼容的操作，还增加了许多特有的功能，使电子表格更好用，更符合中国人的思维习惯。

中文 Excel 2003 电子表格软件是 Microsoft 公司 Office 办公系列软件的重要组成之一。Excel 主要是以表格的方式来完成数据的输入、计算、分析、制表、统计，并能生成各种统计图形，Excel 是一个功能强大的电子表格软件。在这里主要介绍 Excel 2003 软件的使用。

9.2　中文 Excel 的基本操作

9.2.1　中文 Excel 的基本概念

工作簿：　Excel 工作簿是由一张或若干张（最多 255 张）表组成的文件，其文件名的扩展名为.xls，每一张表称为一个工作表。

工作表：Excel 工作表是由若干行和若干列组成的。行号用数字来表示，最多有 65 536 行；列标用英文字母表示，开始用一个字母 A、B、C 表示，超过 26 列时用两个字母的组合 AA、AB、…、AZ、BA、BB、…、IV 表示，最多有 256 列。

单元格：行和列交叉的区域称为单元格。单元格的命名由它所在的列标和行号组成。例如，B 列 5 行交叉处的单元格名为 B5，名为 C6 的单元格就是第 6 行和第 C 列交叉处的单元格。一个工作表最多有 65 536×256 个单元格。

9.2.2　Excel 的启动

Excel 的启动方法很多，常用的方法是：选择菜单"开始→程序→Microsoft Office→Microsoft Excel 2003"命令。

Excel 启动成功后，窗口如图 9.1 所示，从图中可以看到 Excel 窗口的上面是标题栏、菜单栏、工具栏、格式栏和编辑栏，中间的部分是工作簿窗口，Excel 默认首次启动的工作簿名为 Book1，最下面是 Excel 的状态栏。工作簿窗口包括：标题栏、工作表标签、行号、列标、垂直和水平拆分框及垂直和水平滚动条等。

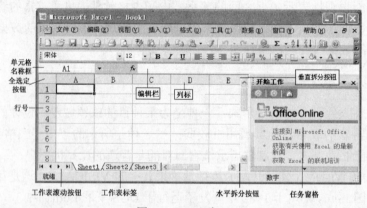

图 9.1　Excel 窗口

9.2.3　工作簿的建立、打开和保存

1．建立新工作簿

Excel 启动后，会自动建立一个名为 Book1 的空工作簿，并预置 3 张工作表（分别命名为 Sheet1、Sheet2、Sheet3），其中将 Sheet1 置为当前工作表，如图 9.1 所示。

2．打开已有工作簿

打开已有工作簿的方法有：

① 双击要打开的工作簿文件，即可启动 Excel 并打开该工作簿；

② 若 Excel 已启动，则用鼠标单击 Excel 工具栏上的"打开"按钮或选择菜单栏中的"文件/打开"命令，在弹出的对话框中选择要打开的工作簿文件即可。

3．保存建立好的工作簿

在菜单栏中选择"文件→保存"命令，或者单击工具栏上的"保存"按钮。如果是第一次保存工作簿，系统会弹出"另存为"对话框。在"另存为"对话框中选择要保存工作簿的文件夹，并输入保存的文件名。最后单击"保存"按钮。Excel 工作簿以文件的形式保存在磁盘中，其文件名的扩展名默认为.xls。

4．关闭工作簿

在菜单栏中选择"文件→关闭"命令，或者单击工作簿窗口中的"关闭"按钮。

9.2.4　数据的录入与编辑

1．单个单元格数据的输入

先选择单元格，再直接输入数据。会在单元格和编辑栏中同时显示输入的内容，用回车（Enter）键、Tab 键或单击编辑栏上的"√"按钮三种方法确认输入。如果要放弃刚才输入的内容，单击编辑栏上的"×"按钮或按键盘上的 Esc 键即可。

① 文本输入。输入文本时靠左对齐。若输入纯数字的文本（如身份证号、学号等），在第一个数字前加上一个单引号即可（如：00100508054）。注意：在单元格中输入内容时，默认状态是文本靠左对齐，数值靠右对齐。

② 数值输入。输入数值时靠右对齐，当输入的数值整数部分长度较长时，Excel 用科学计数法表示（如 1.234E+13 代表 $1.234×10^{13}$），小数部分超过单元格宽度（或设置的小数位数）时，超过部分自动四舍五入后显示。但在计算时，用输入的数值参与计算，而不是用显示的四舍五入后的数值。另外，在输入分数（如 5/7）时，应先输入"0"及一个空格，然后再输入分数。否则 Excel 把它处理为日期数据（如 5/7 处理为 5 月 7 日）。

③ 日期和时间输入。Excel 内置了一些常用的日期与时间的格式。当输入数据与这些格式相匹配时，将它们识别为日期或时间。常用的格式有："dd-mm-yy"、"yyyy/mm/dd"、"yy/mm/dd"、"hh:mm AM"、"mm/dd"等。输入当天的日期，可按组合键"Ctrl+;"。输入当天的时间，可按组合键"Ctrl+Shift+;"。

2．单元格选定操作

要把数据输入到某个单元格中，或对某个单元格中的内容进行编辑，首先就要选定该单元格。

① 选定单个单元格。用鼠标单击要选择的单元格，表示选定了该单元格，此时该单元格也被称为活动单元格。

② 选定一个矩形（单元格）区域。将鼠标指针指向矩形区域左上角第一个单元格，按下鼠标左键拖动到矩形区域右下角最后一个单元格；或者用鼠标单击矩形区域左上角的第一个单元格，按住 Shift 键，再单击矩形区域右下角最后一个单元格。

③ 选定整行（列）单元格。单击工作表相应的行号或列标即可。

④ 选定多个不连续单元格或单元格区域。选定第一个单元格或单元格区域，按住 Ctrl 键不放，再用鼠标选定其他单元格或单元格区域，最后松开 Ctrl 键。

⑤ 选定多个不连续的行或列。单击工作表相应的第一个选择行号或列标，按住 Ctrl 键不放，再单击其他选择的行号或列标，最后松开 Ctrl 键。

⑥ 选定工作表全部单元格。单击"全部选定"按钮（工作表左上角所有行号的纵向与所有列标的横向交叉处）。

3. 自动填充数据

利用数据自动输入功能，可以方便快捷地输入等差、等比及预先定义的数据填充序列。如序列一月、二月、……、十二月；1、2、3、……。

（1）自动输入数据的方法

① 在一个单元格或多个相邻单元格内输入初始值，并选定这些单元格。

② 鼠标指针移到选定单元格区域右下角的填充柄处，此时鼠标指针变为实心"十"字形，按下左键并拖动到最后一个单元格。

如果输入初始数据为文字数字的混合体，在拖动该单元格右下角的填充柄时，文字不变，其中的数字递增。例如，输入初始数据"第 1 组"，在拖动该单元格右下角的填充柄时，自动填充给后继项"第 2 组"、"第 3 组"、……

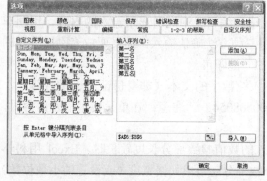

图 9.2 "自定义序列"选项卡

（2）用户自定义填充序列

Excel 允许用户自定义填充序列，以便进行系列数据输入。例如，在填充序列中没有第一名、第二名、第三名、第四名、第五名序列，可以由用户将其加入到填充序列中。

方法：选择"工具→选项"命令，在"选项"对话框中打开"自定义序列"选项卡（如图9.2 所示）。然后在"输入序列"文本框中输入自定义序列项（第一名、第二名、第三名、第四名、第五名），每输入一项，要按一次回车键作为分隔。整个序列输入完毕后单击"添加"按钮。

9.2.5 工作表的基本操作

1. 数据编辑

（1）数据修改

单击要修改的单元格，在编辑栏中直接进行修改；或者双击要修改的单元格，在单元格中直接进行修改。

（2）数据清除

数据清除的功能是，将单元格或单元格区域中的内容、格式等删除。

数据清除的步骤如下：

① 选定要清除的单元格或单元格区域；

② 在菜单栏选择"编辑→清除"命令，弹出级联菜单，菜单中包含 4 条命令，如图9.3 所示；

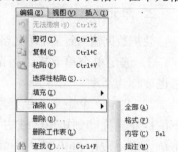

图 9.3 "清除"命令

③ 从菜单中选择有关清除命令，"格式"、"内容"和"批注"命令将分别只删除选定区域中的格式、内容或批注（即删除部分内容），"全部"命令将会把选定区域中的格式、内容和批注全部清除。

（3）数据复制或移动

数据复制（或移动）是指将选定区域的数据复制（移动）到另一个位置。

① 鼠标拖动法：选定要复制（或移动）的区域，将鼠标移动到选定区域的边框上，鼠标指针变成"花"形箭头，此时按住键盘上的 Ctrl 键（移动时不按），拖动到复制（移动）的目标位置。

② 使用剪贴板法：选定要复制（或移动）的区域，单击工具栏上的"复制（移动）"按钮或选择"编辑→复制"（或编辑→移动）命令。然后选择复制（移动）到目标位置的左上角单元格，单击工具栏上的"粘贴"按钮或选择"编辑→粘贴"命令，即可完成。

2．单元格、行、列的插入和删除

单元格的插入。选定插入单元格的位置，选择"插入→单元格"命令，弹出"插入"对话框，按提示进行即可。

工作表的行、列插入。选定插入行或列的位置，选择菜单"插入→行"或"插入→列"命令，即可插入一行或一列。

单元格的删除。单元格的删除是将单元格内容和单元格一起删除，删除后其右侧单元格左移或下方单元格上移。具体做法：选定要删除的单元格，选择"编辑→删除"命令，弹出"删除"对话框，按要求进行即可。

工作表行、列的删除。选定要删除的行或列，选择"编辑→删除"命令，即可删除。此外，也可先选定要删除行或列中的任意一个单元格，再选择"编辑→删除"命令，弹出"删除"对话框，选择"整行"或"整列"选项，单击"确定"按钮即可。

9.3　工作表的格式编辑

1．调整行高、列宽

将鼠标指针指向要调整行高或列宽的行号或列标分隔线上，此时鼠标指针变为一个双向箭头形状，按下鼠标左键拖动分隔线至需要的行高或列宽。

2．单元格格式化

选择菜单"格式→单元格"命令，弹出"单元格格式"对话框。

在"单元格格式"对话框中能够进行单元格的数字格式设置；对齐方式设置；字体格式设置；边框格式设置；图案格式设置；保护格式设置。注意：单元格未设边框，打印出来无边框。

3．条件格式

条件格式的功能是：用醒目的格式设置选定区域中满足要求的数据单元格格式。

例如，计算机成绩表（如图9.4所示）中，期中和期末成绩在 70 分以下（不包括70）的成绩用黄色、斜体字形，单元格加灰色底纹图案设置；在 70～90 之间的，字的颜色设置为红色；在 90 以上（包括90）的，字的颜色设置为紫罗兰色。

方法：在学生成绩表如图 9.4 所示中，选定设置单元格区域（E3:F10），选择菜单"格式→条件格式"命令，弹出如图 9.5 所示的"条件格式"对话框，在条件下拉列表框中选择条件为"单元格数值"，在条件运算符下拉列表框中选择"小于等于"，条件值文本框中输入"70"，单击"格式"按钮，弹出"单元格格式"对话框，在对话框的"字体"选项卡中，设置字形为倾斜，颜色为黄色；再打开"图案"选项卡，选择灰色–25％颜色设置，之后单击"单元格格式"对话框中的"确定"按钮，返回如图 9.5 所示的"条件格式"对话框；再单击该对话框中的"添加"按钮，设置第二个条件，值介于 70～90 之间，格式是字形为"常规"，颜色为红色。再单击"条件格式"对话框中的"添加"按钮，设置第三个条件，值大于等于 90，字的颜色为紫罗兰色，单击"单元格格式"对话框中的"确定"按钮，又返回如图 9.5 所示的"条件格式"对话框中，单击"确定"按钮，即可完成任务，结果如图 9.6 所示。注意：条件格式最多可设三个条件。

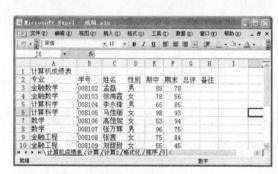

图 9.4　计算机成绩表

图 9.5　"条件格式"对话框

4．自动套用格式

为了提高工作效率，Excel 提供了 41 种专业报表格式可选择，可以通过套用这 41 种报表对整个工作表的多重格式同时设置。自动套用格式功能可应用于数据区域的内置单元格格式集合，如字体大小、图案和对齐方式。Excel 可识别选定区域的汇总数据和明细数据的级别，然后对其应用相应的格式。

使用"自动套用格式"设置单元格区域格式的操作步骤如下：

① 选定自动套用格式要应用的单元格区域；

② 选择"格式"菜单下的"自动套用格式"命令，弹出"自动套用格式"对话框；

③ 在"自动套用格式"对话框中，从左侧的"示例"框中选择需要的格式；

④ 单击"确定"按钮；

⑤ 单击"自动套用格式"对话框中的"选项"按钮，可在该对话框的底部打开"要应用的格式"选项区，包括"数字"、"字体"、"对齐"、"边框"、"图案"和"列宽/行高"复选框；

⑥ 通过选中或取消各复选框，可确定在套用格式时套用哪些格式；

⑦ 单击"确定"按钮。

例如，将如图9.4所示的"计算机成绩表"套用"序列 2"格式，在"要应用的格式"选项中取消已选中的"列宽/行高"复选框，则套用的格式效果如图9.7所示。

图 9.6　条件格式设置"突出显示成绩"

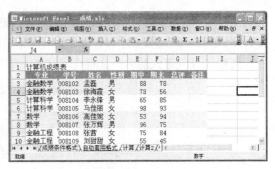

图 9.7　自动套用格式效果

9.4　数据计算

Excel 的数据计算是通过公式实现的，可以对工作表中的数据进行加、减、乘、除等运算。

Excel 的公式以等号开头，后面是用运算符连接对象组成的表达式。表达式中可以使用圆括号"（）"改变运算优先级。公式中的对象可以是常量、变量、函数及单元格引用，如 =C3+C4、=D6/3−B6、=sum(B3:C8)等。当引用单元格的数据发生变化时，公式的计算结果也会自动更改。

9.4.1　公式和运算符

1．运算符

Microsoft Excel 包含四种类型的运算符：算术运算符、比较运算符、文本运算符和引用运算符，如表 9.1 和表 9.2 所示。

例如：　　=B2&B3;　　　　将 B2 单元格和 B3 单元格的内容连接起来

　　　　= "总计为："&G6;　　将 G6 中的内容连接在"总计为："之后

注意：要在公式中直接输入文本，必须用英文双引号把输入的文本括起来。

表 9.1　算术运算符、文本运算符和比较运算符及优先级

运 算 类 型	运 算 符	说 明	优 先 级
算术运算符	−	负号	↑
	%	百分号	
	^	乘方	
	*和/	乘、除	
	+和−	加、减	
文本运算符	&	文字连接	
比较运算符	=、>、<、>=、<=、<>	比较运算	

表 9.2　引用运算符

引用运算符	含 义	举 例
:	区域运算符（引用区域内全部单元格）	=sum(B2:B8)
,	联合运算符（引用多个区域内的全部单元格）	=sum(B2:B5, D2:D5)
空格	交叉运算符（只引用交叉区域内的单元格）	=sum(B2:D3　C1:C5)

2．编制公式

选定要输入公式的单元格，输入一个等号（=），然后输入编制好的公式内容，确认输入，计算结果自动填入该单元格。

例如，计算孟磊的总评成绩。用单击 G3 单元格；输入"="号，再输入公式内容（如图9.8所示的公式计算成绩）；最后单击编辑栏上的"√"按钮。计算结果自动填入 G3 单元格中。若要计算所有人的总分，可先选定 G3 单元格，再拖该单元格填充柄到 G10 单元格即可。

图9.8　公式计算成绩

3．单元格引用

单元格引用分为相对引用、绝对引用和混合引用三种。

（1）相对引用

相对引用是用单元格名称引用单元格数据的一种方式。例如，在计算孟磊的总评成绩公式中，要引用 E3 和 F3 两个单元格中的数据，则直接写这两个单元格的名称即可（"= E3*0.2+F3*0.8"）。

相对引用方法的好处是：当编制的公式被复制到其他单元格中时，Excel 能够根据移动的位置自动调节引用的单元格。例如，要计算学生成绩表中所有学生的总评，只需在第一个学生总分单元格中编制一个公式，然后用鼠标向下拖动该单元格右下角的填充柄，拖到最后一个学生总评单元格处松开鼠标左键，所有学生的总评均被计算完成。

（2）绝对引用

在行号和列标前面均加上"$"符号。在公式复制时，绝对引用单元格将不随公式位置的移动而改变单元格的引用。

（3）混合引用

混合引用是指在引用单元格名称时，行号前加"$"符号或列标前加"$"符号的引用方法。即行用绝对引用，而列用相对引用；或行用相对引用，而列用绝对引用。其作用是不加"$"符号的随公式的复制而改变，加了"$"符号的不发生改变。

例如，E$2 表示行不变而列随移动的列位置自动调整。$F2 表示列不变而行随移动的行位置自动调整。

（4）同一工作簿中不同工作表单元格的引用

如果要从 Excel 工作簿的其他工作表中（非当前工作表）引用单元格，其引用方法为："工作表名!单元格引用"。

例如，设当前工作表为"Sheet1"，要引用"Sheet3"工作表中的 D3 单元格，其方法是：Sheet3!D3。

9.4.2　函数引用

函数是为了方便用户对数据运算而预定义好的公式。Excel 按功能不同将函数分为 9 类，分别是财务、日期与时间、数学与三角函数、统计、查找与引用、数据库、文本、逻辑、信息。

1．函数引用的方法

函数引用的格式为：函数名（参数 1，参数 2,……）其中参数可以是常量、单元格引用和其他函数。引用函数的操作步骤如下。

① 将光标定位在要引用函数的位置。例如，要计算学生成绩表中所有学生的期末平均分，则选定放置平均分的单元格（E8），输入等号"="，此时光标定位于等号之后。

② 单击工具栏上的"插入函数"按钮 f_x，或者选择菜单栏上"插入→函数"命令，弹出如图9.9所示"插入函数"对话框。

③ 在"插入函数"对话框中选择函数类别及引用函数名。例如，为求平均分，应先选常用函数类别，再选求平均值函数 AVERAGE。然后单击"确定"按钮，弹出如图9.10所示的"函数参数"对话框。

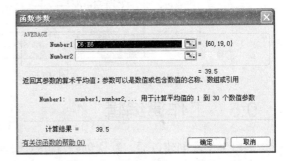

图 9.9 "插入函数"对话框　　　　　　图 9.10 "函数参数"对话框

④ 在"AVERAGE"参数栏中输入参数。即在 Number1, Number2,……中输入要参加求平均分的单元格、单元格区域。可以直接输入，也可以用鼠标单击参数文本框右面的"折叠框"按钮，使"函数参数"对话框折叠起来，然后到工作表中选择引用单元格，选好之后，单击折叠后的"折叠框"按钮，即可恢复"函数参数"对话框，同时所选的引用单元格已自动出现在参数文本框中。

⑤ 当所有参数输入完后，单击"确定"按钮，此时结果出现在单元格中，而公式出现在编辑栏中。

2．函数引用应用

对如图 9.4 所示的表格进行如下操作。

① 选择 A1～H1 区域，单击"合并与居中"按钮，使标题"计算机成绩表"居中。

② 用公式计算总评，保留 2 位小数。方法为期中占 20％（采用绝对引用 B15 单元格）、期末占 80％（采用 1-$B$15）。G3 单元格公式为：=E3*$B$15+F3*(1-$B$15)。然后将公式从 G3 单元格复制到 G10 单元格，并保留 1 位小数。

③ 采用函数计算期中、期末和总评的平均成绩（分别放在 E11、F11 和 G11 单元格中），并保留 2 位小数。

④ 采用 IF 函数在备注栏写入内容：如果总评大于等于 90，则写入优秀；如果总评大于等于 80，则写入良好；如果总评大于等于 70，则写入中等；如果总评大于等于 60，则写入及格；如果总评小于 60，则写入不及格。在 H3 单元格中输入公式：=IF(G3>=90,"优秀",IF(G3>=80,"良好",IF(G3>=70,"中等",IF(G3>=60,"及格","不及格"))))。将公式从 H3 到 H10 进行复制。

⑤ 将 B15 单元格值 0.2 改为 0.3，观察总评和备注中的内容变化。

⑥ 计算期中、期末和总评的及格率，及格率为及格人数除以总人数。注意计算期中及

格人数，在 E13 单元格中输入公式：=COUNTIF(E3:E10,">=60")；复制公式从 E13 到 G13。计算总人数用 COUNT( )函数。在 E14 单元格中输入公式：=COUNT(E3:E10)；复制公式从 E14 到 G14。及格率的计算，在 E12 单元格中输入公式：=E13/E14*100；复制公式从 E12 到 G12。

⑦ 美化工作表，包括字体、字号、对齐方式、边框线等，结果如图9.11 所示。

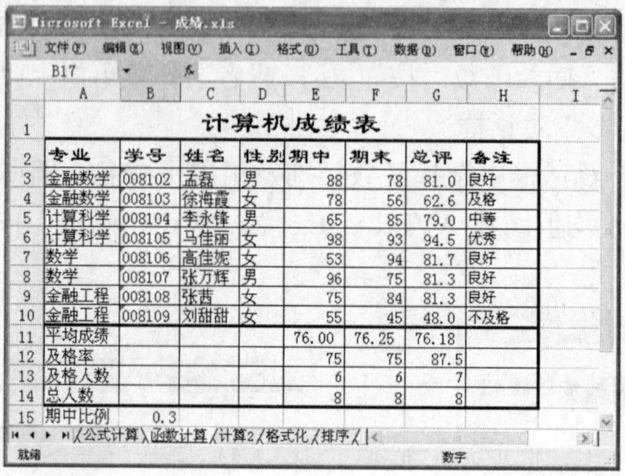

	A	B	C	D	E	F	G	H
1	计算机成绩表							
2	专业	学号	姓名	性别	期中	期末	总评	备注
3	金融数学	008102	孟磊	男	88	78	81.0	良好
4	金融数学	008103	徐海霞	女	78	56	62.6	及格
5	计算科学	008104	李永锋	男	65	85	79.0	中等
6	计算科学	008105	马佳丽	女	98	93	94.5	优秀
7	数学	008106	高佳妮	女	53	94	81.7	良好
8	数学	008107	张万辉	男	96	75	81.3	良好
9	金融工程	008108	张茜	女	75	84	81.3	良好
10	金融工程	008109	刘甜甜	女	55	45	48.0	不及格
11	平均成绩				76.00	76.25	76.18	
12	及格率				75	75	87.5	
13	及格人数				6	6	7	
14	总人数				8	8	8	
15	期中比例	0.3						

图 9.11 函数计算结果

9.5 工作簿编辑

空白工作簿创建以后，默认创建 3 个工作表 Sheet1、Sheet2 和 Sheet3。根据需要可以增加工作表、删除工作表和对工作表重命名。

9.5.1 工作表的选择

1. 单个工作表的选择

单击工作表标签名或右击工作表标签前面的四个标签滚动按钮的任意处，弹出工作表表名列表，从中选择一个工作表即可。

2. 多个工作表的选择

多个连续工作表的选择：单击第一个工作表标签，按住 Shift 键，然后再单击最后一个工作表标签。多个非连续工作表的选择：单击第一个工作表标签，按住 Ctrl 键，然后分别单击其他要选择的工作表标签。选择全部工作表：右击工作表标签的任意处，在弹出的快捷菜单中选择“选定全部工作表”命令。

Excel 将选定的多个工作表组成一个工作组。在工作组中的某一工作表中输入数据或设置格式，工作组中其他工作表的相同位置也将被写入相同的内容。

如果要取消工作组，只需单击任意一个未选定的工作表标签或右击工作表标签的任意处，在弹出的快捷菜单中选择“取消成组工作表”命令即可。

9.5.2 工作表的插入、删除和重命名

1. 插入工作表

当要在某工作表之前插入一张新工作表时，先选定该工作表，然后在“插入”菜单中选择“工作表”命令。这样就在选定的工作表之前插入了一张新工作表，且成为当前工作表。Excel 自动用 Sheet *n* 命名工作表（其中 *n* 为一个正整数）。

2．删除工作表

选定工作表，选择"编辑/删除工作表"命令。

3．工作表重命名

在默认情况下，创建工作表的名称为 Sheet1、Sheet2、……可以利用重命名功能为工作表重新选取一个名字。选定要重命名的工作表，选择菜单"格式→工作表→重命名"命令，最后在反白显示的工作表标签处删除原名、输入新工作表的表名，按回车键即可。

9.5.3　工作表的复制和移动

移动工作表：用鼠标拖动工作表标签到要移动到的工作表标签处即可。

复制工作表：按住 Ctrl 键，用鼠标拖动工作表标签到要复制到的工作表标签处即可。

9.5.4　工作表窗口的拆分与冻结

1．工作表窗口的拆分

工作表建立好后，有的表可能比较大，由于显示器的屏幕大小有限，往往只能看到一部分数据，此时说明数据含义的部分就可能未在显示器上显示出来，为了便于对数据的准确理解，可以将工作表窗口拆分为几个窗口，每个窗口都显示同一张工作表，通过每个窗口的滚动条移动工作表，使需要的部分分别出现在不同的窗口中，这样便于查看表中的数据，不至于出错。

拆分窗口方法为：直接拖动工作簿窗口中的水平拆分按钮或垂直拆分按钮即可，水平拆分按钮可将工作簿窗口拆分为上下两个窗口，垂直拆分按钮可将工作簿窗口拆分为左右两个窗口，两者都用则拆分为上、下、左、右四个窗口。

要取消拆分，可双击拆分线，或者选择"窗口→撤销拆分"命令。

2．工作表窗口的冻结

工作表的冻结是指将工作表窗口的上部或左部固定住，使其不随滚动条的滚动而移动。

例如，如果学生成绩表中的学生比较多，可以将表头冻结（即表中的姓名、性别、出生年月等所在的行）。这样，当上下移动垂直滚动条时，被冻结的表头不动，而表中的学生名单随垂直滚动条上下移动。

冻结窗口的方法为：选定冻结行或列的下一行或右边一列，选择"窗口→冻结拆分窗口"命令即可。

取消冻结窗口的方法为：选择"窗口→撤销冻结窗口"命令。

9.6　数据分析和综合应用

在 Excel 中，数据清单是包含相似数据组并带有标题的一组工作表数据行。可以把"数据清单"看成是最简单的"数据库"，其中行作为数据库中的记录，列作为字段，列标题作为数据库中的字段名的名称。借助数据清单，可以实现数据库中的数据管理功能——筛选、排序等。

Excel 除了具有数据计算功能，还可以对表中的数据进行排序、筛选等操作。

9.6.1　数据的排序

如果想将如图 9.11 所示的计算机成绩表按男女分开，再按总评从大到小排序，如果总评相同时，再按期末成绩从大到小排序。即排序是按性别、总评、期末 3 列为条件进行的，此时可用下述方法进行操作。

先选择单元格 A2 到 H10 区域，选择菜单栏上的"数据→排序"命令，弹出如图9.12 所示的"排序"对话框，在该对话框中，选中"有标题行"单选按钮，在主要关键字下拉列表框中选择"性别"字段名；在次要关键字下拉列表框中选择"总评"字段名，同时选中"降序"单选按钮；在第三关键字下拉列表框中选择"期末"字段名，同时选中"降序"单选按钮；最后单击"确定"按钮。排序结果如图9.13 所示。

图 9.12　"排序"对话框

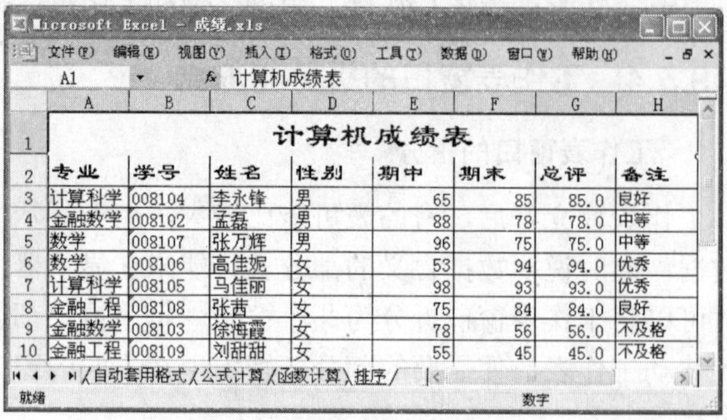

图 9.13　学生成绩表排序结果

9.6.2　数据的筛选

如果想从工作表中选择满足要求的数据，可用筛选数据功能将不用的数据行暂时隐藏起来，只显示满足要求的数据行。

1．自动筛选

例如，对计算机成绩表进行筛选数据。将如图9.11 所示的计算机成绩表单元格 A1 到 H10区域组成的表格进行如下的筛选操作。

先选择单元格 A2 到 H10 区域，选择菜单栏上的"数据→筛选→自动筛选"命令，则出现如图9.14 所示的数据筛选窗口，可以看到每一列标题右边都出现一个向下的筛选箭头，单击筛选箭头打开下拉菜单，从中选择筛选条件即可完成，如筛选性别为"女"的同学。在有筛选箭头的情况下，若要取消筛选箭头，也可以通过选择菜单"数据→筛选→自动筛选"命令完成。

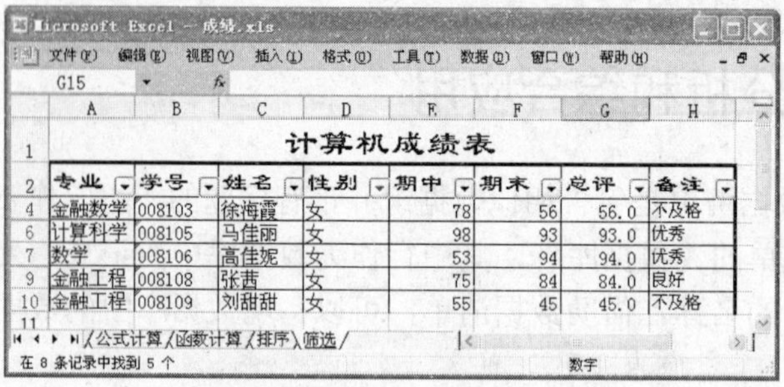

图 9.14　数据筛选窗口

2. 高级筛选

高级筛选的筛选条件不在列标题处设置，而是在另一个单元格区域设置，筛选的结果既可以放在原来位置，又可以放在工作表的其他位置。具体操作如下。

① 将数据清单的所有列标题复制到数据清单以外的单元格区域（称条件区域）。

② 在条件区域输入条件。要注意的是：凡是表示"与"条件的，都写在同一行上；凡是表示"或"条件的，都写在不同行上。

③ 选择菜单栏上的"数据→筛选→高级筛选"命令，弹出"高级筛选"对话框，选择设置筛选结果放置位置"方式"和"列表区域"（原数据区域$A$2:$H$10）、"条件区域"（$A$12:$H$14）及复制到（筛选结果区域$A$16:$H$16）选项，如图9.15所示。

④ 单击"确定"按钮，筛选结果如图9.16所示。

图9.15 高级筛选对话框

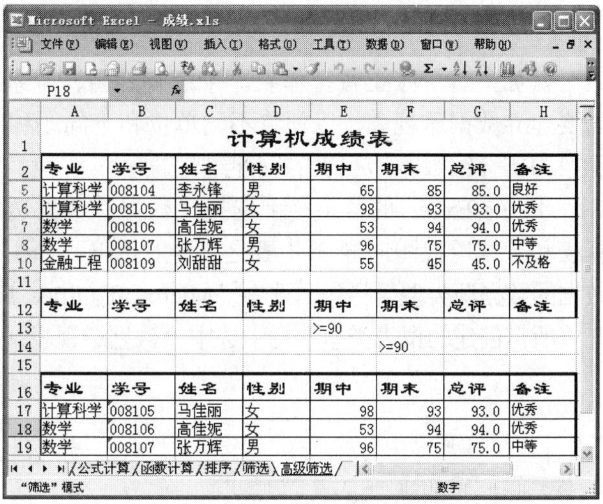

图9.16 高级筛选结果

9.6.3 数据的分类汇总

所谓分类汇总，就是对数据清单按某字段进行分类，将字段值相同的连续记录作为一类，进行求和、平均和计数等汇总运算。在分类汇总前，必须对要分类的字段进行排序，否则分类汇总无意义。操作步骤如下：

① 对数据清单按分类字段进行排序；

② 选种整个数据清单或将活动单元格置于欲分类汇总的数据清单之内；

③ 选择菜单栏上的"数据→分类汇总"命令，弹出"分类汇总"对话框；

④ 在"分类汇总"对话框中依次设置"分类字段"、"汇总方式"和"选定汇总项"等，然后单击"确定"按钮。

例如，对如图9.11所示的计算机成绩表进行按专业分类汇总，求期中成绩、期末成绩和总评成绩的平均值，"分类汇总"对话框和汇总结果如图9.17、图9.18所示。

9.6.4 数据透视表

"数据透视表"能够将筛选、排序和分类汇总等操作依次完成，并生成汇总表格。汇总表格能帮助用户分析、组织数据。利用它可以很快地从不同角度对数据进行分类汇总。不是所有工作表都有建立数据透视表的必要，对于记录数量众多、结构复杂的工作表，为了将其中的一些内在规律显现出来，可用工作表建立数据透视表。

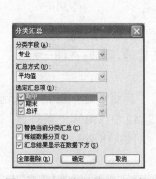

图 9.17 “分类汇总”对话框

	A	B	C	D	E	F	G	H
1	计算机成绩表							
2	专业	学号	姓名	性别	期中	期末	总评	备注
3	计算科学	008104	李永锋	男	65	85	85.0	良好
4	计算科学	008105	马佳丽	女	98	93	93.0	优秀
5	计算科学 平均值				81.5	89	89.0	
6	金融工程	008108	张茜	女	75	84	84.0	良好
7	金融工程	008109	刘甜甜	女	55	45	45.0	不及格
8	金融工程 平均值				65	64.5	64.5	
9	金融数学	008102	孟磊	男	88	78	78.0	中等
10	金融数学	008103	徐海霞	女	78	56	56.0	不及格
11	金融数学 平均值				83	67	67.0	
12	数学	008106	高佳妮	女	53	94	94.0	优秀
13	数学	008107	张万辉	男	96	75	75.0	中等
14	数学 平均值				74.5	84.5	84.5	
15	总计平均值				76	76.25	76.3	

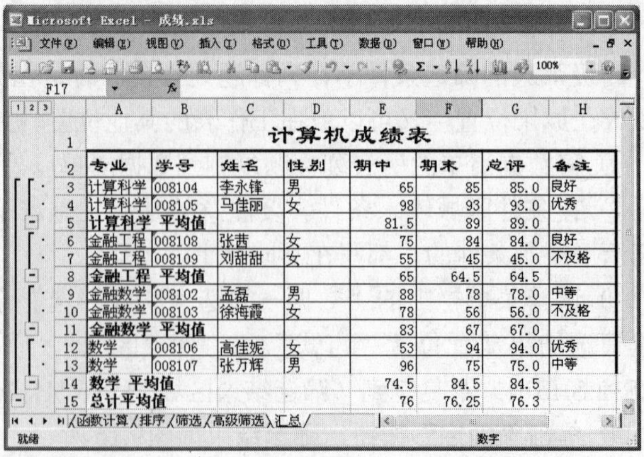

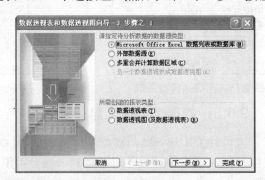

图 9.18 数据分类汇总结果

例如，有一张工资工作表，字段有姓名、院系名称、职称、基本工资、津贴等。为此，需要建立数据透视表，以便将不同单位和不同职称的内在规律显现出来。以此（如图 9.19 所示）为例介绍数据透视表的创建过程。

① 在 Excel 的菜单栏上选择“数据→数据透视表和数据透视图”命令，弹出“数据透视表和数据透视图向导-3 步骤之 1”对话框，如图 9.20 所示。在此对话框的“请指定待分析数据的数据源类型”栏中，选中“Microsoft Office Excel 数据列表或数据库（M）”单选按钮，在“所需创建的报表类型”栏中选中“数据透视表（T）”单选按钮，然后单击“下一步”按钮。

	A	B	C	D	E	F
1	工资表					
2	姓名	性别	院系名称	职称	基本工资	津贴
3	郭亚平	女	机械学院	教授	1980	1560
4	顾可佳	女	管理学院	讲师	1640	1380
5	范伟	男	机械学院	副教授	1860	1420
6	任丽辉	女	自动化学院	教授	1980	1500
7	盛况	男	教育学院	副教授	1786	1390
8	周亚洲	男	机械学院	讲师	1648	1280
9	杨悦	女	教育学院	教授	2020	1480
10	何群	男	管理学院	副教授	1890	1500
11	万冬冬	女	教育学院	副教授	1730	1360
12	孟立夫	男	教育学院	教授	1960	1680
13	孔杰	男	自动化学院	讲师	1680	1360
14	邱红	女	管理学院	教授	1960	1460

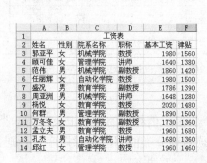

图 9.19 工资表

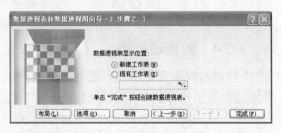

图 9.20 数据透视表和数据透视图向导-3 步骤之 1

② 弹出“数据透视表和数据透视图向导-3 步骤之 2”对话框，如图 9.21 所示，在“请键入或选定要建立数据透视表的数据源区域”栏中，设置选定区域为“$A$2:$E$14”，然后单击“下一步”按钮。

③ 弹出“数据透视表和数据透视图向导-3 步骤之 3”对话框，如图 9.22 所示，在此对话框中的“数据透视表显示位置”栏中，选中“新建工作表”单选按钮。

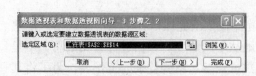

图 9.21 数据透视表和数据透视图向导-3 步骤之 2

图 9.22 数据透视表和数据透视图向导-3 步骤之 3

④ 单击“布局”按钮，在弹出的“数据透视表和数据透视图向导——布局”对话框中定义数据透视表布局，如图9.23 所示，步骤为将“院系名称”字段拖入“页”栏；将“性别”字段拖入“行”栏；将“职称”字段拖入“列”栏；将“基本工资”和“津贴”字段拖入“数据”栏。

注意，可以双击数据区的统计字段来改变统计算法。

⑤ 单击“确定”按钮，完成列表的布局设置，返回如图 9.22 所示对话框。在图 9.22 对话框中，单击“完成”按钮，新建立的数据透视表如图9.24所示。

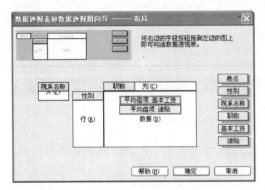

图 9.23　数据透视表和数据透视图向导——布局

	A	B	C	D	E	F
1	院系名称	管理学院				
2						
3			职称			
4	性别	数据	副教授	讲师	教授	总计
5	男	平均值项:基本工资	1890			1890
6		平均值项:津贴	1500			1500
7	女	平均值项:基本工资		1640	1960	1800
8		平均值项:津贴		1380	1460	1420
9	平均值项:基本工资汇总		1890	1640	1960	1830
10	平均值项:津贴汇总		1500	1380	1460	1446.666667

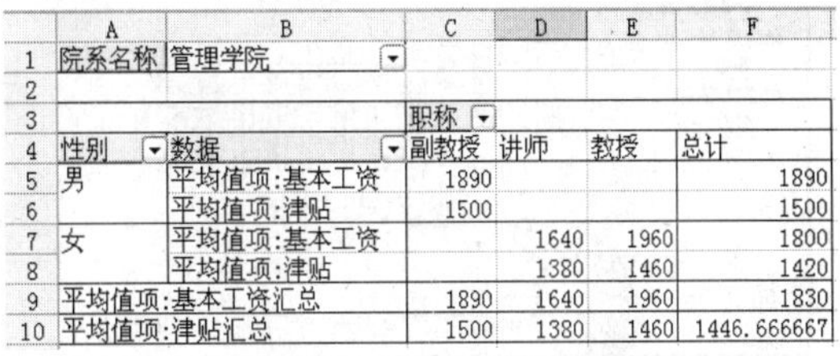

图 9.24　数据透视表

9.6.5　数据的图表化

利用 Excel 的图表功能，可根据工作表中的数据生成各种各样的图形，以图的形式表示数据。共有 14 类图表可以选择，每一类中又包含若干种图表式样，有二维平面图形，也有三维立体图形。

下面以如图9.11所示的学生成绩表为例，介绍创建图表的方法。

① 选择创建图表的数据区域，如图9.11所示。这里选择了姓名、期中、期末三个字段。

② 单击工具栏上的“图表向导”按钮（或选择菜单“插入→图表”命令），弹出如图9.25所示的“图表向导-4 步骤之 1-图表类型”对话框。

③ 在“图表向导-4 步骤之 1-图表类型”对话框中选择图表类型和子图表类型。例如，在图表类型中选择柱形图，在子图表类型中选择第一项“簇状柱形图”。单击“下一步”按钮，弹出如图9.26所示的“图表向导-4 步骤之 2-图表源数据”对话框。

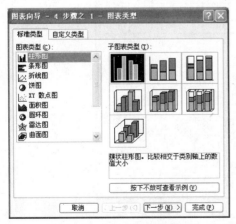

图 9.25　“图表向导-4 步骤之 1-图表类型”对话框

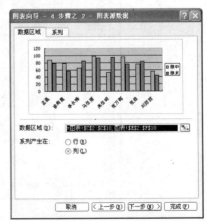

图 9.26　“图表向导-4 步骤之 2-图表源数据”对话框

④ 在"图表向导-4 步骤之 2-图表源数据"对话框中，选择系列产生在"行"或"列"，此时可用数据区域框重新选择区域，如果要增加或删除系列，可以使用"系列"选项卡进行操作。最后单击"下一步"按钮，弹出如图9.27所示的"图表向导-4 步骤之 3-图表选项"对话框。

⑤ 在如图 9.27 所示的"图表向导-4 步骤之 3-图表选项"对话框中，输入图表标题、分类轴名称和数值轴名称等内容。如在图表标题处输入"计算机成绩"，在分类轴名称处输入"姓名"，在数值轴处输入"分数"，然后单击"下一步"按钮。弹出如图 9.28 所示的"图表向导-4 步骤之 4-图表位置"对话框。

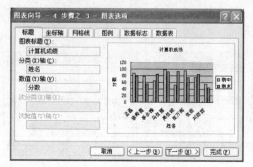

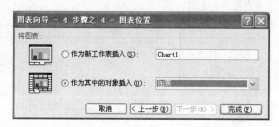

图 9.27　"图表向导-4 步骤之 3-图表选项"对话框　　图 9.28　"图表向导-4 步骤之 4-图表位置"对话框

⑥ 在如图 9.28 所示的"图表向导-4 步骤之 4-图表位置"对话框中，选择作为新工作表插入或作为其中的对象插入。作为新工作表插入是创建一张独立的图表，作为其中的对象插入是将图表插入当前工作表之中。

注意：独立图表和其中对象图表之间可以互相转换，方法：单击图表；选择"图表→位置"命令，弹出如图 9.28 所示的对话框，选择要转换的图表位置。图表结果如图9.29所示。

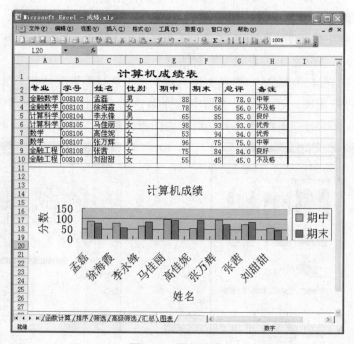

图 9.29　图表结果

9.7 应用实例

采用 Excel 电子表格软件完成下列任务。

实例 1 制作学生成绩表。

（1）实验要求

① 设计成绩表并输入数据。成绩表由"学号、班别、姓名、性别、普通物理、大学语文、英语、高等数学"等字段构成。原始数据如图9.30所示。

提示：8 个同学学号连续，学号和班别在单元格中居中。

② 成绩表的编辑和美化，将成绩表加上表格标题"西安科技学院学生成绩表"，并设置居中对齐方式；给整个表格数据添加边框，给标题行设置底纹；给表格设置合适的高度和宽度。

③ 用柱形图直观显示成绩的分布，创建由姓名和各科成绩构成的图表。

④ 利用条件格式将小于 60 的成绩用红字显示。

⑤ 成绩查询，对成绩表中数据进行查询（筛选），查询出平均成绩在 75 分以上（包含 75 分）的学生成绩表。

⑥ 成绩排序，为成绩表添加"排名"一列，并按平均成绩进行排名。

在 J3 单元格中输入公式:=RANK(I3,$I$3:$I$10,0)并按回车键；再选中 J3 单元格，从 J3 单元格复制到 J10 单元格。

（2）实验结果

实例 1 的结果如图9.31所示。

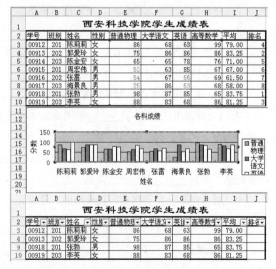

图 9.30 实例 1 原始数据　　　　　　图 9.31 实例 1 结果

实例 2 表格统计。

（1）实验要求

在实例一的学生成绩表上分别完成以下任务。

① 分别按班别统计各门课平均成绩和在同一班级中按性别统计各门课平均成绩。注意：

排序时设置主关键字为“班别”，次要关键字为“性别”；汇总分两次进行，第一次汇总时设置分类关键字为“班别”，第二次汇总时设置分类关键字为“性别”。

② 按性别分类统计各班级的普通物理成绩平均值及大学语文成绩求和，生成如图 9.33 所示的统计数据透视表。

（2）实验结果

实验结果如图9.32和 9.33所示。

	A	B	C	D	E	F	G	H	I	J
1	西安科技学院学生成绩表									
2	学号	班别	姓名	性别	普通物理	大学语文	英语	高等数学	平均	排名
3	00915	201	周宏伟	男	53	63	85	67	67.00	6
4	00918	201	张勃	男	98	87	85	65	83.75	1
5				男 平均值	75.5	75	85	66		
6	00912	201	陈莉莉	女	86	68	63	99	79.00	4
7				女 平均值	86	68	63	99		
8	201 平均值				79	72.67	77.67	77		
9	00916	202	张雷	男	54	67	56	69	61.50	7
10				男 平均值	54	67	56	69		
11	00913	202	郭爱玲	女	75	86	86	86	83.25	2
12				女 平均值	75	86	86	86		
13	202 平均值				64.5	76.5	71	77.5		
14	00917	203	海景良	男	25	86	53	68	58.00	8
15				男 平均值	25	86	53	68		
16	00914	203	陈金安	女	65	65	78	76	71.00	5
17	00919	203	李英	女	88	83	68	86	81.25	3
18				女 平均值	76.5	74	73	81		
19	203 平均值				59.33	78	66.33	76.67		
20				总计平均值	68	75.63	71.75	77		
21	总计平均值				68	75.63	71.75	77		

原始 \ 汇总 / Sheet3

图 9.32　实例 2 汇总结果

	A	B	C	D	E	F
1						
2						
3			班别			
4	性别	数据	201	202	203	总计
5	男	平均值项:普通物理	75.50	54.00	25.00	57.50
6		求和项:大学语文	150.00	67.00	86.00	303.00
7	女	平均值项:普通物理	86.00	75.00	76.50	78.50
8		求和项:大学语文	68.00	86.00	148.00	302.00
9	平均值项:普通物理汇总		79.00	64.50	59.33	68.00
10	求和项:大学语文汇总		218.00	153.00	234.00	605.00

图 9.33　实例 2 统计数据透视表

习　题　9

一、填空题

1．Excel 的工作簿默认包含______张工作表；单元格名称是由工作表的______和______命名的。

2．当选定一个单元格后，其单元格名称显示在______。

3．Excel 的公式以______为开头。

4．要引用工作表中 B1, B2, …, B10 单元格，其相对引用格式为______，绝对引用格式为______。

5．Excel 在数据排序中，排序依据最多可有______个不同的字段（列）。

6．Excel 工作簿文件名默认的扩展名为______。

7．Excel 为用户预置了______类图表。当对工作表中的数据创建图表后，可以有______和______放置图表的方法，两者之间______转换。

8．当对某个单元格输入数据之后，可用三种方法确认输入，它们是______、______、______。如果要放弃输入，可用______和______方法。

9．要复制单元格的格式，最快捷的方法是用工具栏上的______按钮。

10．当向一个单元格粘贴数据时，粘贴数据将______单元格中原有的数据。

二、选择题

1．当对建立图表的引用数据进行修改时，下列叙述正确的是（　　）。

A．先修改工作表的数据，再对图表进行相应的修改

B．先修改图表的数据，再对工作表中相关数据进行修改

C．工作表的数据和相应的图表是关联的，用户只要对工作表的数据进行修改，图表就会自动地做相应的更改

D．若在图表中删除了某个数据点，则工作表中相关的数据也被删除

2. 在 Excel 中，可按需拆分窗口，一张工作表最多可拆分为（　　）窗口。

A. 3 个　　B. 4 个　　C. 5 个　　D. 任意多个

3. 输入（　　），使该单元格显示 0.3。

A. 6/20　　B. “6/20”　　C. =“6/20”　　D. =06/20

4. 对数据表进行筛选操作后，关于筛选掉的记录行的叙述，下面（　　）是不正确的。

A. 不打印　　B. 不显示　　C. 永远丢失了　　D. 可以恢复

5. 关于格式刷的作用，描述正确的是（　　）。

A. 用来在表中插入图片　　B. 用来改变单元格的颜色

C. 用来快速复制单元格的格式　　D. 用来清除表格线

6. 下列对于单元格的描述不正确的是（　　）。

A. 当前处于编辑或选定状态的单元格称为“活动单元格”

B. 用 Ctrl+C 组合键复制单元格时，既复制了单元格的数据，又复制了单元格的格式

C. 单元格可以进行合并或拆分

D. 单元格中的文字可以纵向排列，也可以呈一定角度排列

7. 在 Excel 中，（　　）是单元格的绝对引用。

A. B10　　B. $B$10　　C. B$10　　D. 以上都不是

三、简答题

1. 简述 Excel 的主要功能和特点。

2. 简述单元格、单元格区域、工作表、工作组及工作簿的含义。

3. Excel 的单元格引用有相对引用和绝对引用，请简述两者的主要区别。

4. Excel 中清除单元格和删除单元格有何区别？

四、上机实验题

1. Excel 的基本操作。

实验目的：通过本实验的练习，熟悉 Excel 的基本操作，掌握数据的输入和编辑方法，以及工作簿文件的保存。

实验任务：

（1）启动 Excel 2003；

（2）建立工作簿，其中有一个工作表名为：“实验 1”；

（3）输入工作表数据内容（如图 9.34 所示）；

	A	B	C	D	E	F	G	H	I
1	地质系考试成绩表								
2	学　号	姓名	性别	高数	英语	计算机	总分	平均	总评
3	2010110136	郝晋峰	男	89	78	98			
4	2010110137	田　苗	女	85	98	78			
5	2010110138	张晓英	女	82	85	76			
6	2010110139	孙艳雪	女	73	63	65			
7	2010110140	李柳柳	女	64	58	63			
8	2010110141	姚亚锋	男	53	54	61			
9	2010110142	宋晓辉	男	32	36	51			

实验1 / Sheet2 / Sheet3

图 9.34　实验题 1

（4）将姓名是“姚亚锋”的“高数”成绩“53”修改为“89”；

（5）删除姓名为“孙艳雪”的行；

（6）保存工作簿，文件名为：shyan1.xls。

2．函数的使用。

实验目的：通过本实验的练习，掌握函数计算。

实验任务：

（1）打开工作簿文件 shyan1.xls;

（2）复制“实验 1”工作表，产生“实验 2”工作表;

（3）在“实验 2”工作表中插入“出生日期”列，并输入每个人的出生日期;

（4）利用函数求总分和平均分，结果保留一位小数;

（5）利用函数在总评栏中填入内容，条件为：当总分>=180 时填入“及格”，否则什么也不填;

（6）设置工作表格式、边框、底色;

（7）利用函数在表格的下方求高数、英语、计算机的最高分;

（8）保存工作簿，文件名为：shyan1.xls。结果如图 9.35 所示。

K10

地质系考试成绩表

学　号	姓名	性别	出生日期	高数	英语	计算机	总分	平均	总评
2010110136	郝晋峰	男	1991-1-6	89	78	98	265.0	88.3	及格
2010110137	田　苗	女	1990-8-6	85	98	78	261.0	87.0	及格
2010110138	张晓英	女	1992-12-20	82	85	76	243.0	81.0	及格
2010110140	李柳柳	女	1990-7-23	64	58	63	185.0	61.7	及格
2010110141	姚亚锋	男	1993-5-1	89	54	61	204.0	68.0	及格
2010110142	宋晓辉	男	1988-1-12	32	36	51	119.0	39.7	
最高分				89	98	98			

实验1 / 实验2 / Sheet2 / Sheet3

图 9.35　实验题 2

3．多张工作表的计算。

实验目的：通过本实验的练习，掌握多张工作表单元格的引用。

实验任务：

打开工作簿文件 shyan1.xls。

（1）在一个工作簿中建立两张新工作表并输入数据，表名分别为期中、期末，它们的内容为每个同学期中和期末两次考试的成绩（期中成绩如图 9.36 所示，期末成绩如图 9.37 所示）。注意，新工作表的内容和单元格格式尽可能从其他工作表中复制。

地质系考试成绩表

学　号	姓名	性别	出生日期	高数	英语	计算机
2010110136	郝晋峰	男	1991-1-6	89	78	98
2010110137	田　苗	女	1990-8-6	85	98	78
2010110138	张晓英	女	1992-12-20	82	85	76
2010110140	李柳柳	女	1990-7-23	64	58	63
2010110141	姚亚锋	男	1993-5-1	89	54	61
2010110142	宋晓辉	男	1988-1-12	32	36	51

实验1 / 实验2 / 期中 / 期末

图 9.36　期中成绩

地质系考试成绩表

学　号	姓名	性别	出生日期	高数	英语	计算机
20101101	郝晋峰	男	1991-1-6	74	72	80
20101101	田　苗	女	1990-8-6	76	71	71
20101101	张晓英	女	1992-12-20	72	70	73
20101101	李柳柳	女	1990-7-23	73	73	80
20101101	姚亚锋	男	1993-5-1	70	56	82
20101101	宋晓辉	男	1988-1-12	60	54	50

实验1 / 实验2 / 期中 / 期末

图 9.37　期末成绩

（2）建立“平均”工作表，并计算每个学生每门课的平均成绩（保留一位小数），如图 9.38 所示。

（3）在“平均”工作表中，利用条件格式将高数、英语、计算机成绩在 60 分以下（不含 60）的单元格背景用玫瑰红颜色显示，如图 9.38 所示。

（4）对“平均”工作表中的数据排序，排序原则为：主要关键字“英语”，升序；次要关键字“高数”，降序；第三关键字“计算机”，升序。

地质系考试成绩表

学　号	姓名	性别	出生日期	高数	英语	计算机
2010110142	宋晓辉	男	1988-1-12	46.0	45.0	50.5
2010110141	姚亚锋	男	1993-5-1	79.5	55.0	71.5
2010110140	李柳柳	女	1990-7-23	68.5	65.5	71.5
2010110136	郝晋峰	男	1991-1-6	81.5	75.0	89.0
2010110138	张晓英	女	1992-12-20	77.0	77.5	74.5
2010110137	田　苗	女	1990-8-6	80.5	84.5	74.5

实验1 / 实验2 / 期中 / 期末 / 平均

图 9.38　计算的平均成绩

（5）保存工作簿，文件名为：shyan1.xls。

4．图表的应用。

实验目的：通过本实验的练习，掌握插入图表的方法。

实验任务：

打开工作簿文件 shyan1.xls。

（1）在"平均"工作表中，计算每个学生的总分和平均分（保留一位小数）。

（2）美化表格。

（3）利用姓名、总分和平均分数据创建图表（柱状图）。

（4）输入图表标题、分类轴名称和数值轴名称，分别为："学生成绩图表"、"姓名"、"分数"。输入数据。

（5）为图表添加边框。

（6）保存工作簿文件名为：shyan1.xls，如图 9.39 所示。

5．综合应用。

实验目的：通过本实验的综合练习，掌握表格中的数据计算、单元格的引用、单元格格式设置、条件格式、函数使用和图表的建立等知识点。

实验任务：

（1）表格数据如图 9.40 所示。

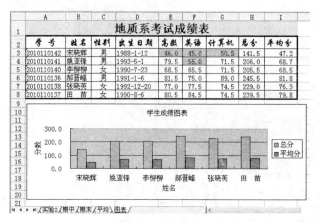

图 9.39　实验题 4

图 9.40　实验题 5 数据

（2）计算销售额和利润，公式为：销售额=零售单价×销售量；利润=销售额×利润率。 将利润值保留 2 位小数。注意：利润率单元格采用绝对引用。

（3）计算销售额合计与利润合计。

（4）将标题合并居中，"饮料销售"作为下标，主标题设置为宋体、14 号、加粗，副标题设置为宋体、10 号。

（5）利润列按照 100 以上、60～100、60 以下进行条件格式设置，显示不同底色。

（6）销售量排序名次，在 G4 单元格中用 BANK 函数，公式为：=RANK(D4,$D$4:$D$12)。

（7）以名称和销售量建立图表。

（8）按图示对表格进行美化，如图 9.41 所示。

6．创建和编辑图表。

实验目的：通过实验掌握图表创建、编辑和格式化的方法。

实验任务:

(1) 建立如图 9.42 所示的表格,并以名 shyan6.xls 存盘。

(2) 按样式如图 9.43 所示中的图表格式以"品牌"、"一季度"两列数据创建一个柱形图,置于 Sheet1 内,图表区文字字号为 10 磅。

(3) 在 Sheet2 中以"品牌"、"二季度"两列数据创建一个三维饼图图表,并按样式如图 9.44 所示将 图表格式化。

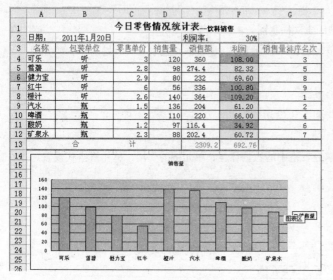

图 9.41 实验题 5 样式

	A	B	C	D	E
1	饮料产品市场份额统计表				
2	品牌	一季度	二季度	三季度	四季度
3	可乐	32.50%	30.50%	22.50%	28.12%
4	雪碧	21.80%	18.70%	15.80%	16.54%
5	健力宝	9.70%	10.60%	12.10%	10.23%
6	红牛	5.40%	6.80%	8.70%	9.28%
7	娃哈哈奶茶	13.30%	5.80%	14.30%	13.45%
8	百事可乐	12.00%	20.30%	17.40%	18.23%
9	汇源	5.30%	7.30%	9.20%	4.15%

图 9.42 实验题 6 数据

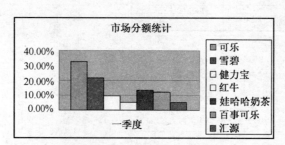

图 9.43 实验题 6 样式一

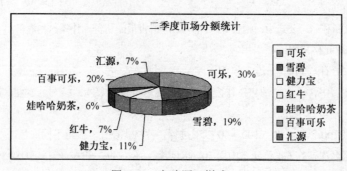

图 9.44 实验题 6 样式二

第10章 演示文稿

演示文稿是由多张幻灯片组成的信息载体。幻灯片上可以包含文字、图形、图像、声音及视频剪辑等多媒体元素。可将自己所要表达的信息组织在一组图文并茂的画面中，用于介绍公司的产品、展示自己的学术成果等。用户不仅可以在投影仪或计算机屏幕上进行演示，还可以将演示文稿打印出来，制作成胶片，以便应用到更广泛的领域中。

10.1 演示文稿软件简介

10.1.1 演示文稿的作用

根据网络资料介绍的心理学家关于人类获取信息来源的实验结论：人类获取的信息中有83％来自视觉，11％来自听觉，二者之和为94％。说明多媒体技术刺激感官所获取的信息量比单一地听讲多得多。如果采用演示文稿展示信息就能起到刺激听众视觉的功效，那是不是把所有报告内容都做成演示文稿就可以了？并不是这样。演示文稿与发言者是互相补充、互相影响的。演示文稿只起到画龙点睛、展示一些关键信息的作用。发言者必须对演示文稿展开说明，才能收到好的效果。要特别注意的是，创建幻灯片演示文稿的目的是支持口头演讲。

10.1.2 演示文稿的内容

在演示文稿中，用文字表达的一般是报告的标题与要点。一方面，可以方便听者笔录；另一方面，通过文稿的文字内容来表达报告的进程及报告中的关键信息。在制作演示文稿时，图片、动画、图表都是很好的内容表现形式，都能给听众很好的视觉刺激。但并不是将所有内容都做成图片、动画就是最好的。要注意的是每种表达方式都有它的局限性，弄清楚它们的特点才能用好它们。在多媒体中，文本、图形、图像适合传递静态信息，动画、音频、视频适合传递动态信息。

10.1.3 演示文稿的设计原则

1. 整体性原则

幻灯片整体效果的好坏取决于幻灯片制作的系统性、幻灯片色彩的配置等。幻灯片一般以提纲的形式出现。制作幻灯片时要将文字进行提炼处理，达到要点强化、文字简练、重点突出的效果。

2. 主题性原则

在设计幻灯片时，要注意突出主题，通过合理的布局有效地表现内容。在每张幻灯片内都应注意构图的合理性，可使用黄金分割构图，使幻灯片画面尽量均衡与对称。从可视性方面考虑，还应当做到视点明确（视点即每张幻灯片的主题所在）。利用多种对比方法来为主题服务，如黑白色对比、互补色对比（红和青、蓝和黄）、色彩的深浅对比、文字的大小对比等。

3. 规范性原则

幻灯片的制作要规范，特别是在文字的处理上，力求使字数、字体、字号的搭配做到合理、美观。

4. 以少胜多原则

一般比较合理的做法是，视屏上应大致留出 1/3 左右的空白，特别是在视屏的底部应该留有较多的空白。这样安排的原因有两个：一是比较符合听众观看演示的心态和习惯，如果幻灯片上信息太多，满篇文字，那么听众要用比较长的时间才能看完内容；二是有利于调节演示者和听众间的交流气氛。幻灯片上满篇文字会使演示者的"念"比听众的"看"慢得多，容易造成听众的长时间等待，同时还使演示者长时间背对观众，破坏了演示者和听众之间的交流气氛。

5. 醒目原则

一般，可以通过加强色彩的对比度来达到使视屏信息醒目的目的。例如，蓝底白字的对比度强，其效果也好；蓝底红字的对比度要弱一些，效果也要差一些；而如果采用红色作为白字的阴影色放在蓝色背景上，那么就会更加醒目和美观。

6. 完整性原则

完整性是指力求把一个完整的概念放在一张幻灯片上，尽量不要跨越几张幻灯片。当幻灯片由一张切换到另一张时，会导致受众原先的思绪被打断。此外，在切换以后，上一张幻灯片中的概念已经结束，下面的是应是另外一个新概念。

7. 一致性原则

所谓一致性，就是要求演示文稿的所有幻灯片上的背景、标题大小、颜色、幻灯片布局等尽量保持一致。

10.1.4 演示文稿的制作步骤

制作演示文稿有以下主要步骤。

① 准备素材：主要是准备演示文稿中所需要的一些图片、声音、动画等文件。

② 确定方案：对演示文稿的整个构架进行设计。

③ 初步制作：将文本、图片等对象输入或插入到相应的幻灯片中。

④ 装饰处理：设置幻灯片中的相关对象的要素（包括字体、大小、动画等），对幻灯片进行装饰处理。

⑤ 预演播放：设置播放过程中的一些要素，然后播放查看效果，满意后正式输出播放。

10.1.5 PowerPoint 2003 演示文稿制作软件简介

PowerPoint 2003 是 Microsoft Office 2003 的一个套装软件，利用它可以轻松地制作出集文字、图形、图像、声音、视频及动画于一体的多媒体演示文稿。

1. 演示文稿的基本概念

① 演示文稿。一个演示文稿就是一个文件，其扩展名为 PPT。一个演示文稿是由若干张"幻灯片"组成的。制作一个演示文稿的过程就是依次制作每一张幻灯片的过程。

② 幻灯片。视觉形象页，幻灯片是演示文稿的一个个单独的部分。每张幻灯片就是一个单独的屏幕显示。制作一张幻灯片的过程就是制作其中每一个被指定对象的过程。

③ 对象是制作幻灯片的"原材料",可以是文字、图形、表格、图表、声音、影像等。

④ 版式。幻灯片的"布局"涉及其组成对象的种类与相互位置的问题(系统提供了自动版式)。

⑤ 模板是指一个演示文稿整体上的外观设计方案,它包含预定义的文字格式、颜色及幻灯片背景图案等。

2. PowerPoint 的启动

在 Windows 系统中,当计算机上安装了 PowerPoint 软件,就可以使用它制作演示文稿。有多种方法启动 PowerPoint,最常见的启动方法步骤如下:

① 单击"开始"按钮,打开开始菜单;

② 依次选择"程序→Microsoft Office→Microsoft Office PowerPoint 2003"命令,即可启动 PowerPoint,启动后的屏幕窗口如图 10.1 所示,主要包括大纲、幻灯片制作区、备注区和任务窗格区等。

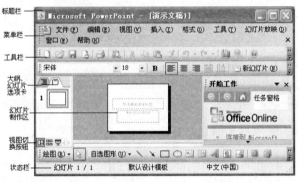

图 10.1　启动后的 PowerPoint 窗口

10.2　演示文稿制作

当 PowerPoint 启动成功后,就可以利用它创建演示文稿,通常有 4 种方法创建演示文稿,分别是创建空演示文稿、根据设计模板创建演示文稿、根据内容提示向导创建演示文稿和根据现有演示文稿创建演示文稿。

10.2.1　创建演示文稿的方法

1. 根据内容提示向导创建演示文稿

通过"根据内容提示向导"创建演示文稿,提供了建议的内容和设计方案。只需要按向导的提示进行选择或输入一些内容,就可以快速地生成一个具有专业水准的演示文稿,操作步骤如下:

① 在 PowerPoint 窗口中单击"文件→新建"命令,在打开的任务窗格中单击"根据内容提示向导"项,弹出"内容提示向导"对话框,如图10.2所示;

② 单击"下一步"按钮后,选择文稿的类型,PowerPoint 已经预定义好了一系列设计精美的演示文稿样板,如实验报告、商务计划、招标方案等,可以根据需要直接选择;

③ 若选择"实验报告"类型,单击"下一步"按钮,对输出类型进行选择,如选择"屏幕演示文稿";

④ 输入演示文稿的标题等选项，完成演示文稿的制作；

⑤ 单击"完成"按钮。

利用向导制作的演示文稿只是一个大的框架，还需要用真正的演示内容替换模板中的内容，如图10.3所示。

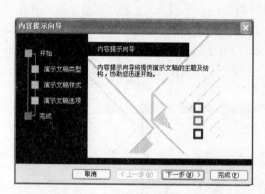

图 10.2 "内容提示向导"对话框   图 10.3 利用向导创建的演示文稿

2. 根据设计模板创建演示文稿

在 PowerPoint 窗口中选择"文件→新建"命令后，在打开的任务窗格中单击"根据设计模板"项，可以选择"应用设计模板"中的某个模板直接创建演示文稿。这种方式使演示文稿具有预定义的、统一的背景图案和背景颜色。与"内容提示向导"方式不同之处在于：它只是提供了演示文稿所公用的背景、配色等内容，不会自动生成演示文稿中的内容。

3. 创建空演示文稿

在 PowerPoint 窗口中选择"文件→新建"命令后，如果不想使用任何预定义的模板，可以使用"空演示文稿"项。这种方式下用户可以自定义各种背景和配色方案，最大限度地发挥创造性。

10.2.2 创建一个简单的演示文稿

这一节将从"空演示文稿"开始，设计一个简单的"2011 西安世界园艺博览会"演示文稿。每一个演示文稿的第一张幻灯片通常都是标题幻灯片，创建标题幻灯片的步骤如下：

① 在 PowerPoint 窗口中选择"文件→新建"命令后，选择 "空演示文稿"项；

② 在任务窗格中的应用幻灯片版式中选择"标题幻灯片"；

③ 单击"单击此处添加标题"文本框，输入主标题的内容为"2011 西安世界园艺博览会"；

④ 单击"单击此处添加副标题"文本框，输入子标题内容为"INTERNATIONAL HORTICULTURAL EXPOSITION 2011 XI'AN CHINA"；

⑤ 单击"主标题"和"子标题"以外的任何区域即可完成标题幻灯片的制作，如图 10.4 所示；

图 10.4　制作完成的标题幻灯片

⑥ 选择"插入→新幻灯片"命令，选择"标题和文本"板式，如图 10.5 所示，在"单击此处添加标题"中输入"吉祥物"，在"单击此处添加文本"中输入"长安花形象来自西安市花石榴花，身体形状和色彩以石榴为创意核心，名字朗朗上口，既符合西安民族特色，又与世园会会徽设计理念相呼应"；

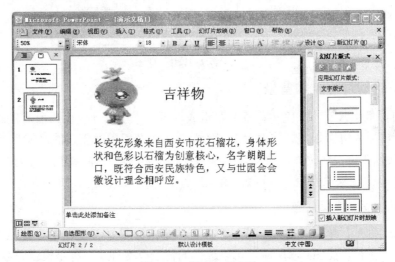

图 10.5　故事 1 幻灯片

⑦ 单击"幻灯片放映"按钮 🖵 即可查看放映的效果。

在演示文稿的编辑过程中，必须随时注意保存演示文稿，否则可能会因为误操作或软、硬件的故障等原因而前功尽弃。不管一个演示文稿有多少张幻灯片，都可以将其作为一个文件保存起来，文件的扩展名为.ppt。注意：将前面创建的演示文稿保存为"2011 西安世界园艺博览会.ppt"文件。

10.2.3　浏览演示文稿幻灯片

在幻灯片的编辑状态下（即幻灯片视图）通过 Page Up 键和 Page Down 键或拖动滚动条可以在幻灯片间进行切换，但一次只能看到一张幻灯片，无法看到多个幻灯片的概貌。PowerPoint 提供了普通视图和幻灯片浏览视图，可以从不同的角度浏览和编辑多个幻灯片。

1. 普通视图

单击屏幕左下角的 ⊞ 按钮可切换到普通视图，普通视图中包括大纲和幻灯片两个选项卡，它们主要用于对幻灯片上的文字进行编辑。

2. 幻灯片浏览视图

单击屏幕左下角的 ⊞ 按钮可切换到幻灯片浏览视图。幻灯片浏览视图主要用于对幻灯片进行编辑和动画设计，如图10.6所示的就是幻灯片浏览视图。

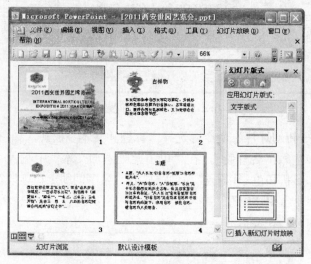

图 10.6 幻灯片浏览视图

10.2.4 给幻灯片添加背景

幻灯片的背景由背景的颜色和背景图案组成，可以采用设计模板为所有的幻灯片设置统一的背景，也可以为每一张幻灯片设置不同的背景。本节以前面创建的"2011 西安世界园艺博览会.ppt"文件为例，介绍如何给幻灯片添加背景。在进行具体操作前，应先在 PowerPoint 窗口中打开"2011 西安世界园艺博览会.ppt"文件。

1. 给幻灯片添加背景颜色

选择一张幻灯片，单击"格式→背景"命令，弹出如图10.7 所示的"背景"对话框，单击下方的下拉列表框，如图10.8所示，可以选择的背景有两种：一种是设定背景为某种颜色；另一种是用填充效果。这里选择前一种。

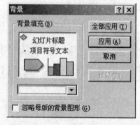

图 10.7 "背景"对话框

图 10.8 选择填充背景

"背景"对话框中的"全部应用"按钮的含义是指将选择的背景应用到所有幻灯片页面中，"应用"是指将选择的背景只应用在当前的幻灯片页面。而选中"忽略母版的背景图形"复选框将导致用选择背景替换掉原来统一设定的背景。

2. 给幻灯片添加背景效果

在图10.8中，选择"填充效果"项，在弹出的对话框中，可以选择"渐变"、"纹理"、"图案"、"图片"作为填充的背景。在这里打开"图片"选项卡，再单击"选择图片"按钮，弹出"选择图片"对话框，在其中选择图片文件。结果如图 10.9 所示，单击"确定"按钮，又回到如图 10.8 所示的"背景"对话框，再单击对话框中的"应用"按钮，就可以把这幅图片作为本张幻灯片的背景了。最后得到了如图10.10所示的添加了背景的标题幻灯片。

图 10.9　选择一幅图片作为背景　　　　　图 10.10　添加了背景的标题幻灯片

10.2.5　幻灯片的编辑

幻灯片的编辑操作主要有：幻灯片的删除、复制、移动和幻灯片的插入等，这些操作通常都是在幻灯片浏览视图下进行的。因此，在进行编辑操作前，应首先切换到幻灯片浏览视图。

1. 插入点与幻灯片的选定

首先在 PowerPoint 中打开"2011 西安世界园艺博览会.ppt"文件，然后切换到幻灯片浏览视图。

① 插入点。幻灯片浏览视图下，单击任意一个幻灯片左边或右边的空白区域，都会有一条黑色的竖线出现，这条竖线就是插入点。

② 幻灯片的选定。在幻灯片浏览视图下，单击任意一张幻灯片，则该幻灯片的四周出现黑色的边框，表示该幻灯片已被选中；若要选定多个连续的幻灯片，先单击第一个幻灯片，再按下 Shift 键并用鼠标单击最后一张幻灯片；若要选定多个不连续的幻灯片，按下 Ctrl 键并用鼠标单击每一张幻灯片；利用菜单"编辑→全选"命令可选中所有的幻灯片。若要放弃被选中的幻灯片，单击幻灯片以外的任何空白区域即可。

2. 删除幻灯片

在幻灯片浏览视图中，选定要删除的幻灯片，按 Delete 键即可。

3. 复制（或移动）幻灯片

在 PowerPoint 中，可以将已设计好的幻灯片复制（或移动）到任意位置。其操作步骤如下：

① 选中要复制（或移动）的幻灯片；

② 单击工具栏上的"复制"（或移动）按钮；

③ 确定插入点的位置，即移动（或移动）幻灯片的目标位置；

④ 单击工具栏上的"粘贴"按钮，即完成了幻灯片的复制（或移动）。

更快捷的复制（或移动）幻灯片的方法是：选中要复制（或移动）的幻灯片，按 Ctrl 键（移动操作时不按 Ctrl 键），鼠标拖动到目标位置，放开鼠标左键，即可将幻灯片复制（或移动）到新位置。在拖动时有一条长竖线出现，即目标位置。

4．插入幻灯片

插入幻灯片的操作步骤如下：

① 选定插入点的位置，即要插入新幻灯片的位置；

② 单击工具栏上的 新幻灯片 (N) 按钮；

③ 在窗口右边的"应用幻灯片版式"列表框中选择合适的版式；

④ 输入幻灯片中的相关的内容。

如果要从已有的演示文稿文件中插入幻灯片，可选择"插入→幻灯片（从文件）"命令。

5．在幻灯片中插入对象

PowerPoint 最富有魅力的地方就是支持多媒体幻灯片的制作。制作多媒体幻灯片的方法有两种：一是在新建幻灯片时，为新幻灯片选择一个包含指定媒体对象的版式；二是在普通视图情况下，利用"插入"菜单，向已存在的幻灯片插入多媒体对象。这里主要介绍后者。

（1）利用绘图工具栏中的按钮插入对象

可以在幻灯片中插入艺术字体、自选图形、文本框和简单的几何图形。最简单的方法是利用绘图工具栏中的按钮。向幻灯片中插入这些对象的步骤和 Word 中的操作基本相同。

（2）向幻灯片中插入图片

Microsoft 的剪辑库中提供了丰富的图片资料，可以方便地将它们插入到幻灯片上。也可以插入来自文件的图形，通过选择菜单"插入→图片"命令来实现。

（3）为幻灯片中的对象加入超级链接

PowerPoint 可以轻松地为幻灯片中的对象加入各种动作。例如，可以在单击对象后跳转到其他幻灯片，或者打开一个其他的幻灯片文件等。在这里将为前面实例中的第 4 张幻灯片插入自选图形，并为其增加一个动作，使得在单击该自选图形后，将跳回到标题幻灯片继续放映。设置步骤如下所述：

① 在第一张幻灯片后插入一张"导读"幻灯片，并在第 3、4、5 和 6 张幻灯片中插入自选图形对象，作为返回按钮；

② 在第 2 张幻灯片中选择"1.吉祥物"，右击"1.吉祥物"对象，在弹出的快捷菜单中选择"动作设置"命令，将会弹出一个"动作设置"对话框，如图10.11所示；

③ 在"动作设置"对话框中，选中"超链接到"单选按钮，然后在下面的下拉列表中选择"幻灯片"，又弹出一个对话框，如图10.12所示；

④ 单击"确定"按钮，就完成了动作的设置。通过放映幻灯片，可以看到当放映到第 2 张幻灯片时，单击该"1.吉祥物"时，幻灯片放映跳到第 3 个幻灯片了；

⑤ 用同样的方法对第 2 张幻灯片中的"2.概况"、"3.会徽"、"4.主题"分别进行设定，再对第 3、4、5、6 张幻灯片上的返回按钮进行设定让其都链接到第 2 张幻灯片上，如图10.13所示。

图 10.11 "动作设置"对话框

图 10.12 "超链接到幻灯片"对话框

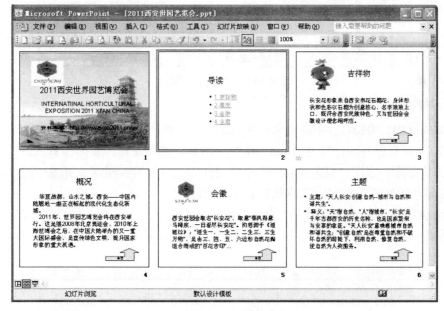

图 10.13 超链接

（4）向幻灯片插入影片和声音

只要有影片和声音的文件资料，制作多媒体幻灯片是非常便捷的，下面以插入背景音乐对象为例说明操作步骤。

① 在幻灯片视图下，切换到第 2 张幻灯片。

② 选择菜单"插入→影片和声音→文件中的声音"命令，弹出"插入声音"对话框。

③ 选择要插入声音的文件，单击"确定"按钮，会弹出一个提示对话框询问是否自动播放，如图 10.14 所示，单击"自动"按钮即可将声音插入到幻灯片上。

对于声音文件，建议选择 midi 文件，即文件扩展名为*.mid 的文件，它们的文件较小，音质也很优美，很适合作为背景音乐。

图 10.14 自动播放选择对话框

④ 播放时，会显示声音图标，如果不想在播放窗口中看到图标，可以把它拖动到演示窗口外，如图 10.15 所示。

⑤ 放映幻灯片进行检查，可以看到已经完成了背景音乐的插入。

注意：插入影片文件的方法与插入声音的方法完全相同。

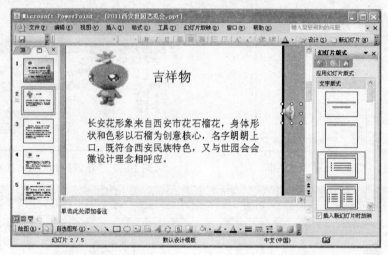

图 10.15　不显示声音图标

6. 为对象设置动画

PowerPoint 中，为幻灯片中的对象设置动画效果的两种方法是：预设动画和自定义动画。

在"2011 西安世界园艺博览会.ppt"文件中增加一张幻灯片内容为作者简介文字，并采用动画的方式显示。采用"自定义动画"命令设计动画效果的步骤如下所述：

① 打开"2011 西安世界园艺博览会.ppt"文件；

② 在幻灯片视图下，切换到第 4 张幻灯片；

③ 将鼠标指针指向文字区，并右击这段文字，选择菜单"自定义动画"命令，如图10.16所示；

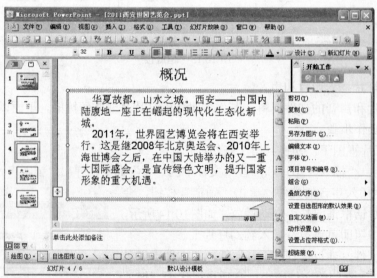

图 10.16　选择"自定义动画"命令

④ 在"自定义动画"对话框中，首先在"添加效果"中设置动画进入、强调、退出和动作路径，然后再设置动画的开始、速度、尺寸、速度等；

⑤ 可以单击对话框中的"播放"按钮查看效果，直至选到满意的动画为止。

10.3　幻灯片放映

10.3.1　为幻灯片录制旁白

录制旁白的具体操作步骤如下：

① 选择某一幻灯片，选择菜单"幻灯片放映→录制旁白"命令，弹出"录制旁白"对话框；

② 在"录制旁白"对话框中，可以单击其中的"浏览"按钮，弹出"选择目录"对话框，从中选定需链接旁白的文件夹名称，可通过单击"改变质量"按钮来控制录音的质量、设置录音格式和属性等；

③ 单击"确定"按钮，即可进入幻灯片播放形式，在播放的同时可以对着麦克风讲话，为演示文稿录制旁白；

④ 若录制完毕，单击鼠标右键，在快捷菜单中选择"结束放映"命令，则结束放映并返回；

⑤ 保存文件，旁白会同演示文稿一起被保存。

10.3.2　排练计时

通过设定每张幻灯片的放映时间来实现演示文稿的自动放映，设定步骤如下：

① 打开要创建自动放映的演示文稿；

② 选择菜单"幻灯片放映→排练计时"命令，激活排练方式，演示文稿自动进入放映方式；

③ 单击"下一项"按钮来控制速度，放映到最后一张时，系统会显示这次放映的时间，若单击"确定"按钮，则接受此时间，若单击"取消"按钮，则需要重新设置时间。

这样设置以后，在放映演示文稿时，单击"幻灯片放映→观看放映"命令，即可按设定时间自动放映。

习　题　10

一、填空题

1. 可以通过选择菜单_____的命令在幻灯片中插入剪贴画。

2. 可以对幻灯片进行移动、删除、复制、设置动画效果，但不能对单独的幻灯片的内容进行编辑的视图是_____。

3. 使用_____下拉菜单中的"背景"命令设置幻灯片的背景。

4. PowerPoint 允许在幻灯片中插入_____等多媒体信息。

5. 要创建自动放映演示文稿，可以通过_____来实现。

二、选择题

1. 下列视图方式中，不属于 PowerPoint 2003 视图的是（　　）。

　A. 幻灯片浏览视图　　　B. 备注页视图　　　C. 普通视图　　　D. 页面视图

2. 保存 PowerPoint 演示文稿的磁盘文件扩展名一般是（　　）。

　A. DOC　　　　　B. XLS　　　　　C. PPT　　　　　D. TXT

3. 在设置幻灯片背景时，如果选中"忽略母版的背景图形"，则（　　）。

A. 背景图形被删除   B. 背景图形被隐藏

C. 背景颜色被隐藏   D. 原来背景消失

4. 创建幻灯片时，PowerPoint 提供了多种（   ），它包含了相应的配色方案、母版和字体样式等，可供用户快速生成风格统一的演示文稿。

     A. 版式   B. 模板   C. 母板   D. 幻灯片

5. （   ）视图方式下显示的是幻灯片的缩图，适用于对幻灯片进行组织和排序、插入、删除等操作。

     A. 幻灯片放映   B. 普通   C. 幻灯片浏览   D. 备注页

6. 如果要从第 3 张幻灯片跳转到第 8 张幻灯片，需要在第 3 张幻灯片上插入一个对象并设置其（   ）。

     A. 动作   B. 预设动画   C. 幻灯片切换   D. 自定义动画

7. 演示文稿中的每张幻灯片都是基于某种（   ）创建的，它预定义了新建幻灯片的布局情况。

     A. 版式   B. 模板   C. 母板   D. 幻灯片

三、上机实验题

1. 创建演示文稿，只设计一张幻灯片。

图 10.17 晚会主题幻灯片效果

实验目的：学会创建演示文稿，设置背景并保存。

实验要求：

（1）制作一个显示晚会主题的幻灯片，只需要一张幻灯片；

（2）要求有一个与主题相关的背景；

（3）要求有一个适合主题的背景音乐；

（4）保存文件。

完成后的效果如图 10.17 所示。

2. 个人简历演示文稿的制作。

实验目的：在演示文稿中设置多个动画。

实验任务：

（1）制作一张个人简历幻灯片，包含标题、照片、个人情况说明；

（2）各种内容都要以动画的形式出现；

（3）动画的出现顺序是"标题、照片、个人情况说明"的顺序。

3. 在演示文稿中建立有选择的新歌欣赏。

实验目的：在演示文稿内设置超链接，实现幻灯片之间的跳转。

实验任务：查找 3 首歌曲文件和 3 幅与其对应的图片文件。

（1）建立 4 张幻灯片；

（2）第 1 张为导航幻灯片，标题为"新歌欣赏"，在其上有 3 首歌的歌名，第 1 首歌名超链接到第 2 张幻灯片，第 2 首歌名超链接到第 3 张幻灯片，第 3 首歌名超链接到第 4 张幻灯片；

（3）在第 2 张幻灯片上添加第 1 首背景歌曲音乐及与音乐有关的背景图片；

（4）在第 3 张幻灯片上添加第 2 首背景歌曲音乐及与音乐有关的背景图片；

（5）在第 4 张幻灯片上添加第 3 首背景歌曲音乐及与音乐有关的背景图片。

注意，在 2、3、4 张幻灯片上的标题为歌名，都有跳转到第 1 张幻灯片的超链接。

参 考 文 献

[1] 巴拉古路（印）. 计算机基础. 北京：清华大学出版社，2010.

[2] 胡宏智. 计算机文化基础（修订版）. 北京：中国科学技术大学出版社，2008.

[3] 杨殿生. 计算机文化基础教程. 北京：电子工业出版社，2008.

[4] 耿国华. 大学计算机应用基础（第二版）. 北京：清华大学出版社，2010.

[5] 耿国华. 大学文科计算机基础. 北京：高等教育出版社，2006.

[6] 朱战立. 计算机导论（第二版）. 北京：电子工业出版社，2010.

[7] 教育部高等学校文科计算机基础教学指导委员会. 高等学校文科类专业大学计算机教学基本要求（2010 年版）. 北京：高等教育出版社，2010.

[8] 教育部高等学校计算机基础课程教学指导委员会. 高等学校计算机基础教学发展战略研究报告暨计算机基础课程教学基本要求. 北京：高等教育出版社，2009.